高等职业教育机电类专业系列教材

工厂电气控制技术

主　编　张　建　马　明
参　编　凌筱清　薛晓晶　余　震

机 械 工 业 出 版 社

本书是结合工厂电气控制技术的发展和岗位技能要求，以培养应用型、创新型人才为目标编写的。全书共分七个项目，主要内容包括工厂低压电器基础，车床电气控制电路，钻床、磨床的电气控制电路，交流电动机的起动控制电路，交流电动机的制动控制电路，典型生产机械的电气控制和数控机床的电气控制。每个项目被分解成从简单到复杂，从基础到综合的任务，并且提供了优质动画、工程录像配套资源，以达到培养学生职业能力的目的。

本书可作为高等职业院校机电类专业的工厂电气控制技术课程的教材，也可作为应用型本科、成人教育、自学考试、开放大学、中职学校和培训班的教材，以及工程技术人员的参考工具书。

本书配有电子课件，凡使用本书作为教材的教师可登录机械工业出版社教育服务网 www.cmpedu.com 注册后下载。咨询电话：010-88379375。

图书在版编目（CIP）数据

工厂电气控制技术/张建，马明主编. —北京：机械工业出版社，2020.6（2022.1 重印）

高等职业教育机电类专业系列教材

ISBN 978-7-111-65550-3

Ⅰ.①工…　Ⅱ.①张…　②马…　Ⅲ.①工厂-电气控制-高等职业教育-教材　Ⅳ.①TM571.2

中国版本图书馆 CIP 数据核字（2020）第 075417 号

机械工业出版社（北京市百万庄大街 22 号　邮政编码 100037）
策划编辑：薛　礼　责任编辑：薛　礼
责任校对：梁　静　封面设计：鞠　杨
责任印制：张　博
涿州市京南印刷厂印刷
2022 年 1 月第 1 版第 3 次印刷
184mm×260mm · 15.25 印张 · 374 千字
2901—4800 册
标准书号：ISBN 978-7-111-65550-3
定价：46.00 元

电话服务	网络服务
客服电话：010-88361066	机　工　官　网：www.cmpbook.com
010-88379833	机　工　官　博：weibo.com/cmp1952
010-68326294	金　　书　　网：www.golden-book.com
封底无防伪标均为盗版	机工教育服务网：www.cmpedu.com

前言 PREFACE

“工厂电气控制技术”是高等职业教育机电类专业的课程，也是学生考取中级维修电工证书，获得常用电机控制系统检修岗位技能的一门必修课程，在整个专业能力培养中具有承上启下的作用。随着科学技术的飞速发展，工厂电气控制技术发生了巨大的变化。新型控制技术如可编程控制器、变频器及数控技术等被广泛应用，并迅速在工业生产自动化领域中普及。面对这一形势，相关专业的学生急需进行工程实践能力的培养，尽快掌握自动控制的实用技术，以适应现代化工厂的需要。

本书根据当前我国经济转型的形势，以及力求培养实用型、应用型、创新型人才的要求结合行业、岗位技能需求，根据职业教育的特点，以能力为目标，以任务为依托，进行了内容的组织。编者在文字叙述上力求深入浅出、循序渐进；在内容安排上既注意了基础理论、基本概念的系统性阐述，同时也考虑到工程技术人员的实际需要；在介绍各种设计方法时尽可能具体实用，书中给出的具体电路图都是通过实验验证的。全书共精心设计了7个项目（含24个任务），并配以动画和实验操作视频，使学生做中学、学中做，体现以学生为主导的教与学特性。

本书由张建、马明主编，具体分工为张建编写项目1、项目6，任务3-2、任务3-3，马明编写项目4、项目5，凌筱清编写任务2-1、任务2-2、任务2-3，薛晓晶编写任务2-4、任务3-1，余震编写项目7，张建负责全书的统稿。何振俊教授对全书进行了审阅，顾添翼参与了书中插图的绘制，季星、孙林春对全书提出了很好的建议，刘海功也提供了有益的帮助，这里一并表示衷心的感谢！

为方便教与学，全书配有电子课件、电子教案、动画及工程录像等资源。

由于编者水平有限，书中错误之处在所难免，恳请读者批评指正。

编　者

目录 CONTENTS

项目1 CHAPTER 1 工厂低压电器基础

学习目标

掌握低压电器的类型、基本结构及各组成部分的作用，掌握常用电工工具和电工仪表的用途、使用方法及使用注意事项，掌握电气控制原理图的识读与绘制方法，掌握机床电气控制电路分析方法。

了解低压电器的选用和安装事项，能正确熟练地使用常用的电工工具，能够根据测量要求选择恰当的电工仪表进行电阻、电压和电流等参数的测量，能进行简单的电工仪表的检修、维护，能够运用所学知识初步识读电气图。

任务 1-1 低压电器的基础知识

任务导入

本任务主要学习低压电器元件的基本工作原理和分类。通过学习，读者应掌握低压电器的类型和结构、电磁式低压电器的结构、交直流电磁铁的工作原理、电弧的形成及灭弧原理、低压电器的选用和安装注意事项。

任务分析

本任务对低压电器的基本结构及基本部件的功能原理进行了分析，可为后续学习低压电器元件打下基础，为理解和掌握低压电器元件的结构特点及工作原理等提供理论依据。

任务实施

一、低压电器的定义、特点和分类方式

1. 低压电器的定义

低压电器是根据外界特定的信号和要求，自动或手动接通、断开电路，以实现对电路或

电现象的转换、控制、保护和调节所用设备的通称。根据国家标准 GB/T 2900.18—2008《电工术语 低压电器》的规定，低压电器通常是指“用于交流 50Hz（或 60Hz）、额定电压为 1000V 及以下，直流额定电压为 1500V 及以下电路中起通断、保护、控制或调节作用的电器。”

2. 低压电器的特点

低压电器的特点是品种多、用量大、用途广。总的来说，低压电器可以分为低压配电电器和低压控制电器两大类。其中低压配电电器主要用于低压配电系统和动力装置中，包括刀开关、转换开关、断路器和熔断器等。对低压配电电器的主要技术要求是：分断能力强，限流效果和保护性能好，有良好的动稳定性和热稳定性等。低压控制电器主要用于电力拖动及自动控制系统，包括接触器、继电器、起动器、控制器、主令电器、电阻器、变阻器和电磁铁等。控制电器的主要技术要求是：有一定的转换能力，操作频率高，电气寿命和机械寿命长等。

3. 低压电器的分类方式

（1）按动作方式分类

1）自动电器：动作的产生不是由人力直接操作产生的，而是按照信号或某个物理量的高低而自动动作的电器，如接触器、继电器等。

2）非自动电器：也叫手动电器，即直接通过人力操作而动作的电器，如开关、按钮等。

（2）按控制对象分类

1）配电电器：用于配电系统中，完成电源通断的控制，如刀开关、断路器等。

2）控制电器：用于对负载的直接控制、调整或保护，如接触器、热继电器等。

（3）按作用分类

1）执行电器：用于完成某种动作或传送功率和动力，如电磁铁、电动机等。

2）控制电器：用于控制电路的通断，如开关、接触器等。

3）主令电器：用于发出控制指令以控制其他电器的动作，如按钮、行程开关等。

4）保护电器：用于保护电源、电路及用电设备，在发生短路、过载等情况时，切断电路，防止用电设备被损坏，如熔断器、热继电器等。

5）配电电器：用于电能的运输和分配，如断路器、隔离开关及刀开关等。

（4）按工作原理分类

1）电量控制电器：电器的感测元件接收的是电流或电压等电量信号。

2）非电量控制电器：电器的感测元件接收的是热量、温度、转速、机械力等非电量信号。

（5）按工作条件分类

1）一般工业用电器：这类电器用于机械制造等正常环境条件下的配电系统和电力拖动控制系统，是低压电器的基础产品。

2）化工电器：这类电器的主要技术要求是耐腐蚀。

3）矿用电器：这类电器的主要技术要求是能防爆。

4）牵引电器：这类电器的主要技术要求是耐振动和冲击。

5）船用电器：这类电器的主要技术要求是耐腐蚀、颠簸和冲击。

6）航空电器：这类电器的主要技术要求是体积小，重量轻，耐振动和冲击。

二、低压电器的基本结构

低压电器的基本任务是接通或切断电路，就其动作原理来说，就是通过通电导体的动作来完成对电路的通断控制。对于非自动电器而言，这个动作的产生很简单，即用人力通过一定的机械机构带动通电导体动作。对于自动电器，通过控制电器本身的某个物理参数产生变化，进而产生机械动作再带动通电导体动作。这里主要讨论自动电器。

从结构来看，低压电器基本由两个部分构成：感受外力的部分和执行部分。感受外力的部分接收外界输入的信号，通过转换、放大与判断，产生有规律的反应，从而使执行部分动作接通或分断电路，以实现控制目的。对于自动电器来讲，感受外力的部分多数是电磁机构，执行部分则是触头系统。

1. 电磁机构

（1）电磁机构的结构　电磁机构的作用是将电流的变化转换为电磁力的变化，进而转换为机械行程运动。它主要由三部分构成：吸引线圈、铁心和衔铁。电磁机构的工作原理是：吸引线圈通入电流时，线圈产生磁场，磁通经铁心、衔铁和工作气隙形成闭合回路，产生电磁力，将衔铁吸向铁心。同时，衔铁要受弹簧反作用力的作用，当电磁吸力大于弹簧反作用力时，衔铁向铁心运动并被铁心吸住。释放过程与此相反，当电流消失时，电磁力也消失，衔铁在弹簧反作用力的作用下恢复到初始位置。

根据电磁机构机械结构的差异，电磁机构的铁心形式分为单 E 形、单 U 形、甲壳螺管形和双 E 形等，相应的动作方式有直动式、拍合式等，如图 1-1 所示。

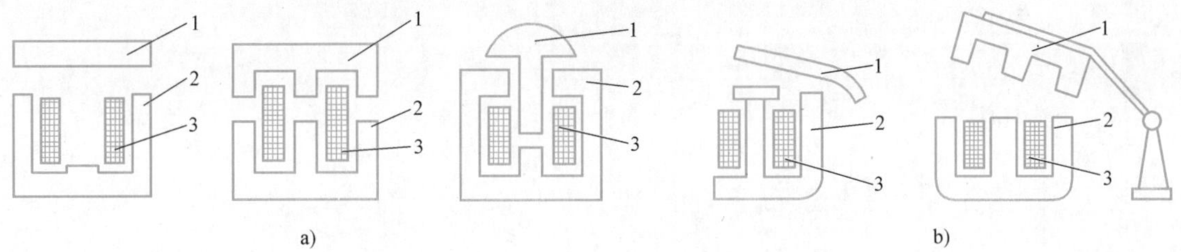

图 1-1　电磁机构的结构

a）直动式电磁机构　b）拍合式电磁机构

1—衔铁　2—铁心　3—线圈

（2）电磁吸力与吸力特性　电磁铁电器采用交直流电磁铁的基本原理，电磁吸力是影响其可靠工作的一个重要参数。

电磁铁吸力公式为

$$F=\frac{10^7}{8\pi}B^2S \tag{1-1}$$

式中，F 为电磁铁磁极表面吸力（N）；B 为工作气隙磁感应强度（T）；S 为铁心截面积（m^2）。由电磁理论可知，电磁机构的主要磁阻集中于气隙部分，在保持电磁铁匝数不变，即通入线圈的电流不变的条件下，磁通及磁感应强度与气隙成反比，电磁吸力与气隙的二次方成反比。

在固定铁心与衔铁之间的气隙 δ 值及外加电压值一定时，对于直流电磁铁，电磁吸力是一个恒定值；对于交流电磁铁，由于外加正弦交流电压，其气隙磁感应强度按正弦规律变化，即

$$B = B_m \sin\omega t \tag{1-2}$$

将式（1-2）代入式（1-1），整理得

$$F = \frac{F_m}{2} - \frac{F_m}{2}\cos 2\omega t = F_0 - F_0 \cos 2\omega t \tag{1-3}$$

式中，F_m 为电磁吸力最大值，$F_m = \frac{10^7}{8\pi} B_m^2 S$；$F_0$ 为电磁吸力平均值，$F_0 = \frac{F_m}{2}$。

直流电磁铁的吸力特性如图 1-2 所示。图中，δ 为气隙，F 为吸力。

由图 1-2 可知，在电磁机构结构一定的前提下，影响直流电磁铁吸力的参数有吸引线圈励磁电压的高低和衔铁行程的大小。从电气回路来看，影响直流电磁铁电流大小的是线圈电阻和外加电压，因而，当电压一定时，不论其机械机构的行程如何，线圈中的励磁电流将不会变化，故直流电磁机构适用于动作频繁的场合。

交流电磁铁在吸合或释放的过程中，由于气隙 δ 值是变化的，因此电磁吸力随 δ 值的变化而变化。通常，交流电磁铁的吸力是指平均吸力。吸力特性是指电磁吸力 F 随衔铁与铁心间气隙 δ 变化的关系曲线。不同的电磁机构有不同的吸力特性。

直流电磁铁其励磁电流的大小与气隙无关，动作过程为恒磁通势工作，其吸力随气隙的减小而增大，所以吸力特性曲线比较陡峭。而交流电磁铁的励磁电流与气隙成正比，在动作过程中为近似恒磁通工作，其吸力随气隙的减小略有增大，所以吸力特性比较平坦。

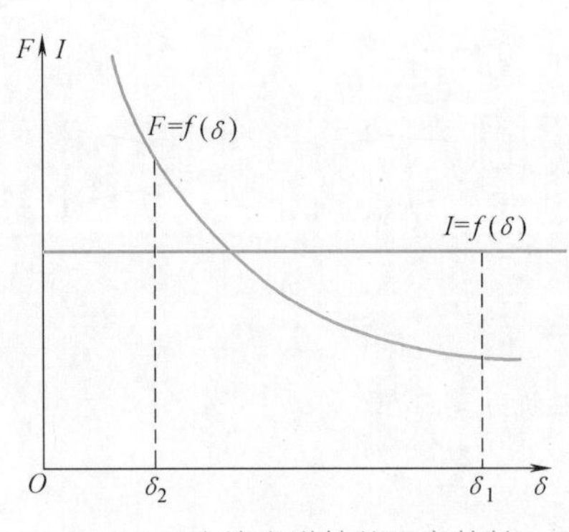

图 1-2　直流电磁铁的吸力特性

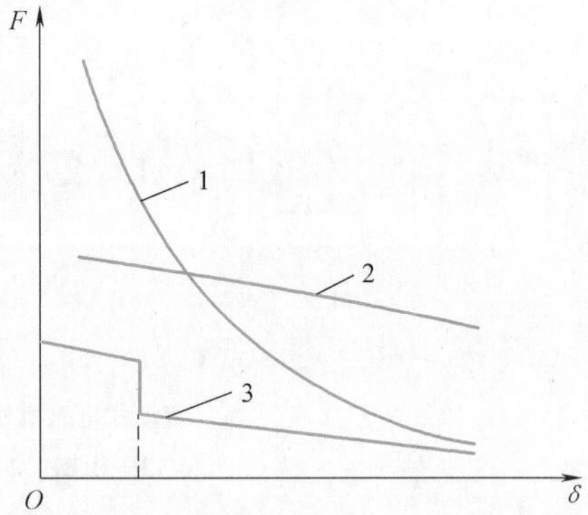

图 1-3　电磁铁的吸力特性和反力特性

1—直流电磁铁吸力特性　2—交流电磁铁吸力特性　3—反力特性

（3）反力特性和返回系数　反力特性是指反作用力 F 与气隙 δ 的关系曲线，如图 1-3 中的折线 3 所示。

为了使电磁机构能正常工作，其吸力特性与反力特性配合必须得当。在衔铁吸合的过程中，其吸力特性必须始终处于反力特性上方，即吸力要大于反力；反之，衔铁释放时，吸力特性必须位于反力特性下方，即反力要大于吸力。

返回系数是指释放电压 U_{re}（或电流 I_{re}）与吸合电压 U_{at}（或电流 I_{at}）的比值，用 β 表示，即

$$\beta_U=\frac{U_{re}}{U_{at}}\text{或}\beta_I=\frac{I_{re}}{I_{at}}$$

返回系数是反映电磁式电器动作灵敏度的一个参数，对电器工作的控制要求、保护特性和可靠性有一定影响。

(4) 交流电磁机构上短路环的作用　根据交流电磁吸力公式可知，交流电磁机构的电磁吸力是一个两倍电源频率的周期性变量。它有两个分量：一个是恒定分量 F_0，其值为最大吸力值的一半；另一个是交变分量 $F_{\sim}$，$F_{\sim}=F_0\cos2\omega t$，其幅值为最大吸力值的一半，并以两倍电源频率变化，总的电磁吸力 F 在从 $0\sim F_m$ 的范围内变化，其吸力曲线如图 1-4 所示。

电磁机构在工作中，衔铁始终受到反作用力弹簧、触头弹簧等反作用力 F_r 的作用。尽管电磁吸力的平均值 $F_0>F_r$，但在某些时候 $F<F_r$（图 1-4 中的阴影区域），这时衔铁开始释放；当 $F>F_r$ 时，衔铁又被吸合，如此周而复始，从而使衔铁产生振动，发出噪声。所以，必须采取有效措施消除振动和噪声。

消除振动的措施是在电磁铁铁心上加装短路环，如图 1-5 所示。短路环将铁心分成了两部分，根据电磁感应定律，通过短路环的磁通将滞后一定的相位，而两部分磁通叠加的结果是使总磁通趋于平滑，从而使电磁力的脉动变化减小，消除了电磁力小于弹簧反力的状态，也就消除了振动和噪声。

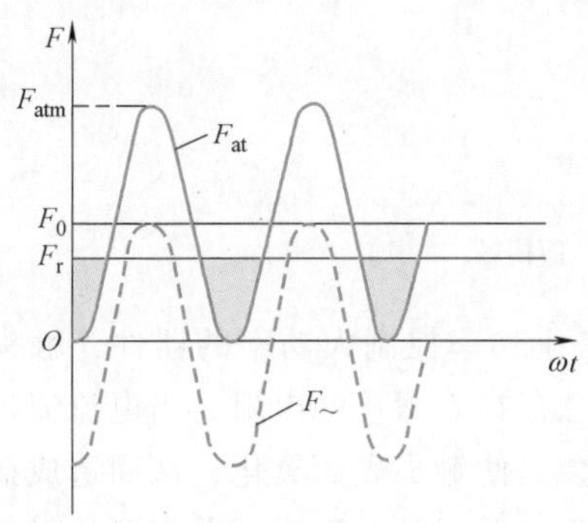

图 1-4　交流电磁机构实际吸力曲线

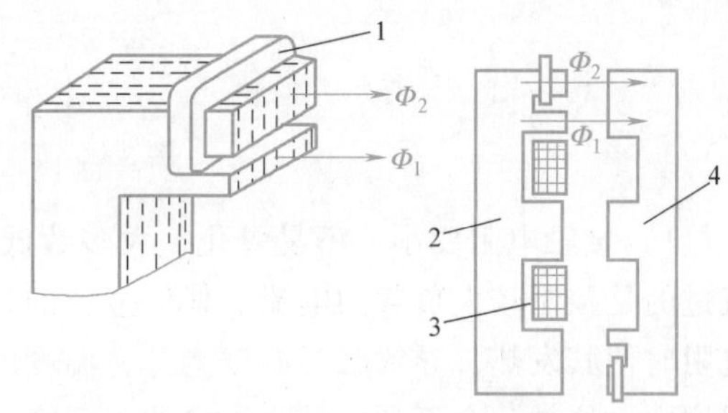

图 1-5　交流电磁铁的短路环

1—短路环　2—铁心　3—线圈　4—衔铁

交流电磁铁在使用中需注意：因线圈交流反电动势表达式为 $E=4.44fN\Phi_m$，而磁通的大小与气隙相关，所以，当外加电压不变时，电磁铁在磁路未闭合时将有很大的电流通过。而电磁铁在设计时，因它的动作时间一般都较短，流过的电流都不大，故线圈采用的导线一般都较细。如果衔铁长时间不能闭合，比如被卡住了，产生的后果将是：交流电磁铁线圈因不能承受较大电流而烧毁。

(5) 直流电磁铁和交流电磁铁的比较　直流电磁铁外加电压的只有线圈绕组的电阻，因而其线圈阻值较大，铁心没有发热因素。从结构上看，线圈匝数多，导线线径细，线圈无骨架，铁心细长。

交流电磁铁的线圈电阻相对较小，铁心因涡流的存在会发热。因而在结构上，交流线圈制成粗短结构，以方便散热。同时，为防止铁心的热量传导到线圈，线圈都使用骨架绕制，保持铁心与线圈隔开。

从性能方面考虑，由于交流电磁铁的吸力是脉动的，工作时要产生颤动，从而产生噪声和机械磨损，线圈损坏的机会将大于直流线圈，因而，在对电器要求较高的场合，往往选用直流线圈的电磁机构，如电力系统中的电器。当然，直流电磁机构的电器价格也远远高于交流电磁机构的电器。

根据需要反应的电量不同，电磁铁线圈又分为电压线圈和电流线圈。电压线圈要承受一定量的动作电压，因而其绕组多、阻抗大，如电压继电器线圈、普通接触器线圈都是电压线圈。电流线圈的作用是感受一定量的电流作用，在使用时要串联于被测电流回路中，因而其匝数少、阻抗小，常用粗导线或扁铜带绕制，如电流继电器线圈。

2. 触头系统

触头是一切有触头电器的执行部件，触头的动作过程是完成电路的接通和分断的过程。因此，触头工作的好坏直接决定了电器的工作性能和使用寿命。图 1-6 所示为不同形状的触头。在电器的动作过程中，触头的动作可以分为三种状况：工作状态、闭合过程和分断过程。综合考虑，这几个过程对触头系统有以下几方面的要求：

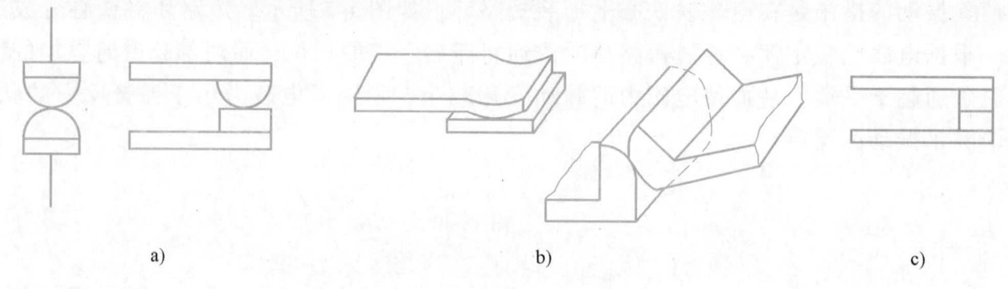

图 1-6　不同形状的触头

a）点接触　b）线接触　c）面接触

1）接触电阻要小、不易氧化。大多数低压电器是小功率控制大功率的器件，触头部分流过的是控制较大负载的电流。任何金属的相互接触总存在表面接触电阻，当电流流过接触电阻时使其发热，导致触头温度上升，温度的升高又会促使触头表面氧化，从而造成接触电阻增大。这是一个不利于触头工作的正反馈过程。因此，对于触头来说，首先要从材料上保证不易被氧化，以减缓接触电阻增大的过程。其次，要保持触头有足够的接触面积和接触压力，促使其接触良好，尽可能减小接触电阻，减少发热。在使用方面，大电流会造成触头的过热，国家标准 GB/T 25840—2010《规定电气设备部件（特别是接线端子）允许温升的导则》根据触头的允许温升等因素规定了电器所能适应的电流范围，使用时必须保证电器的工作电流在允许的范围内，以保证电器的正常工作和使用寿命 。

2）避免触头的弹跳。稳定触头在接通的过程中因冲击力往往会产生运动部分的弹跳。触头的弹跳会造成触头表面金属的磨损，严重时可能会造成熔焊。为防止弹跳发生，可以采取的措施包括适当增大触头弹簧的初压力、改善触头质量、降低触头速度以及采用指式触头（图 1-7）。

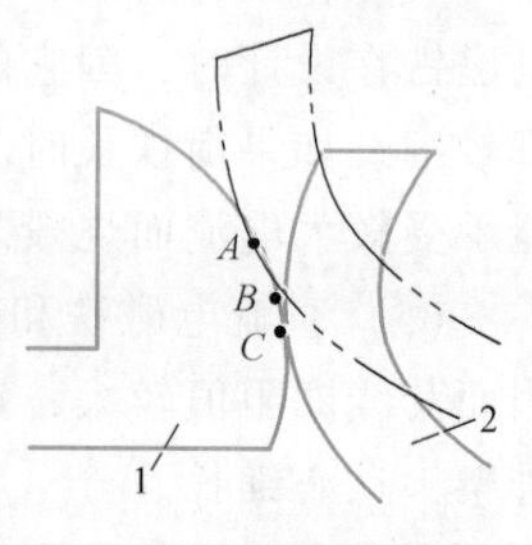

图 1-7　指式触头闭合过程示意图

1—静触头　2—动触头

由图 1-7 可以看出，指式触头的闭合过程不是碰撞式的。在触头闭合的瞬间，先由动触头的端部 A 点与静触头接触，经过一段滚动后，再转变为动触头的根部 B 点与静触头接触。这种滚动接触的过程消耗了撞击能量，可防止碰撞弹跳。同时，触头的接通和分断都在触头的端部，有利于电弧转移，减轻触头的电气磨损，并且能擦除触头表面的氧化膜，对触头在闭合状态的工作十分有利。

3）快速分断触头。在负载状态下分断，需在尽可能短的时间内恢复正常的触头间隙，通过缩短中间行程使电弧燃烧的时间尽可能短，从而在最短的时间内将电弧熄灭，防止触头烧蚀。

3. 电弧的形成及灭弧措施

电弧的热效应在实际生产中应用很充分，如电焊机、电弧炼钢炉等都是利用电弧产生的巨大热量使金属熔化。但在电器中，电弧的存在却百害而无一利。电弧产生的高温会使触头熔化、变形，进而影响其接通能力，大大降低电器工作的可靠性和使用寿命，因而在电器中必须采取适当的灭弧措施。

（1）电弧的产生　电弧的产生实际上是弧光放电到气体游离放电的一个演变过程。触头分离时，触头的导电截面由面到点发生变化，在触头即将分离的瞬间，全部负载电流集中于未断开的一个点，从而形成极高的电流密度，产生大量热量，使触头的自由电子处于活跃状态。

触头分离后的瞬间，两触头间间隙极小，形成了极高的电场强度。活跃的电子在强电场力的作用下由阴极表面逸出，向阳极发射，这个过程产生了弧光放电。高速运动的电子撞击间隙中的气体分子，使之激励和游离，形成新的带电粒子和自由电子，使运动电子的数量进一步增加。这个过程如同滚雪球一般，会在触头间隙中形成大量的带电粒子，使气体导电而形成炽热的电子流即电弧。后面的过程就是气体游离放电过程。

电弧一经产生，便在弧隙中产生大量的热量，使气体的游离作用占主导地位，特别是当高温产生的金属蒸气进入弧隙后，气体热游离作用更为显著。所以电压越高、电流越大，电弧区的温度就越高，电弧的游离因素也就越强。

与此同时，也存在抑制气体游离的因素。一方面，已经处于游离状态的正离子和电子会重新复合，形成新的中性气体分子；另一方面，高度密集的高温离子和电子要向周围密度小、温度低的介质扩散，使弧隙内离子和自由电子的浓度降低，电弧电阻增加、电弧电流减小，热游离减弱。当以上去游离过程与气体热游离过程平衡时，电弧将处于稳定的燃烧状态。电弧的应用就是保持这种状态。

（2）灭弧措施　对电器来讲，应尽快熄灭电弧，防止电弧对触头系统造成损害。那么，如何熄灭电弧呢？先看维持电弧燃烧的条件。维持电弧燃烧的条件主要有两点：一是保持电弧的燃烧温度，从而保持足够的自由电子浓度；二是维持整个弧柱的电动势，从而保证电子的高速运动。与之对应，相应的灭弧措施就是：降温和降压。具体方式有以下几种。

1）动力吹弧。图 1-8 所示为一种桥式双断口触头系统。所谓双断口就是在一个回路中有两个产生和断开电弧的间隙。双断口方式使每个断口的电压降变低，起到降低电压的作用。同时，两电弧电流电动力相互作用，方向如图 1-8 所示，其结果是使电弧变长，场强减小，起降温和降压的作用。

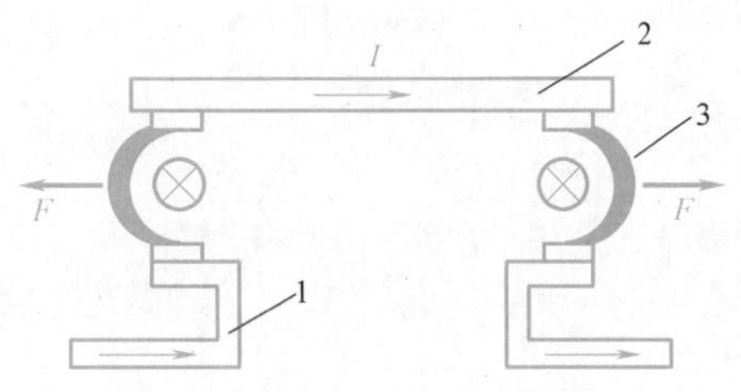

图 1-8　双断口结构的电动力吹弧

1—动触头　2—静触头　3—电弧

该方式结构简单，无需专门的灭弧装置，常用于交流接触器中。当交流电电流过零时，触头间的场强减小，经两断口分压后使电弧拉长降温，从而使触头间隙间介电强度迅速恢复，迅速将电弧熄灭。

2）磁吹灭弧。电动力灭弧利用的是导体周围磁场和通电导体相互作用的结果。电弧的本质是电子流，在磁场作用下必然受到电磁力的作用而运动。磁吹灭弧是通过专门的励磁装置增强电弧区域的磁场强度，从而加速电弧运动，达到拉长电弧和降温的目的，作用原理如图 1-9 所示。

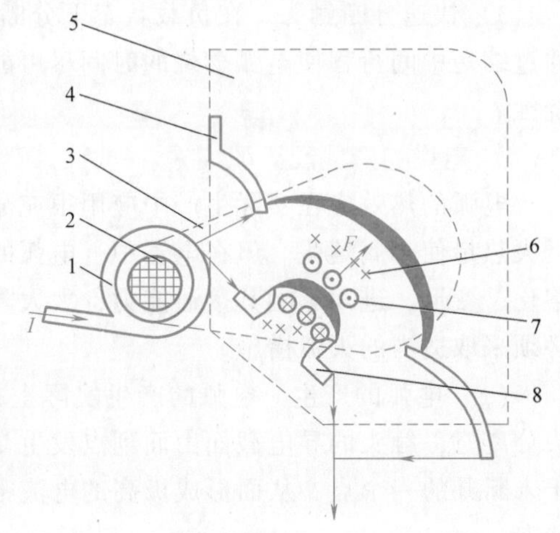

图 1-9　磁吹灭弧工作原理

1—磁吹线圈　2—铁心　3—导磁夹板　4—引弧角　5—灭弧罩　6—磁吹线圈磁场　7—电弧电流磁场　8—动触头

由图 1-9 可知，由磁吹线圈产生的磁场经铁心和导磁夹板导入电弧空间，电弧在该磁场力的作用下在灭弧装置内迅速向上移动，并在引弧角附近获得最大拉长，使其在运动过程中被加速冷却而熄灭。引弧角除具有引导电弧运动的作用外，还能起到保护触头的作用。

图 1-9 所示为串联磁吹灭弧，即磁吹线圈与主电路串联。该方式的特点是磁场强度随电弧电流的大小而改变，但磁吹力的方向不变；缺点是磁吹线圈需流过主回路电流，故对其机械结构要求较高。另一个方式是并联磁吹灭弧，即吹弧电磁回路独立于主回路，磁场强度与电弧电流无关。该方式的特点是：在小电流时效果较好，但当触头电流反向时，必须同时改变弧罩磁吹线圈的极性，否则作用力相反，不仅不能熄灭电弧，反而会造成电器的损坏。所以这种方式主要应用于直流电器中。

3）窄缝灭弧室。窄缝灭弧室由耐弧陶土、石棉、水泥或耐弧塑料制成，用来引导电弧纵向吹出并防止相间短路。同时，电弧与电弧室的高导热绝缘壁相接触，使其迅速冷却，增强去游离作用，使电弧熄灭。其结构如图 1-10 所示。这是交流接触器常用的灭弧装置。

4）金属栅片灭弧。金属栅片灭弧装置的结构原理如图 1-11 所示。灭弧室装有若干个有三角形缺口的钢质金属栅片，栅片安装时缺口的位置错开。栅片的存在使电弧电流在周围空间的磁通路径发生畸变，电弧受电磁力的作用进入栅片。

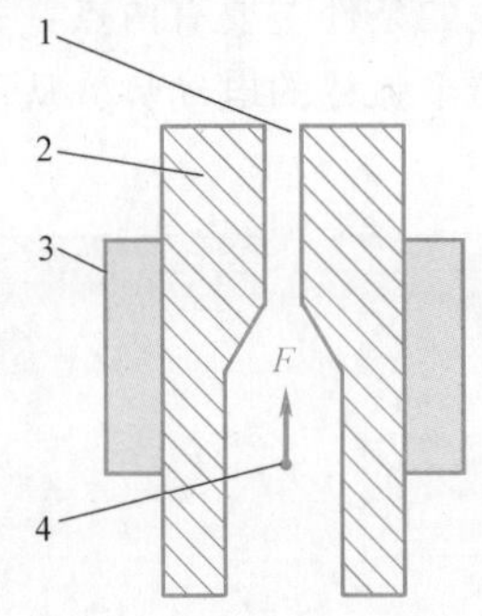

图 1-10　窄缝灭弧断面图

1—纵缝　2—介质　3—磁性夹板　4—电弧

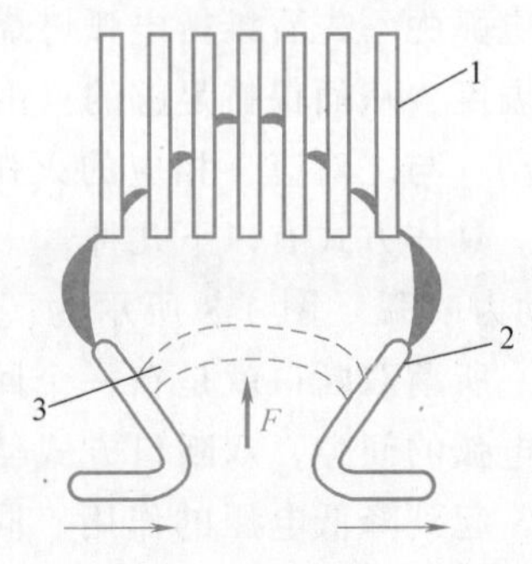

图 1-11　金属栅片灭弧的结构原理

1—灭弧栅　2—触头　3—电弧

电弧在栅片内被分割成许多串联的短弧，从而降低了每一段电弧的电压，使其熄灭。这种方式既可以熄灭交流电弧，也可以熄灭直流电弧，对交流电弧效果更好，因而常用于交流电器中，刀开关、断路器大多都采用金属栅片灭弧方式。

三、低压电器的型号含义

低压电器产品有各种各样的结构和用途，不同类型的产品有不同的型号表示方法。低压电器的型号一般由类组代号、设计代号和规格代号等几部分组成，其表示形式和含义如图1-12、表1-1和表1-2所示。

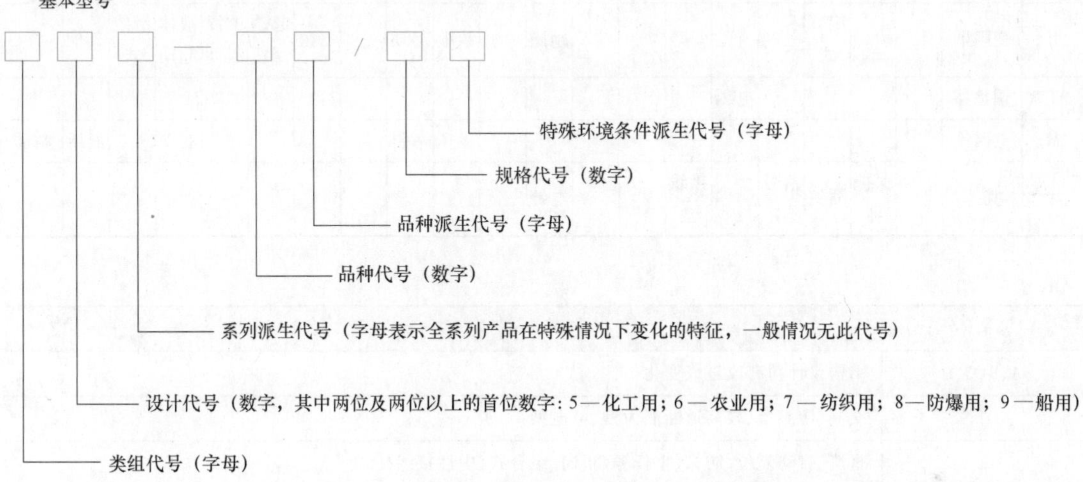

图 1-12 低压电器的型号

表 1-1 低压电器产品型号类组代号表

类别代号	名称	组别代号																			
		A	B	C	D	G	H	J	K	L	M	P	Q	R	S	T	U	W	X	Y	Z
H	刀开关和转换开关				刀开关		封闭式负荷开关		开启式负荷开关					熔断器式开关	刀形转换开关					其他	组合开关
R	熔断器			插入式			汇流排式			螺旋式	密闭管式				快速	有填料封闭管式			限流	其他	
D	低压断路器								真空		灭磁				快速			万能式	限流	其他	塑料外壳式
K	控制器					鼓形						平面				凸轮				其他	
C	接触器					高压		交流				中频			时间	通用				其他	直流
Q	起动器	按钮式		电磁式				减压							手动		油浸		星三角	其他	综合

（续）

类别代号	名称	组别代号																			
		A	B	C	D	G	H	J	K	L	M	P	Q	R	S	T	U	W	X	Y	Z
J	控制继电器									电流				热	时间	通用		温度		其他	中间
L	主令电器	按钮式						接近开关	主令控制						主令开关	足踏开关	旋钮	万能转换开关	行程开关	其他	
Z	电阻器		板形元件	冲片元件	带形元件	管形元件									烧结元件	铸铁元件			电阻器	其他	
B	变阻器			旋臂式						励磁		频敏	起动		石墨	起动调速	油浸起动	液体起动	滑线式	其他	
T	调整器					电压															
M	电磁铁												牵引					起动		液压	制动
A	其他		保护器	插销	信号灯		接线盒			电铃											

表 1-2　低压电器型号的通用派生代号

派生字母	代表意义
A、B、C、D	结构设计稍有改进或变化
J	交流、防溅型、较高通断能力型、节电型
Z	直流、自动复位、防振、重任务、正向、组合式、中性接线柱式
W	无灭弧装置、无极性、失电压、外销用
N	可逆、逆向
S	有锁住机构、手动复位、防水式、三相、三个电源、双线圈、保持式、塑料熔管式
P	电磁复位、防滴式、单相、两个电源、电压的、电动机操作
K	开启式
H	保护式、带缓冲装置
M	密封式、灭磁、母线式
Q	防尘式、手车式、柜式
L	电流的、漏电保护、单独安装式
F	高返回、带分励脱扣、纵缝灭弧结构式、防护盖式
X	限流
T	按临时措施制造
TH	湿热带
TA	干热带
G	高原、高电感、高通断能力
H	船用
F	化工防腐用

一、低压电器的选用和安装

1. 低压电器的选用原则及注意事项

（1）选用原则　由于低压电器具有不同的用途和使用条件，因而有不同的选用方法。选用低压电器一般应遵循以下基本原则：

1）保证人身安全，确保系统及用电设备的可靠运行，这是对任何开关电器的基本要求。

2）经济原则。在考虑符合安全标准和达到技术要求的前提下，应尽可能选择性能比较高、价格相对较低的产品。另外，还应根据低压电器的使用条件、更换周期以及维修的方便性等因素来选择。确保运行中安全可靠，不致因故障造成停产或损坏设备，危及人身安全等构成的经济损失。

（2）注意事项

1）应根据控制对象的类别（电机控制、机床控制等）、控制要求和使用环境来选用合适的低压电器。

2）应了解电器的正常工作条件，如环境空气温度和相对湿度、海拔、允许安装的方位角度、抗冲击振动的能力、有害气体、导电尘埃、雨雪侵袭以及室内还是室外工作等。

3）根据被控对象的技术要求确定技术指标，如控制对象的额定电压、额定功率、电动机起动电流的倍数、负载性质、操作频率和工作制等。

4）了解低压电器的主要技术性能（技术条件），如用途、分类、额定电压、额定控制功率、接通/分断能力、允许操作频率、工作制、使用寿命以及工艺要求等。

5）被选用低压电器的容量一般应大于被控设备的容量。对于有特殊控制要求的设备，应选用特殊的低压电器（如速度和压力要求等）。

2. 低压电器的安装原则及注意事项

（1）安装原则

1）低压电器应水平或垂直安装，特殊形式的低压电器应按产品说明的要求进行。

2）低压电器的安装应牢固、整齐，其位置应便于操作和检修。在振动场所安装低压电器时，应有防振措施。

3）在有易燃、易爆、腐蚀性气体的场所，应采用防爆等特殊类型的低压电器。

4）在多尘、潮湿、人易触碰和露天场所，应采用封闭型的低压电器；若采用开启式的，应加保险箱。

5）一般情况下，低压电器的静触头应接电源，动触头应接负载。

6）落地安装的低压电器，其底部应高出地面100mm。

7）安装低压电器的盘面上，一般应标明安装设备的名称及回路编号。

（2）安装前的主要检查项目

1）检查低压电器的铭牌、型号、规格是否与要求相符。

2）检查低压电器的外壳、漆层、手柄是否有损伤或变形。

3）检查低压电器的磁件、灭弧罩、内部仪表、胶木电器是否有裂纹或伤痕。

4）所有螺钉等紧固件应拧紧。

5）具有主触头的低压电器，触头的接触应紧密，两侧的接触压力应均匀。

6）低压电器的附件应齐全、完好。

任务 1-2　常用电工工具的使用

任务导入

常用电工工具是指一般专业电工都要使用的常备工具。常用的工具有验电器、螺钉旋具、钢丝钳、尖嘴钳、断线钳、剥线钳、电工刀和活扳手等。作为一名电工，必须掌握常用电工工具的使用方法。

任务分析

本任务通过对常用电工工具的用途、基本结构和使用注意事项等的讲述，为后续能正确熟练地使用常用的电工工具打下了基础。

任务实施

1. 验电器

为能直观地确定设备、线路是否带电，使用验电器是一种既方便又简单的方法。验电器是一种电工常用的工具。验电器分低压验电器和高压验电器。

（1）低压验电器　低压验电器又称试电笔，检测范围为60~500V，有钢笔式、旋具式和组合式多种。在使用试电笔时，必须手指触及笔尾的金属部分，并使氖管小窗背光且朝自己，以便观测氖管的亮暗程度，防止因光线太强造成误判断，其握法如图 1-13 所示。

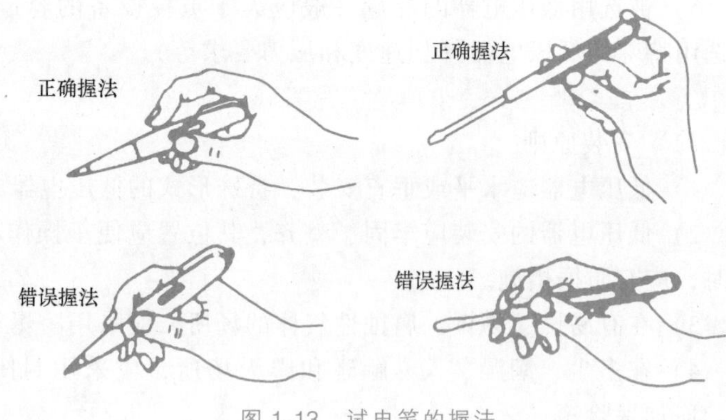

图 1-13　试电笔的握法

当用试电笔测试带电体时，电流经带电体、试电笔、人体及大地形成通电回路，只要带电体与大地之间的电位差超过 60V，试电笔中的氖管就会发光。

其测量原理是：用试电笔测试某一导体是相线还是零线时，通过试电笔的电流（也就是通过人体的电流）I 等于加在试电笔和人体两端的总电压 U 除以试电笔和人体两端的总电阻 R。测相线时，相线与地之间电压 U=220V 左右，人体电阻一般很小，通常只有几百到几千欧，而试电笔内部的电阻通常为几兆欧，通过试电笔的电流（也就是通过人体的电流）

很小，通常不到1mA，该电流通过人体时，对人没有伤害；而该电流通过试电笔的氖泡时，氖泡会发光。测零线时，$U=0$，$I=0$，也就是没有电流通过试电笔的氖泡，氖泡不发光。因此，可以根据氖泡是否发光判断相线还是零线。

试电笔的使用方法和注意事项如下：

1）测试带电体前，一定先要测试已知有电的电源，以检查试电笔中的氖泡能否正常发光。

2）在明亮的光线下测试时，往往不易看清氖泡的辉光，应当避光检测。

3）试电笔的金属探头多制成螺钉旋具形状，它只能承受很小的扭矩，使用时应特别注意，以防损坏。

4）试电笔可用来区分相线和零线，氖泡发光的是相线，不发光的是零线。

5）试电笔可用来区分交流电和直流电，交流电通过氖泡时，两极附近都发亮；而直流电通过氖泡时，仅一个电极附近发亮。

6）试电笔可用来判断电压的高低。若氖泡发光为暗红色，轻微亮，则电压低；若氖泡发光为黄红色，很亮，则电压高。

7）试电笔可用来识别相线接地故障。在三相四线制电路中，发生单相接地后，用试电笔测试中性线，氖泡会发亮；在三相三线制星形联结电路中，用试电笔测试三根相线，如果两相很亮，另一相不亮，则该相很可能有接地故障。

（2）高压验电器　高压验电器又称为高压测电器，主要类型有发光型高压验电器、声光型高压验电器和风车式高压验电器。发光型高压验电器由手柄、护环、固紧螺钉、氖管窗、氖管和金属钩组成，如图1-14所示。

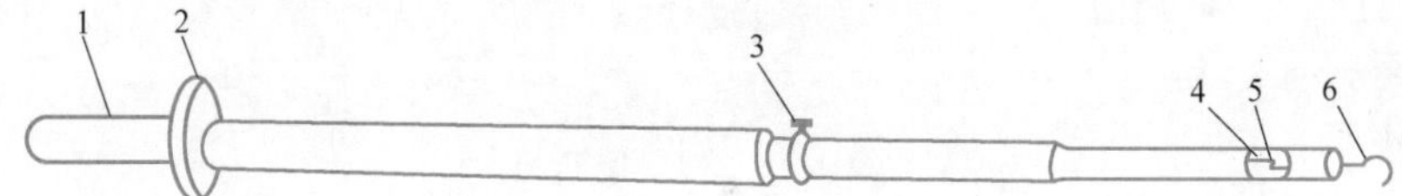

图1-14　10kV高压验电器

1—手柄　2—护环　3—固紧螺钉　4—氖管窗　5—氖管　6—金属钩

高压验电器的使用方法和注意事项如下：

1）使用高压验电器时，必须注意其额定电压应与被检验电气设备的电压等级相适应，否则可能会危及验电操作人员的人身安全或造成错误判断。

2）验电时，操作人员应戴绝缘手套，手握在护环以下的手柄部分，身旁应有人监护。先在有电设备上进行检验，检验时应渐渐移近带电设备至发光或发声为止，以验证验电器的性能完好。然后在验电设备上检测，在验电器渐渐向设备移近过程中突然有发光或发声指示，应立即停止验电。高压验电器验电时的握法如图1-15所示。

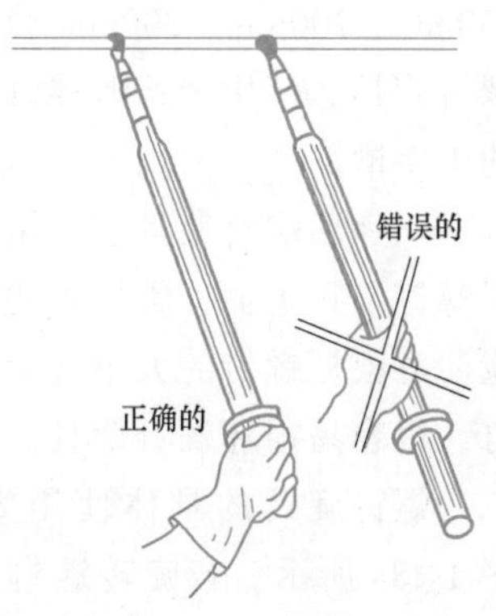

图1-15　高压验电器握法

3）在室外使用高压验电器时，必须在气候良好的情况下进行，以确保验电人员的人身安全。

4）测电时，人体与带电体应保持足够的安全距离。对于10kV以下的电压，安全距离应为 0.7m 以上。验电器应每半年进行一次预防性试验。

2. 电工刀

电工刀是一种切削工具，主要用来剖削和切割导线的绝缘层、削制木枕以及切削木台、绳索等。电工刀有普通型和多用型两种，按刀片长度分为大号（112mm）和小号（88mm）两种规格。多用型电工刀除具有刀片外，还有可收式的锯片、锥针和旋具，可用来锯割电线槽板、胶木管，锥钻木螺钉的底孔。电工刀的结构如图 1-16 所示。

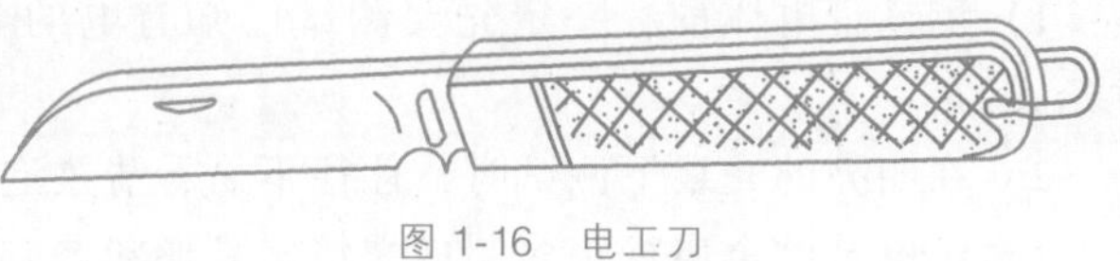

图 1-16　电工刀

在使用电工刀时应注意以下几点：

1）电工刀不得用于带电作业，以免触电。

2）应将刀口朝外剖削，注意避免伤及手指。

3）剖削导线绝缘层时，应使刀面与导线成较小的锐角，以免割伤导线。

4）使用完毕，随即将刀身折进刀柄。

3. 螺钉旋具

螺钉旋具用于紧固或拆卸螺钉。它的种类很多，按照头部形状的不同，常见的螺钉旋具可分为一字和十字两种，如图 1-17 所示；按照手柄的材料和结构的不同，可分为木柄、塑料柄、夹柄和金属柄四种；按照操作形式可分为自动、电动和风动等形式。

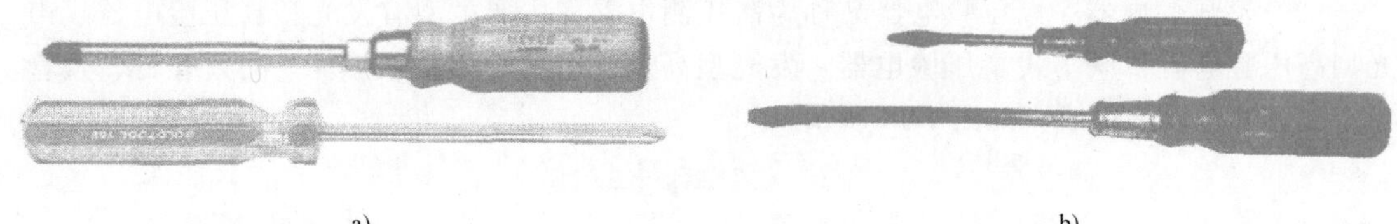

a)　　b)

图 1-17　螺钉旋具

a）十字形螺钉旋具　b）一字形螺钉旋具

十字形螺钉旋具主要用于旋转十字槽形的螺钉、木螺钉和自攻螺钉等。产品有多种规格，通常说的大、小螺钉旋具是用手柄以外的刀体长度来表示的，常用的有 100mm、150mm、200mm、300mm 和 400mm 等几种。使用时应注意根据螺钉的大小选择不同规格的螺钉旋具。使用十字形螺钉旋具时，应注意使旋杆端部与螺钉槽相吻合，否则容易损坏螺钉的十字槽。

一字形螺钉旋具主要用于旋转一字槽形的螺钉、木螺钉和自攻螺钉等。产品规格与十字形螺钉旋具类似，常用的也是 100mm、150mm、200mm、300mm 和 400mm 等几种。使用时应注意根据螺钉的大小选择不同规格的螺钉旋具。若用型号较小的螺钉旋具来旋持大号的螺钉，很容易损坏螺钉旋具。

螺钉旋具的具体使用方法如图 1-18 所示。当所旋螺钉不需用太大力矩时，握法如图 1-18a 所示；若旋转螺钉需较大力矩时，握法如图 1-18b 所示。上紧螺钉时，手握紧握柄，用力顶住，使刀紧压在螺钉上，以顺时针的方向旋转为上紧，逆时针为下卸。穿心柄式螺钉旋具可在尾部敲击，但禁止用于有电的场合。

使用螺钉旋具时应注意以下几点：

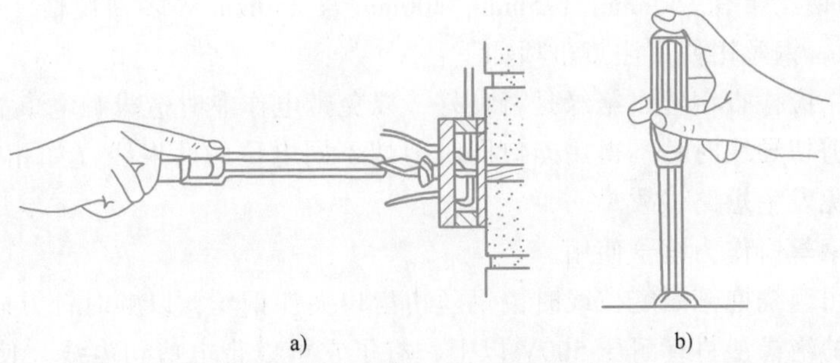

图 1-18 螺钉旋具的使用

a）力矩小时使用方法 b）力矩大时使用方法

1）螺钉旋具较大时，除大拇指、食指和中指要夹住握柄外，手掌还要顶住握柄的末端，以防旋转时滑脱。

2）螺钉旋具较小时，用大拇指和中指夹着握柄，同时用食指顶住握柄的末端用力旋动。

3）螺钉旋具较长时，用右手压紧手柄并转动，同时左手握住螺钉旋具的中间部分（不可放在螺钉周围，以免将手划伤），以防止螺钉旋具滑脱。

4）带电作业时，手不可触及螺钉旋具的金属杆，以免发生触电事故。

5）作为电工，不应使用金属杆直通握柄顶部的螺钉旋具 。

6）为防止金属杆触到人体或邻近带电体，金属杆应套上绝缘管。

4. 钢丝钳

钢丝钳在电工作业时，用途广泛。钳口可用来弯绞或钳夹导线线头；齿口可用来紧固或扳旋螺母；刀口可用来剪切导线或钳削导线绝缘层；铡口可用来铡切导线线芯、钢丝等较硬线材。钢丝钳各用途的使用方法如图 1-19 所示。

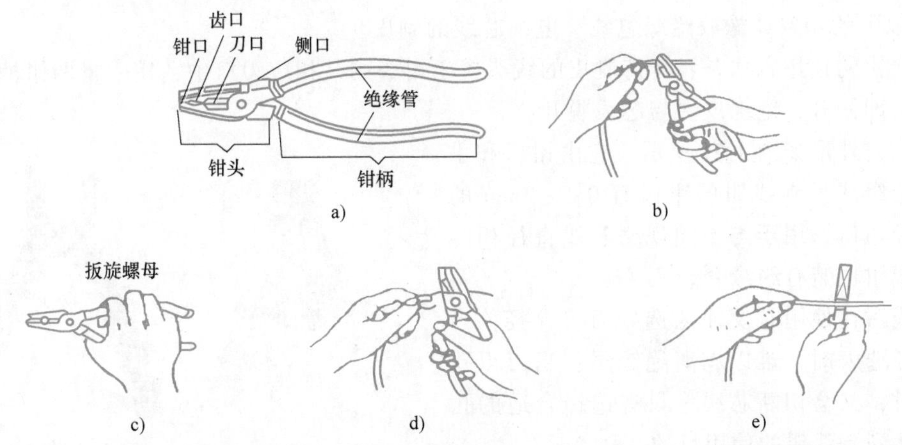

图 1-19 电工钢丝钳的结构与用途

a）钢丝钳的结构 b）弯绞导线 c）扳旋螺母 d）剪切导线 e）铡切导线

使用钢丝钳时用右手操作。将钳口朝内侧，便于控制钳切部位，用小指伸在两钳柄中间来抵住钳柄，张开钳头，便于灵活分开钳柄。

电工常用的钢丝钳有 150mm、175mm、200mm 及 250mm 等多种规格。可根据内线或外线工种需要选购。钢丝钳使用注意事项如下：

1）使用前，应检查钢丝钳绝缘是否良好，以免带电作业时造成触电事故。

2）在带电剪切导线时，不得用刀口同时剪切不同电位的两根线（如相线与零线、相线与相线等），以免发生短路事故。

3）切勿把钢丝钳作为锤子使用。

4）用钢丝钳缠绕抱箍固定拉线时，钢丝钳齿口夹住钢丝，以顺时针方向缠绕。

5）钢丝钳的绝缘塑料管耐压 500V 以上，有了它可以带电剪切电线。使用中切忌乱扔，以免损坏绝缘塑料管。

5. 尖嘴钳

尖嘴钳其头部尖细（图 1-20a），适用于在狭小的工作空间操作。尖嘴钳可用来剪断较细小的导线，可用来夹持较小的螺钉、螺帽、垫圈和导线等，还可用来对单股导线整形（如平直、弯曲等）。尖嘴钳的使用方法与钢丝钳基本相同。若使用尖嘴钳带电作业，应检查其绝缘是否良好，在作业时，金属部分不要触及人体或邻近的带电体。

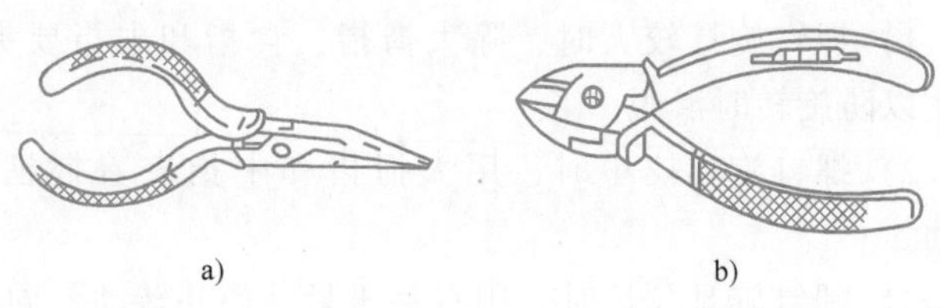

图 1-20 尖嘴钳、斜口钳

a）尖嘴钳 b）斜口钳

6. 斜口钳

斜口钳专用于剪断各种电线、电缆，如图 1-20b 所示 。

对于粗细不同、硬度不同的材料，应选用大小合适的斜口钳。

7. 剥线钳

剥线钳是内线电工、电机修理电工和仪器仪表电工常用的工具之一。剥线钳适用于直径 3mm 及以下的塑料或橡胶绝缘电线、电缆芯线的剥皮。

剥线钳的使用方法是：将待剥皮的线头置于钳头的某相应刃口中，用手将两钳柄果断地一捏，随即松开，绝缘皮便与芯线脱开。

剥线钳外形如图 1-21 所示。它由钳口和手柄两部分组成。剥线钳的钳口有 0.5~3mm 的多个直径切口，用于与不同规格芯线直径相匹配。剥线钳也装有绝缘套。

剥线钳在使用时要注意选好刀刃孔径：当刀刃孔径选大时，难以剥离绝缘层；当刀刃孔径选小时，又会切断芯线。只有选择合适的孔径才能达到剥线钳的使用目的。

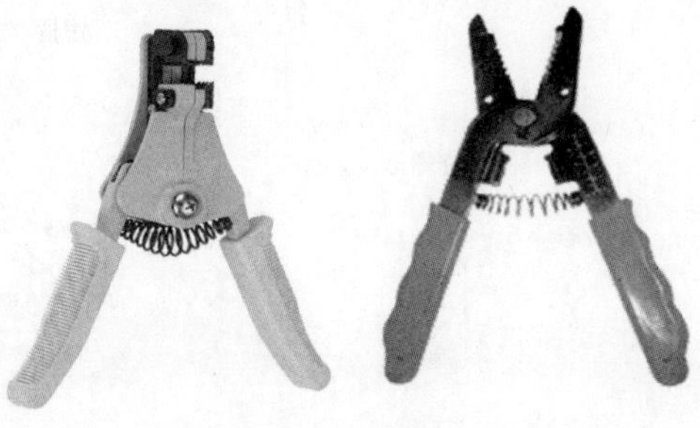

图 1-21 剥线钳

8. 扳手

常用的扳手包括活扳手和呆扳手。

活扳手是一种旋紧或拧松有角螺钉或螺母的工具，如图 1-22 所示。电工常用的活扳手有 200mm、250mm 和 300mm 三种，使用时应根据螺母的大小选配。活扳手的使用注意事项如下：

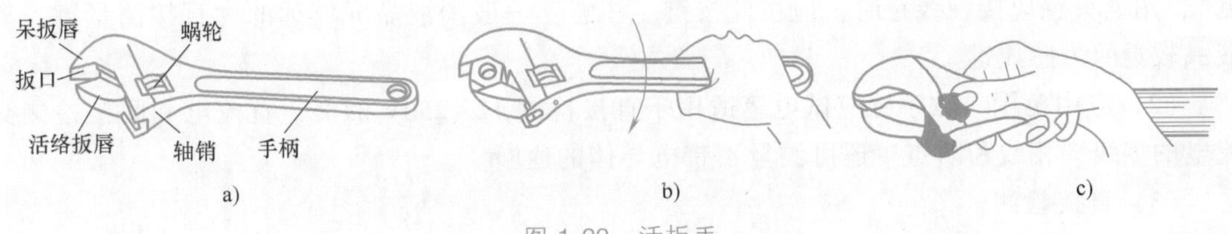

图 1-22 活扳手

1）使用时，右手握手柄。手越靠后，扳动起来越省力。

2）扳动小螺母时，因需要不断地转动蜗轮，调节扳口的大小，所以手应握在靠近呆扳唇处，并用大拇指调解蜗轮，以适应螺母的大小。

3）活扳手的扳口夹持螺母时，呆扳唇在上，活络扳唇在下。活扳手不可反过来使用。

4）在扳动生锈的螺母时，可在螺母上滴几滴煤油或机油，以便于拧动螺母。

5）拧不动有角螺钉或螺母时，不可采用套筒来增加扭力，以避免损伤活络扳唇。

6）不得把活扳手作为锤子来使用。

常用的呆扳手有单头和双头两种，其开口是和螺钉头、螺母尺寸相适应的，并根据标准尺寸做成一套。

整体扳手有正方形、六角形和十二角形（俗称梅花扳手）。其中，梅花扳手应用颇广，它只要转过30°就可改变扳动方向，所以在狭窄的空间工作较为方便。

套筒扳手由一套尺寸不等的梅花筒组成，使用时用弓形的手柄连续转动，工作效率较高。

当螺钉或螺母的尺寸较大或扳手的工作位置很狭窄时，可使用棘轮扳手。这种扳手摆动的角度很小，能拧紧和松开螺钉或螺母。拧紧时顺时针转动手柄。方形的套筒上装有一只撑杆。当手柄向反方向扳回时，撑杆在棘轮齿的斜面中滑出，因而螺钉或螺母不会跟随反转。如果需要松开螺钉或螺母，只需翻转棘轮扳手朝逆时针方向转动即可。

内六角扳手用于拆装内六角螺钉，常用于某些机电产品的拆装。

测力扳手有一根长的弹性杆，其一端装着手柄，另一端装有方头或六角头，在方头或六角头套装一个可换的套筒用钢珠卡住；在顶端上还装有一个长指针；刻度板固定在柄座上，每格刻度值为1N（或 kg/m）。当需要一定数值的旋紧力或几个螺母（或螺钉）需要相同的旋紧力时，可用这种扳手。

六角扳手用于拆装大型六角螺钉或螺母，外线电工可用它装卸铁塔之类的钢架结构。

知识拓展

1. 数字感应试电笔

数字感应试电笔是近年来出现的一种新型电工工具。它利用电磁感应原理进行检测，并将检测到的信号放大后通过 LCD 进行显示，以判断物体是否带电。它具有安全、方便以及快捷等优点，如图 1-23 所示 。

图 1-23 数字感应试电笔

（1）按键说明 A 键（DIRECT）为直接测量按键（离液晶屏较远），用笔头直接去接触线路时，应按此按键；B 键（INDUCTANCE）为感应测量按键（离液晶屏较近），用笔头感应接触线路时，应按此按键。注意：一般离液晶屏较远的为直接测量键，离液晶较近的为感应键。

（2）应用范围　数字感应试电笔适用于直接检测 12～250V 的交、直流电和间接检测交流电的零线、相线和断点，还可测量不带电导体的通断。

（3）直接检测

1）最后显示的数字为所测电压值。

2）未到高段显示值 70%时，显示低段值。

3）测量直流电时，应手碰另一极。

（4）间接检测　按住 B 键，将笔头靠近电源线，如果电源线带电，显示屏上将显示高压符号。

（5）断点检测　按住 B 键，沿电线纵向移动时，显示屏上无显示处即为断点处。新型数字感应试电笔可测试 12V、36V、55V、110V 及 220V 的电压线路。

2. 导线的连接

在进行电气线路、设备的安装过程中，当导线不够长或要分接支路时，需要进行导线与导线间的连接。常用导线的线芯有单股 7 芯和 19 芯等几种，连接方法随芯线的金属材料、股数的不同而不同。

（1）单股铜线的直线连接

1）把两线头的芯线做 X 形相交，互相紧密缠绕 2～3 圈，如图 1-24a 所示。

2）把两线头扳直，如图 1-24b 所示 。

3）将每个线头围绕芯线紧密缠绕 6 圈，并用钢丝钳把余下的芯线切去，最后钳平芯线的末端，如图 1-24c 所示。

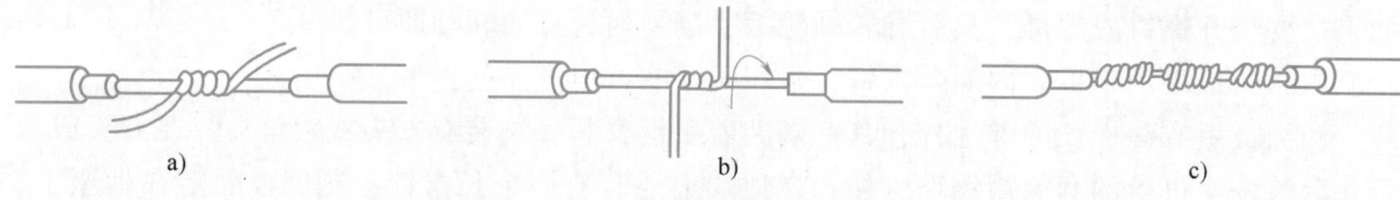

图 1-24　单股铜线的直线连接

（2）单股铜线的 T 字形连接

1）如果导线直径较小，可按图 1-25a 所示方法绕制成结状，然后再把支路芯线线头拉紧扳直，紧密地缠绕 6～8 圈后，剪去多余芯线，并钳平毛刺。

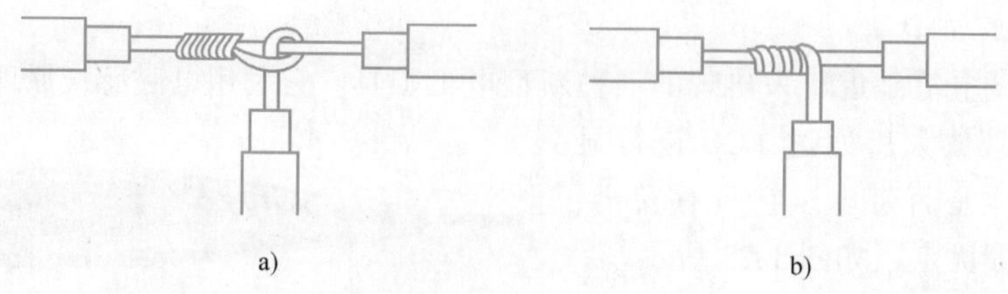

图 1-25　单股铜线的 T 字形连接

2）如果导线直径较大，先将支路芯线的线头与干线芯线做十字相交，使支路芯线根部留出3~5mm，然后缠绕支路芯线，缠绕6~8圈后，用钢丝钳切去余下的芯线，并钳平芯线末端，如图1-25b所示。

（3）7芯铜线的直线连接

1）先将剖去绝缘层的芯线头散开并拉直，然后把靠近绝缘层约1/3线段的芯线绞紧，接着把余下的2/3芯线分散成伞状，并将每根芯线拉直，如图1-26a所示。

2）把两个伞状芯线隔根对齐，并将两端芯线拉平，如图1-26b所示。

3）把其中一端的7股芯线按两根、三根分成三组，把第一组两根芯线扳起，垂直于芯线紧密缠绕，如图1-26c所示。

4）缠绕两圈后，把余下的芯线向右拉直，把第二组的两根芯线扳直，与第一组芯线的方向一致，压着前两根扳直的芯线紧密缠绕，如图1-26d所示。

5）缠绕两圈后，将余下的芯线向右扳直，把第三组的三根芯线扳直，与前两组芯线的方向一致，压着前四根扳直的芯线紧密缠绕，如图1-26e所示。

6）缠绕三圈后，切去每组多余的芯线，钳平线端，如图1-26f所示。

7）除了芯线缠绕方向相反，另一侧的制作方法与图1-26所示相同。

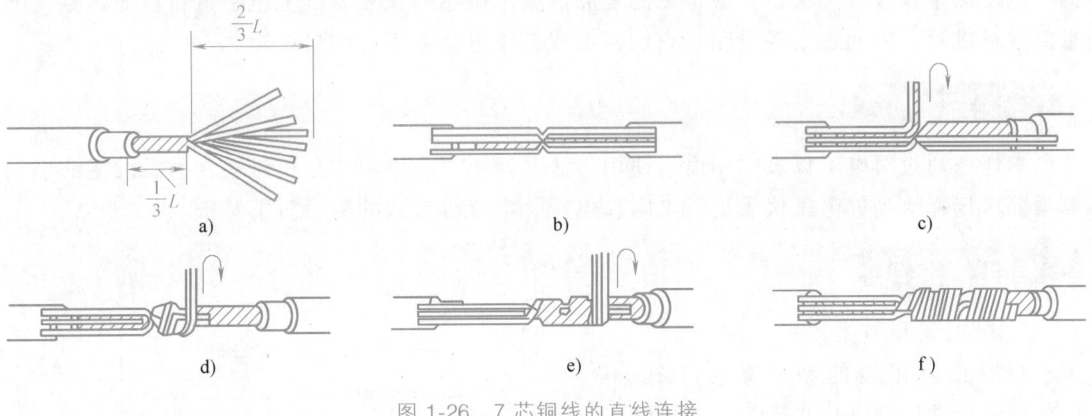

图1-26 7芯铜线的直线连接

（4）7芯铜线的T字形连接

1）把分支芯线散开钳平，将距离绝缘层1/8处的芯线绞紧，再把支路线头7/8的芯线分成4根和3根两组，并排齐；然后用螺钉旋具把干线的芯线撬开分为两组，把支线中4根芯线的一组插入干线两组芯线之间，把支线中另外3根芯线放在干线芯线的前面，如图1-27a所示。

2）把3根芯线的一组在干线右边紧密缠绕3~4圈，钳平线端；再把4根芯线的一组按

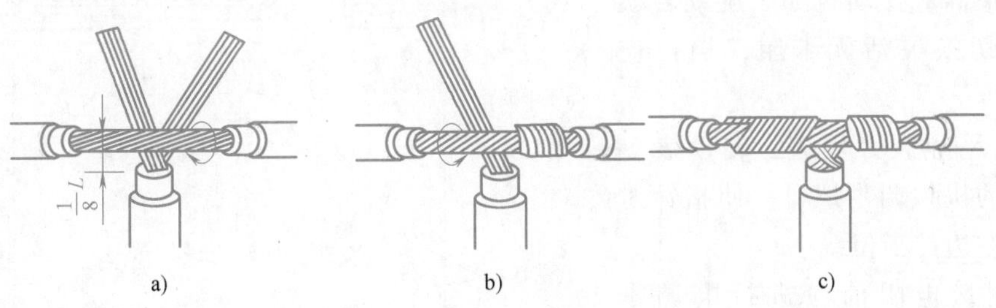

图1-27 7芯铜线的T字形连接

相反方向在干线左边紧密缠绕，如图 1-27b 所示。缠绕 4～5 圈后，钳平线端，如图 1-27c 所示。

7 芯铜线的直线连接方法同样适用于 19 芯铜线，只是芯线太多可剪去中间的几根芯线；连接后，需要在连接处进行钎焊处理，以改善导电性能和增加其力学强度。19 芯铜线的 T 字形分支连接方法与 7 芯铜线也基本相同。将支路导线的芯线分成 10 根和 9 根两组，而把其中 10 根芯线那组插入干线中进行绕制。

任务 1-3　常用电工仪表的使用

任务导入

测量各种电量和磁量的仪表，统称为电工仪表。在电工技术的应用中，电工仪表被广泛应用于安装、调试和维修过程中。在进行电工基础实验时，必须使用这些仪表获得检测数据。电工测量仪表种类很多，最常见的是测量基本电量的仪表，其他电磁量可以通过基本电量值进行推算，或通过变换电路将它们转换成基本电量后进行测量。

任务分析

本任务通过对电工仪表的用途、使用方法及使用注意事项的分析讲述，为后续能够根据测量要求选择恰当的电工仪表进行电阻、电压、电流等参数的测量打下基础。

任务实施

1. 模拟式万用表

模拟式万用表的型号繁多，图 1-28 所示为常用的 MF-47 型万用表的面板图。

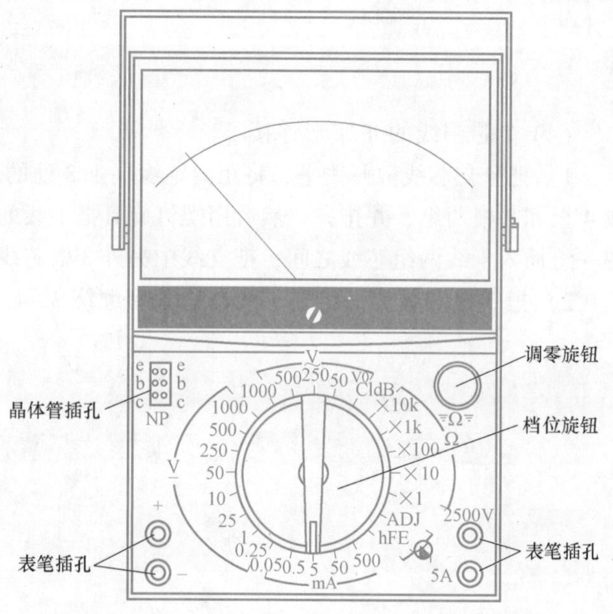

图 1-28　MF-47 型万用表面板图

（1）使用前的检查与调整　在使用万用表进行测量前，应进行下列检查、调整：

1）外观应完好无破损，当轻轻摇晃时，指针应摆动自如。旋动转换开关，应切换灵活无卡阻，档位应准确。

2）水平放置万用表，转动表盘指针下面的机械调零螺钉，使指针对准标度尺左边的零位线。

3）测量电阻前应进行电调零（每换档一次，都应重新进行电调零），即将转换开关置于电阻档的适当位置，两支表笔短接，旋动欧姆调零旋钮，使指针对准欧姆标度尺右边的零位线。若指针始终不能指向零位线，则应更换电池。

4）检查表笔插接是否正确。黑表笔应接“-”极或“*”插孔，红表笔应接“+”极插孔。

5）检查测量机构是否有效，即应用电阻档，短时碰触两表笔，指针应偏转灵敏。

（2）直流电阻的测量

1）断开被测电路的电源及连接导线。若带电测量，将损坏仪表；若在路测量，将影响测量结果。

2）合理选择量程档位，以指针居中或偏右为最佳。测量半导体器件时，不应选用 $R\times1$ 档和 $R\times10\text{k}$ 档。

3）测量时，表笔与被测电路应接触良好。双手不得同时触至表笔的金属部分，以防将人体电阻并入被测电路造成误差。

4）正确读数并计算出实测值。

5）切不可用电阻档直接测量微安表头、检流计和电池内阻。

（3）电压的测量

1）测量电压时，表笔应与被测电路并联。

2）测量直流电压时，应注意极性。若无法区分正、负极，则先将量程选在较高档位，用表笔轻触电路，若指针反偏，则调换表笔。

3）合理选择量程。若被测电压无法估计，先应选择最大量程，视指针偏摆情况再做调整。

4）测量时应与带电体保持安全间距，手不得触至表笔的金属部分。测量高电压（500~2500V）时，应戴绝缘手套且站在绝缘垫上使用高压试电笔进行测量。

（4）电流的测量

1）测量电流时，应与被测电路串联，切不可并联。

2）测量直流电流时，应注意极性。

3）合理选择量程。

4）测量较大电流时，应先断开电源，然后再撤表笔。

（5）注意事项

1）测量过程中不得换档。

2）读数时，应三点成一线（眼睛、指针、指针在刻度中的影子）。

3）根据被测对象，正确读取标度尺上的数据。

4）测量完毕应将转换开关置空档、OFF 档或电压最高档。若长时间不用，应取出内部电池。

2. 数字万用表

数字万用表具有测量精度高、显示直观、功能全、可靠性好、小巧轻便以及便于操作等优点。

（1）面板结构与功能　图 1-29 所示为 DT-830 型数字万用表的面板图，包括 LCD、电源开关、量程选择开关和表笔插孔等。

LCD 最大显示值为 1999，且具有自动显示极性功能。若被测电压或电流的极性为负，则显示值前将带“-”号。若输入超量程时，显示屏左端出现“1”或“-1”的提示字样。

电源开关（POWER）可根据需要分别置于“ON”（开）或“OFF”（关）状态。测量完毕应将其置于“OFF”位置，以免空耗电能。数字万用表的电池盒位于后盖的下方，采用9V叠层电池。电池盒内还装有熔丝管，起过载保护作用。旋转式量程开关位于面板中央，用于选择测试功能和量程。使用表内蜂鸣器做通断检查时，量程开关应停放在标有“)))”符号的位置。

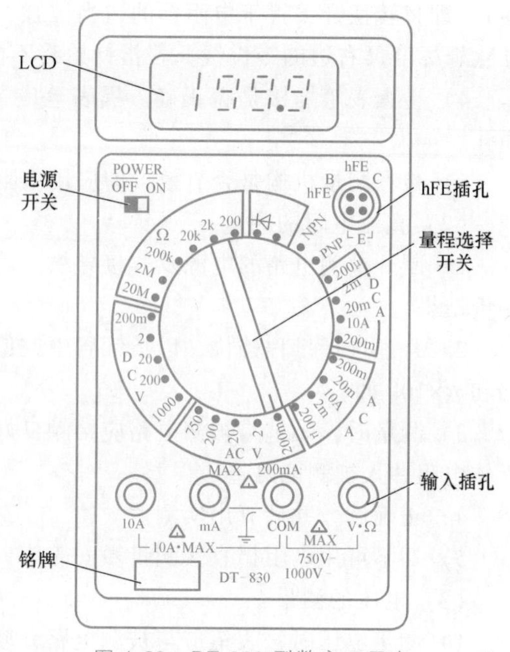

图 1-29 DT-830 型数字万用表

hFE 插孔用于测量晶体管的 hFE 值时，将其 B、C、E 极对应插入。

输入插孔是万用表通过表笔与被测量连接的部位，设有“COM”“V·Ω”“mA”和“10A”4个插口。使用时，黑表笔应插入“COM”插孔，红表笔依被测种类和大小分别插入“V·Ω”“mA”或“10A”插孔。在“COM”插孔与其他3个插孔之间分别标有最大（MAX）测量值，如10A、200mA、AC 750V和DC 1000V。

（2）使用方法 测量交、直流电压（万用表ACV、DCV区域）时，红、黑表笔分别插入“V·Ω”与“COM”插孔，旋动量程选择开关至合适位置（200mV、2V、20V、200V、750V或1000V），红、黑表笔并接于被测电路（若是直流，注意红表笔接高电位端，否则LCD左端将显示“-”）。此时LCD显示出被测电压数值。若LCD只显示最高位“1”，表示溢出，应将量程调高。

测量交、直流电流（万用表ACA、DCA区域）时，红、黑表笔分别插入“mA”（大于200mA时应接“10A”）和“COM”插孔，旋动量程选择开关至合适位置（2mA、20mA、200mA或10A），将两表笔串接于被测回路（直流时，注意极性）中，LCD显示的数值即为被测电流的大小。

测量电阻时，无须调零。将红、黑表笔分别插入“V·Ω”与“COM”插孔，旋动量程选择开关至合适位置（电阻档的200Ω、2kΩ、200kΩ、2MΩ、20MΩ），将两笔表跨接在被测电阻两端（不得带电测量），LCD显示的数值即为被测电阻的数值。当使用200MΩ量程进行测量时，先将两表笔短路，若该数不为零，仍属正常，此读数是一个固定的偏移值，实际数值应为显示数值减去该偏移值。

进行二极管和电路通断测试时，红、黑表笔分别插入“V·Ω”与“COM”插孔，旋动量程选择开关至二极管测试位置。正向情况下，LCD即显示出二极管的正向导通电压，单位为mV（锗管应在200~300mV之间，硅管应在500~800mV之间）；反向情况下，LCD应显示“1”，表明二极管不导通，否则表明此二极管反向漏电流大。正向状态下，若显示“000”，则表明二极管短路；若显示“1”，则表明二极管断路。在测量线路或器件的通断状态时，若检测的阻值小于30Ω，则表内发出蜂鸣声，表示线路或器件处于导通状态。

进行晶体管测量时，旋动量程选择开关至“hFE”（或“NPN”、“PNP”）位置，将被测晶体管依据NPN型或PNP型将B、C、E极插入相应的插孔中，LCD显示的数值即为被测晶体管的“hFE”参数。

(3) 注意事项

1) 当显示屏出现“LOBAT”或“←”时，表明电池电量不足，应进行更换。

2) 测量电流时若没有读数，应检查熔丝是否熔断。

3) 测量完毕应关上电源。若长期不用，应将电池取出。

4) 不宜在日光及高温、高湿环境下使用与存放数字万用表，其工作温度为0~40℃，湿度为80%以下。使用时应轻拿轻放。

3. 钳形表

(1) 使用方法　钳形表（图1-30）常用于测量交流电流，虽然准确度较低（通常为2.5级或5级），但因在测量时无须切断电路，因而应用仍很广泛。如需进行直流电流的测量，则应选用交直流两用钳形表。

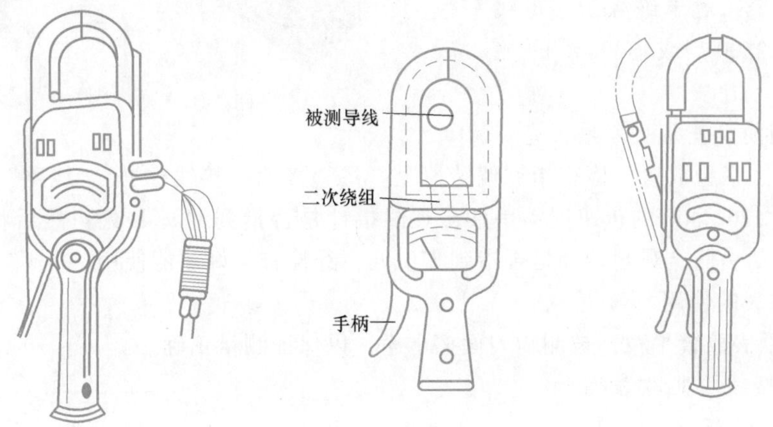

图1-30　钳形表

使用钳形表测量前，应先估计被测电流的大小以选择合适的量程。使用钳形表时，被测载流导线应放在钳口内的中心位置，以减小误差；钳口与导线的结合面应保持接触良好，若有明显噪声或表针振动厉害，可将钳口重新开合几次或转动手柄；在测量较大电流后，为减小剩磁对测量结果的影响，应立即测量较小电流，并把钳口开合数次；测量较小电流时，为使读数较准确，在条件允许的情况下，可将被测导线多绕几圈后再放进钳口进行测量（此时的实际电流值应为仪表的读数除以导线的圈数）。

使用时，将量程选择开关转到合适位置，手持胶木手柄，用食指勾紧铁心开关，便于打开铁心。将被测导线从铁心缺口引入到铁心中央，然后放松食指，铁心即自动闭合。被测导线的电流在铁心中产生交变磁通，表内感应出电流，即可直接读数。

在较小空间内（如在配电箱中）测量时，要防止因钳口的张开而引起相间短路。

(2) 注意事项

1) 使用前应检查钳形表外观是否良好，绝缘有无破损，手柄是否清洁、干燥。

2) 测量时应戴绝缘手套或干净的线手套，并注意保持安全间距。

3) 测量过程中不得切换档位。

4）钳形电流表只能用来测量低压系统的电流，被测线路的电压不能超过钳形表规定的使用电压。

5）每次测量只能钳入一根导线。

6）若不是特别必要，一般不测量裸导线的电流。

7）测量完毕应将量程选择开关置于最大档位，以防下次使用时因疏忽大意而造成仪表的意外损坏。

4. 兆欧表

（1）正确选用兆欧表　兆欧表（图 1-31）也称绝缘电阻表，它的额定电压应根据被测电气设备的额定电压来选择。测量 500V 以下的设备，应用 500V 或 1000V 的兆欧表；测量 500V 以上的设备，应选用 1000V 或 2500V 的兆欧表；对于绝缘子、母线等，应选用 2500V 或 3000V 的兆欧表。

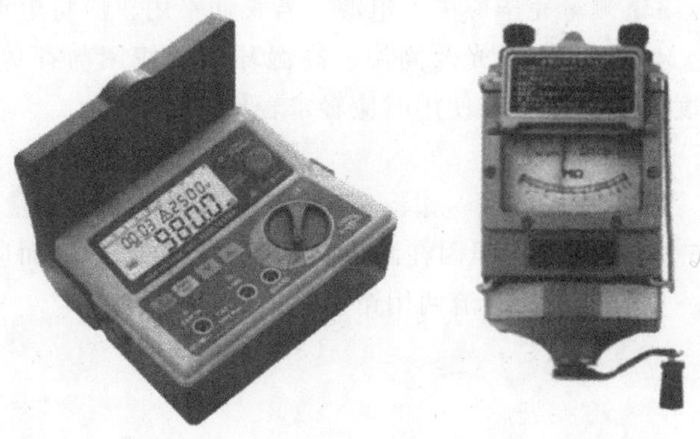

图 1-31　兆欧表

（2）使用前检查兆欧表是否完好　将兆欧表水平、平稳放置，检查指针偏转情况：将“接地”接线柱 E、“线路”接线柱 L 两端开路，以约 120r/min 的转速摇动手柄，观测指针是否指到“∞”处；然后将 E、L 两端短接，缓慢摇动手柄，观测指针是否指到零位处，经检查完好才能使用。

（3）兆欧表的使用

1）将兆欧表放置平稳，被测物表面擦干净，以保证测量正确。

2）正确接线。兆欧表有三个接线柱：线路（L）、接地（E）和屏蔽（G）。根据不同测量对象进行相应接线，如图 1-32 所示。测量线路对地绝缘电阻时（图 1-32a），E 端接地，L 端接在被测线路上；测量电机或设备绝缘电阻时（图 1-32b），E 端接电机或设备外壳，L 端接被测绕组的一端；测量电机或变压器绕组间绝缘电阻时，先拆除绕组间的连接线，将 E、L 端分别接于被测的两相绕组上；测量电缆绝缘电阻时（图 1-32c），E 端接电缆外表皮（铅套），L 端接线芯，G 端接芯线最外层绝缘层。

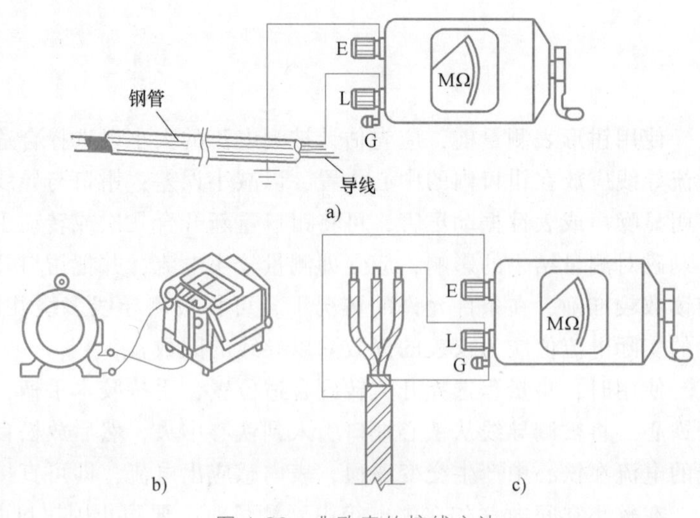

图 1-32　兆欧表的接线方法

3）由慢到快摇动手柄，直到转速达 120r/min 左右，保持手柄的转速均匀、稳定，一般转动 1min，待指针稳定后读数。

4）测量完毕　待兆欧表停止转动和被测物接地放电后方能拆除连接导线。

（4）注意事项　因兆欧表本身工作时会产生高压电，为避免人身伤害及设备事故，必须注意以下几点：

1）不能在设备带电的情况下测量其绝缘电阻。测量前，被测设备必须切断电源和负载，并进行放电；已用兆欧表测量过的设备如要再次测量，必须先接地放电。

2）测量时，兆欧表要远离大电流导体和外磁场。

3）与被测设备的连接导线应使用兆欧表专用测量线或选用绝缘强度高的两根单芯多股软线，两根导线切忌绞在一起，以免影响测量准确度。

4）测量过程中，如果指针指向零位，表示被测设备短路，应立即停止转动手柄。

5）若被测设备中有半导体器件，应先将其插件板拆去。

6）测量过程中不得触及设备的测量部分，以防触电。

7）测量电容性设备的绝缘电阻时，测量完毕应对设备充分放电。

知识拓展

刚刚组装好的万用表可能出现的故障是多方面的，最好在组装好后，先仔细地检查线路安装是否正确，焊点是否焊牢，降低出现故障的可能性。然后再进行调试和检修。

1. 直流电流档的常见故障及其原因

1）标准表有指示，被调表各档无指示：可能是表头线头脱焊或与表头串联的电阻损坏、脱焊、断头等。

2）标准表与被调表都无指示：可能是公共线路断路。

3）被调表某一档误差很大，而其余档正常：可能是该档分流电阻与邻档分流电阻接错。

2. 直流电压档常见的故障及其原因

1）标准表工作，而被调表各量程均不工作：可能是最小量程分压电阻开路或公共的分压电阻开路，也可能是转换开关接触点或连线断开。

2）某一量程及以后量程都不工作，其以前各量程都工作：可能是该量程的分压电阻断开。

3）某一量程误差突出，其余各量程误差合格：可能是该档的分压电阻与相邻档分压电阻接错。

3. 交流电压档常见的故障及其原因

在检修交流电压档故障时，由于交、直流电压档共用分压电阻，因此需要排除直流电压档的故障，在排除直流电压档故障后，再检查交流电压档。

1）被调表各档无指示，而标准表工作：可能是最小电压量程的分压电阻断路或转换开关的接触点、连线不通，也可能是交流电压用的、与表头串联的电阻断路。

2）被调回路虽然导通但指示极小，甚至只有 5%，或者指针只是轻微摆动：可能是整流二极管被击穿。

4. 电阻档的常见故障及其原因

电阻档有内附电源，通常仪表内部电路通断情况的初检使用电阻档进行检查。

1）全部量程不工作：可能是电池与接触片接触不良或连线不通，也可能是转换开关没有接通。

2）个别量程不工作：可能是该量程的转换开关的触头或连线没有接通，或该量程专用的串联电阻断路。

3）全部量程调不到零位：可能是电池的电量不足或是调零电位器中心头没有接通。

4）调零位指针跳动：可能是调零电阻的滑动头接触不良。

5）个别量程调不到零位：可能是该量程的限流电阻故障。

任务 1-4 电气控制原理图的识读与绘制

任务导入

电气控制系统是由若干电气元器件按照一定要求连接而成的，可完成生产过程中一些特定功能。为了表达生产机械电气控制系统的组成及工作原理，便于安装、调试和维修，将系统中各电气元器件的连接关系用一定的图形反映出来，在图样上用规定的图形符号表示各电气元器件，并用文字符号说明各电气元器件，这样的图样称为电气图。本任务主要学习系统图、框图和电气原理图的识读与绘制方法。

任务分析

本任务通过对系统图、框图和电气原理图的识读与绘制方法的讲述，为后续学习电气控制电路图、电气控制系统的操作技术与维修方法打下基础。

任务实施

一、系统图与框图的识读

系统图与框图是采用符号或带注释的框来概略表示系统、分系统或成套装置等的基本组成及功能关系的一种电气简图。它们是从整体和体系的角度反映对象的基本组成和各部分之间的相互关系，从功能的角度概略地表达各组成部分的主要功能特征。系统图与框图的区别是：系统图一般用于系统或成套装置，而框图用于分系统或单元设备。它们是进一步编制详细技术文件的依据，是读懂复杂原理图必不可少的基础图样，也可供操作和维修时参考。

1. 系统图与框图的组成及应用

（1）系统图与框图的组成　系统图与框图主要由矩形框、正方形框或《电气简图用图形符号》标准中规定的有关符号、信号流向、框中的注释与说明组成，框符号可以代表一个相对独立的功能单元（如分机、整机或元器件组合等）。一张系统图或框图可以是同一层次的，也可将不同层次（一般以三、四层次为宜，不宜过多）的内容绘制在同一张图中。

（2）系统图与框图的应用

1）符号。系统图或框图主要采用方框符号，或带有注释的框绘制。框图的注释可以采用符号、文字或同时采用文字与符号。图 1-33 所示为标准型数控系统的基本组成。

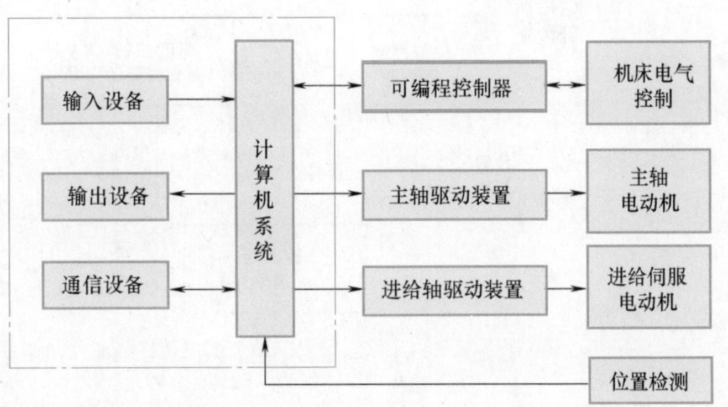

图 1-33 标准型数控系统的基本组成

在框图中，框内出现元器件的图形符号并不一定与实际的元器件一一对应，但可能用于表示某一装置、单元的主要功能或某一装置、单元中主要的元件或器件，或一组元件或器件。

图 1-34 所示为晶闸管直流调速系统图。图中全部采用图形符号。图中反映的器件不一定是一个，而可能是一组，它只反映该部分及其功能，无法严格与实际器件一一对应。方框符号的功能是由限定符号来表示的，每一个方框符号本身已代表了实际单元的功能。

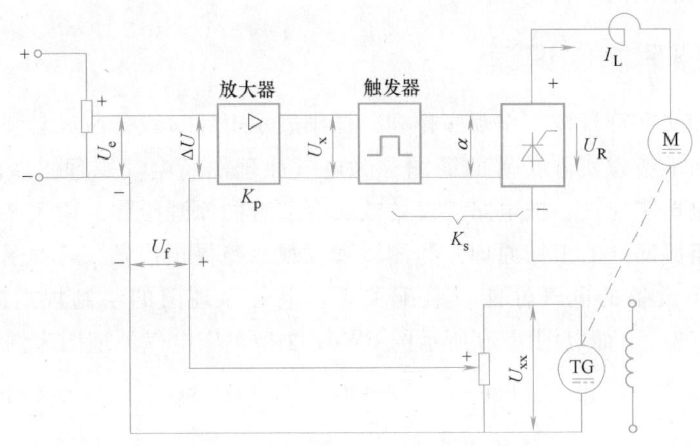

图 1-34 晶闸管直流调速系统图

各种图形符号可以单独出现在框图上，表示某个装置或单元，也可用框线围起，形成带注释的框。系统图和框图常会出现框的嵌套形式，这种形式可以用来形象和直观地反映其对象的层次划分和体系结构。在一张图中常常出现嵌套形式，是为了较好地表现系统局部的若干层次，这种围框图的嵌套形式能清楚地反映出各部分的从属关系。如图 1-33 所示，系统图与框图中的“线框”应是实线画成的框，“围框”则是用点画线画成的框。

2）布局与信息流向。在系统图和框图中，为了充分表达功能概况，常常绘制非电过程的部分流程。因此在系统图与框图的绘制上，若能把整个图面的整体布局，参照其相应的非电过程流程图的布局而做适当安排，将更便于识读，系统图或框图的布局应清晰明了，易于识别信号的流向。信息流向一般按由左至右、自上而下的顺序排列，可不画流向开口箭头。为区分信号的流向，对于流向相反的信号，最好在导线上绘制流向箭头，如图 1-35 所示。

2. 说明与标注

（1）框图中的注释和说明　在框图中，可根据实际需要加注各种形式的注释和说明。

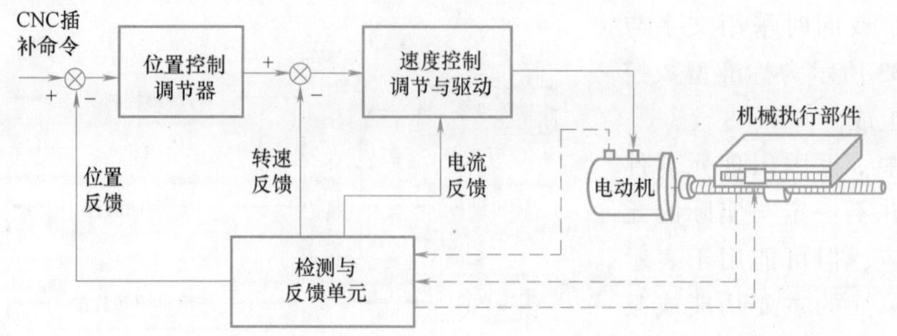

图 1-35 数控机床进给伺服系统

注释和说明既可加注在框内，也可加注在框外；既可采用文字，也可采用图形符号；既可根据需要在连接线上标注信号、名称、电平、波形、频率和去向等内容，也可将其集中标注在图中空白处。

(2) 项目代号的标注　一张系统图或框图往往描述了对象的体系、结构和组成的不同层次。可以采用不同层次绘制系统图或框图，或者在一张图中用框线嵌套来区别不同的层次，或者标注不同层次的项目代号。

二、电气原理图的识读

用图形符号和文字符号按工作顺序排列，详细表示电路、设备或成套装置的全部基本组成和连接关系，而不考虑实际位置的简图称为电气原理图。电气原理图以图形符号代替实物，以实线表示电性能连接，按电路、设备或成套装置的原理绘制。电气原理图主要用来详细表达设备或其组成部分的工作原理，为测试和寻找故障提供信息，与框图和接线图等配合使用可进一步了解设备的电气性能及装配关系。电气原理图的绘制规则应符合国家标准GB/T 6988.1—2008。下面以图 1-36 所示的 CW6132 型车床电气原理图为例进行介绍。

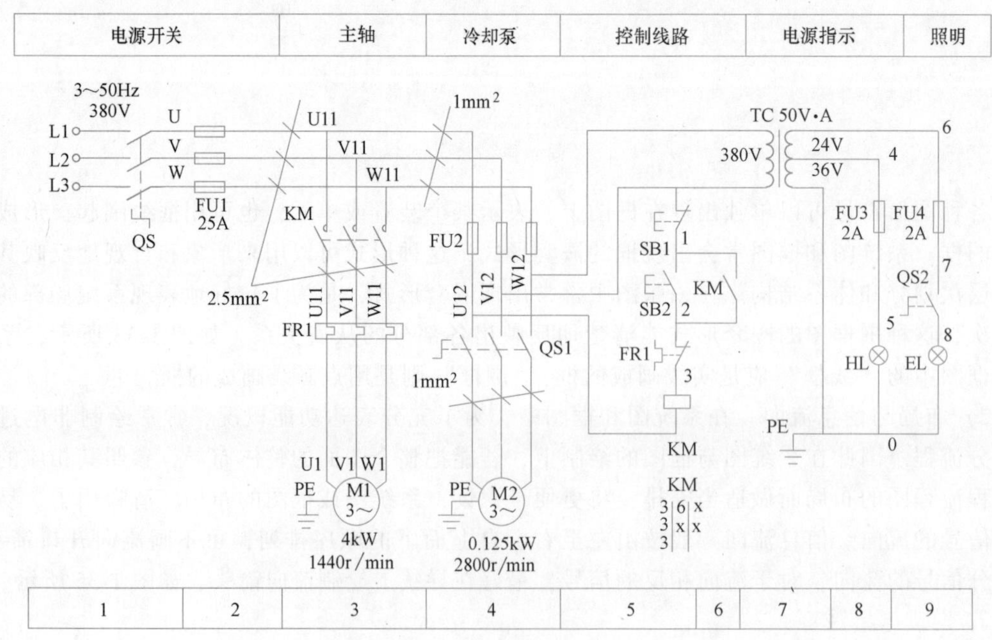

图 1-36 CW6132 型车床电气原理图

1. 电气原理图的布局方法

电气原理图一般分为主电路和辅助电路两个部分。主电路从电源到电动机，是大电流通过路径。辅助电路包括控制电路、照明电路、信号电路及保护电路等，由继电器和接触器的线圈、继电器的触点、接触器的辅助触点、按钮、照明灯、信号灯及控制变压器等电气元器件组成。

(1) 图幅分区　为了便于检索电气线路，方便阅读、分析电气原理图，避免遗漏，往往需要将图面划分为若干区域。方法是：在图的边框处，竖边方向用大写拉丁字母，横边方向用阿拉伯数字，编号从左上角开始，如图 1-37 所示。

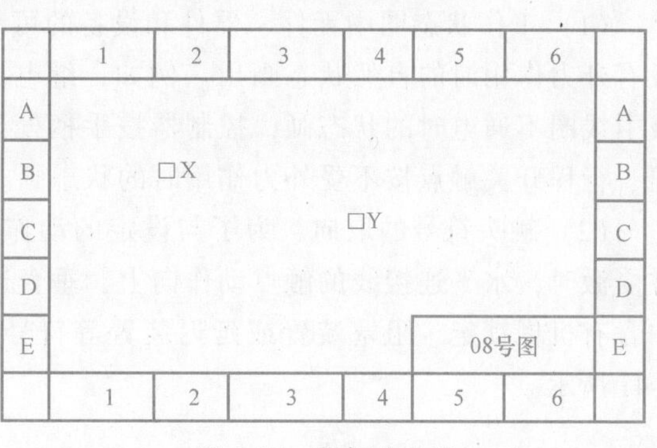

图 1-37　图幅分区图

分区后，相当于建立了一个坐标，项目和连接线的位置可表示如下：对水平布置的电路，一般用行（拉丁字母）表示；对垂直布置的电路，一般用列（阿拉伯数字）表示；复杂的电路采用区的代号表示，字母在左，数字在右。原理图可水平布置，也可垂直布置，如图 1-38、图 1-39 所示。

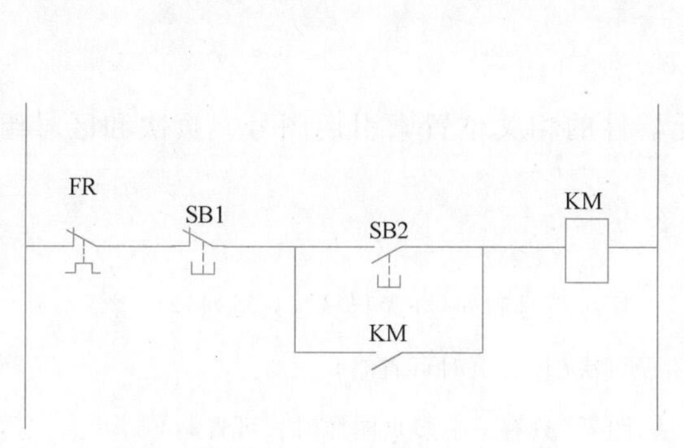

图 1-38　水平布置的电气原理图

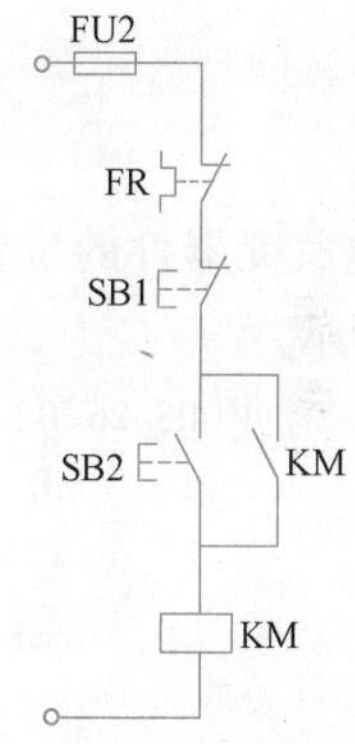

图 1-39　垂直布置的电气原理图

(2) 用途栏　在图的上方一般还设有用途栏，用文字注明该栏对应的下面电路或元器件的功能，以利于理解全电路的工作原理。

2. 电气原理图中的图线表示方法

(1) 图线形式　在电气制图中，一般使用四种形式的图线：实线、虚线、点画线和双点画线。

(2) 图线宽度　在电气技术文件的编制中，图线的粗细可根据图形符号的大小选择，一般选用两种宽度的图线，并尽可能地采用细图线。有时为区分或突出符号，或避免混淆而特别需要，也可采用粗图线。

一般粗图线的宽度为细图线宽度的两倍。在绘图过程中，如需两种或两种以上宽度的图线，应按细图线宽 2 的倍数依次递增选择。图线的宽度一般从下列数值中选取：0. 25mm，0. 35mm，0. 5mm，0. 7mm，1. 0mm，1. 4mm。

(3) 指引线　指引线用于指示注释的对象，采用细实线绘制，末端指向被注释处。对于末端在连接线上的指引线，在连接线和指引线交点上划一短斜线或箭头表示终止，并允许有多个末端。如图 1-40 所示，自上而下有 L_1、L_2、L_3 线为 $1mm^2$。

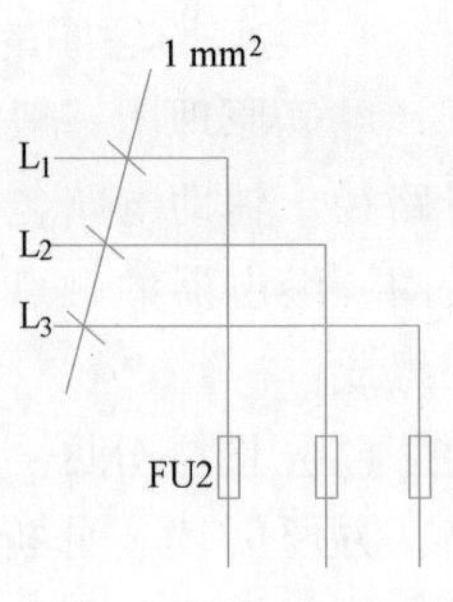

图 1-40　指引线

3. 电气原理图中可动元器件的表示方法

(1) 工作状态图中元件、器件和设备的可动部分　按没有通电和没有外力作用时的自然状态画出。例如，继电器、接触器的触头，按吸引线圈不通电时的状态画，控制器按手柄处于零位时的状态画，按钮、行程开关触点按不受外力作用时的状态画。

(2) 触头符号的取向　为了与设定的动作方向一致，触头符号的取向应该是：当元器件受激时，水平连接线的触点动作向上，垂直连接线的触点动作向右。当元器件的完整符号中含有机械锁定、阻塞装置或延迟装置等符号时，这一点特别重要。触头符号的取向如图 1-41 所示。

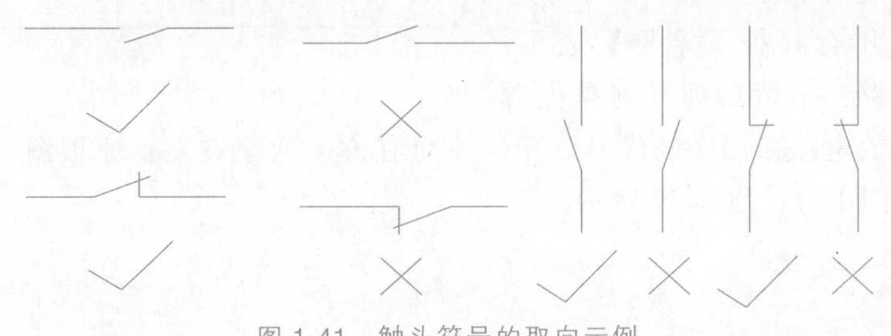

图 1-41　触头符号的取向示例

(3) 电气元器件的位置表示　电气元器件的相关位置索引用图号、页次和区号组合表示，如下所示。

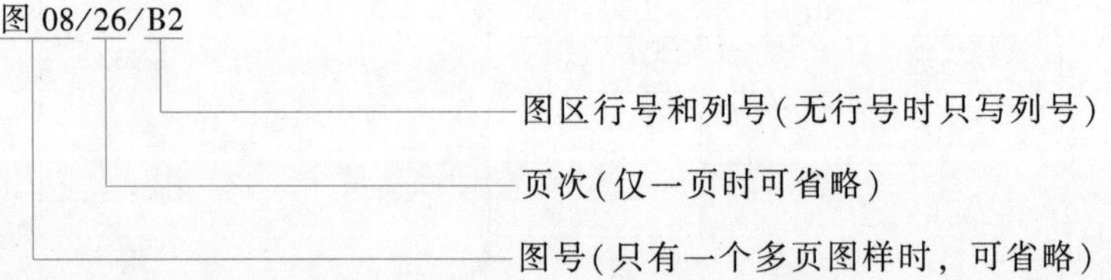

由于接触器、继电器的线圈和触头在电气原理图中不是画在一起的，为了便于阅读，在接触器、继电器线圈的下方画出其触头的索引表，阅读时可以通过索引方便地在相应的图区找到其触头。图 1-42 和图 1-43 所示为接触器和时间继电器触头的位置索引图。

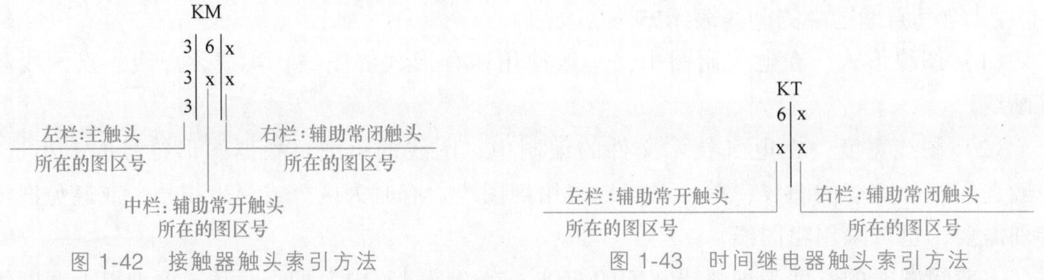

图 1-42　接触器触头索引方法　　图 1-43　时间继电器触头索引方法

4. 电气原理图中连接线的表示方法

连接线是用来表示设备中各组成部分或元器件之间连接关系的直线，如电气图中的导线、电缆线及信号通路、元器件、设备的引线等。在绘制电气图时，连接线一般采用实线绘制，无线电信号通路一般采用虚线绘制。

(1) 连接导线的一般表示方法

1) 导线的一般符号。图1-44a所示为导线的一般符号，可用于表示一根导线、导线组、电缆及总线等。

2) 导线根数的表示方法。当用单线制表示一组导线时，需标出导线根数，可采用如图图1-44b所示的方法；若导线少于4根，可采用如图1-44c所示的方法，一撇表示一根导线。

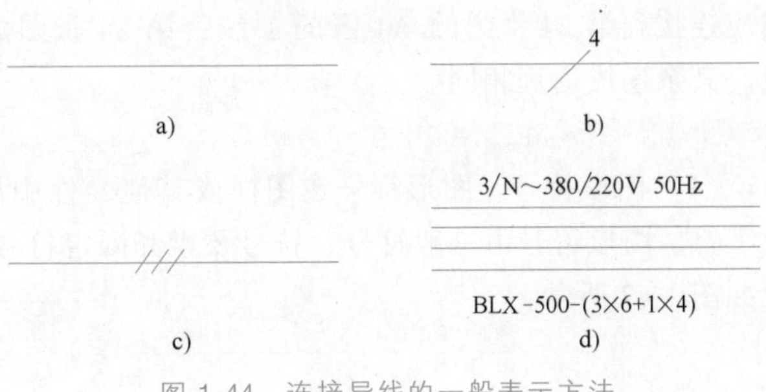

图1-44 连接导线的一般表示方法

3) 导线特征的标注。导线特征通常采用符号标注，即在横线上面或下面标出需标注的内容，如电流种类、配电制式、频率和电压等。图1-44d所示为一组三相四线制线路。该线路额定线电压为380V、额定相电压为220V、频率为50Hz，由3根$6mm^2$和1根$4mm^2$的铝芯橡皮导线组成。

(2) 图线的粗细表示方法　为了突出或区分某些重要的电路，连接导线可采用不同宽度的图线表示。一般而言，需要突出或区分的某些重要电路采用粗图线表示，如电源电路、一次电路和主信号通路等，其余部分则采用细实线表示。

(3) 连接线接点的表示方法　如图1-45所示，T形连接线的接点可不点圆点，十字连接线的接点必须点圆点；否则，表示不连接。

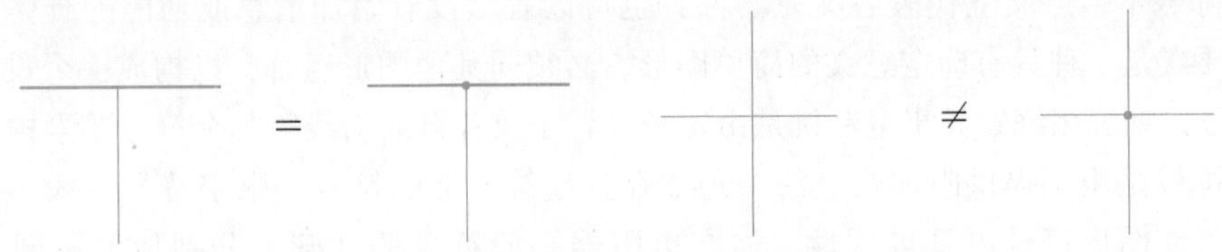

图1-45 连接线接点的表示方法

(4) 连接线的连续表示法和中断表示法

1) 连续表示法。电路图连接线大都采用连续线表示。

2) 中断表示法及其标记。如图1-46所示，采用中断表示法是简化连接线作图的一个重要手段。当穿越图面的连接线较长或穿越稠密区域时，允许将连接线中断，并在中断处加注相应的标记，以表示其连接关系，如图1-46a所示，L与L应当相连；对于去向相同线组的中断，应在相应的线

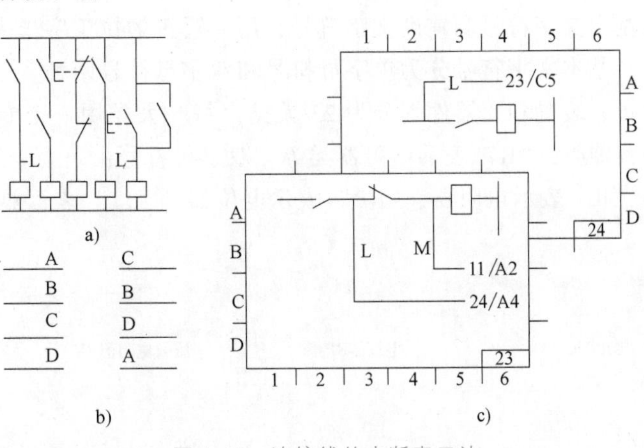

图1-46 连接线的中断表示法

组末端加注适当的标记，如图 1-46b 所示；当一条图线需要连接到另外的图上时，必须采用中断线表示，同时应在中断线的末端相互标出识别标记。如图 1-46c 所示，第 23 张图的 L 线应连接到第 24 张图的 A4 区的 L 线；第 24 张图的 L 线应连接到第 23 张图的 C5 区的 L 线。其余连线道理相同。

5. 图形符号和文字符号

（1）图形符号　图形符号在图样或其他文件中用于表示一个设备或概念的图形、标记或字符。图形符号由一般符号、符号要素和限定符号组成。例如，低压断路器的图形符号含义如图 1-47 所示。

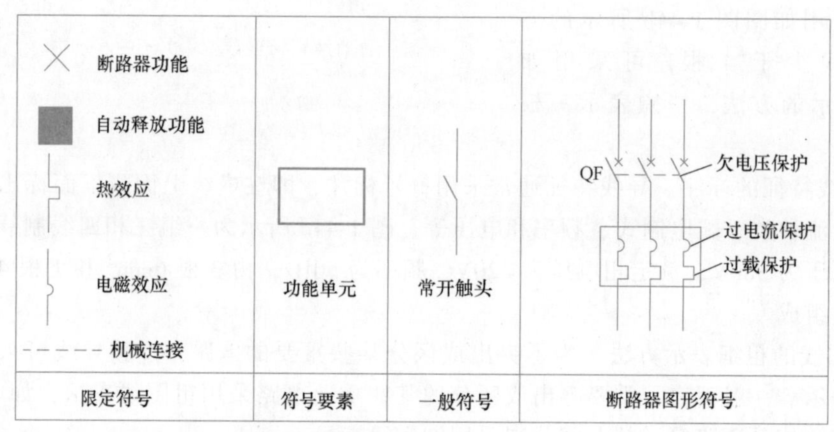

图 1-47　低压断路器的图形符号含义

一般符号用于表示一类产品或此类产品特征的一种很简单的符号，如电阻、电容的符号等。一般符号不但广义上代表各类元器件，也可以表示没有附加信息或功能的具体元件。

符号要素是一种具有确定意义的简单图形，必须同其他图形组合，以构成一个设备或概念的完整符号，如三相绕线异步电动机是由定子、转子及各自的引线等几个符号要素构成的。

限定符号是用于提供附加信息的一种加在其他符号上的符号。限定符号一般不能单独使用，但它可使图形符号更具多样性，如在电阻器一般符号的基础上分别加上不同的限定符号，则可得到可变电阻器、压敏电阻器和热敏电阻器等。

（2）文字符号　文字符号用于标明电气设备、装置和元器件的名称、功能和特征，分为基本文字符号和辅助文字符号，用大写正体拉丁字母表示。

基本文字符号分为单字母符号和双字母符号两种。单字母符号是按拉丁字母将各类电气设备、装置和元器件划分为 23 大类，每一大类用一个专用单字母符号表示，如“C”表示电容器类，“R”表示电阻器类等。双字母符号由一个表示种类的单字母和另一个字母组成，如“R”表示电阻器，“RP”表示电位器，“RT”表示热敏电阻器等，如图 1-48 所示。

图 1-48　图形与文字符号

辅助文字符号用于表示电气设备、装置、元器件以及线路的功能、状态和特征的。辅助文字符号通常由英文单词的头一两个字母构成，如“L”表示限制，“RD”表示红色。

(3) 三相线路和电气设备端子标记　三相交流电路引入线采用 L1、L2、L3、N、PE 标记，直流系统的电源正、负线分别用 L+、L-标记。

主电路按 U、V、W 顺序标记，分级电源在 U、V、W 的前面加上阿拉伯数字 1、2、3 等来标记，如 1U、1V、1W、2U、2V、2W 等。各电动机分支电路各接点标记在 U、V、W 的后面加数字来表示，数字中的个位数表示电动机代号，十位数表示该支路各接点的代号，如 U21 表示 M1 电动机的第二个接点代号。

三相电动机定子绕组首端分别用 U1、V1、W1 标记，绕组尾端分别用 U2、V2、W2 标记，电动机绕组中间抽头分别用 U3、V3、W3 标记。

控制电路采用阿拉伯数字编号。标注方法按“等电位”原则进行，在垂直绘制的电路中，标号顺序一般按自上而下、从左至右的规律编号。凡是被线圈、触点等元器件间隔的接线端点，都应标以不同的线号。

知识拓展

1. 电气元器件布置图

电气元器件布置图是用于表达电气原理图中各元器件的实际安装位置，可按实际情况分别绘制，如电气控制箱中的电气元器件布置图、控制面板图等。电气元器件布置图是控制设备生产及维护的技术文件，电气元器件的布置应注意以下几个方面：

1）体积大和较重的电气元器件应安装在电器安装板的下方，而发热元件应安装在电器安装板的上面。

2）强电、弱电应分开，弱电应屏蔽，防止外界干扰。

3）需要经常维护、检修、调整的电器元件安装位置不宜过高或过低。

4）电气元器件的布置应考虑整齐、美观、对称。外形尺寸与结构类似的电器应安装在一起，以便于安装和配线。

5）电气元器件布置不宜过密，应留有一定间距。若用走线槽，应加大各排电器的间距，以便于布线和维修。

电气元器件布置图根据电气元器件的外形尺寸绘出，并标明各元器件间距尺寸。控制盘内电气元器件与盘外电气元器件的连接应经接线端子进行，在电气元器件布置图中应画出接线端子板，并按一定顺序标出接线号。

2. 电气安装接线图

电气安装接线图主要用于电器的安装接线、线路检查、线路维修和故障处理，通常接线图与电气原理图和元器件布置图一起使用。电气安装接线图表达了项目的相对位置、项目代号、端子号、导线号、导线型号及导线截面等内容。接线图中的各个项目（如元件、器件、部件、组件和成套设备等）采用简化外形（如正方形、矩形、圆形）表示，简化外形旁应标注项目代号，并应与电气原理图中的标注一致。

电气安装接线图的绘制原则如下：

1）绘制电气安装接线图时，各元器件在图中的位置应与实际的安装位置一致，元器件所占图面按实际尺寸以统一比例绘制。

2）绘制电气安装接线图时，各元器件用规定的图形符号绘制，同一元器件的各部件必须画在一起，并用点画线框起来，有时将多个元器件用点画线框起来表示它们是安装在同一安装底板上的。

3）绘制电气安装接线图时，不在同一控制柜或配电屏上的元器件必须通过端子排进行连接，安装底板上有几条接至外电路的引线，端子排上就应绘出几个线的接点。

4）绘制电气安装接线图时，走向相同的相邻导线可以绘成一股线。

5）各元器件的文字符号及端子排的编号应与原理图一致，并按原理图的连线进行连接。

6）画连接线时，应标明导线的规格、型号、颜色、根数和穿线管的尺寸。

任务 1-5　机床电气控制电路的分析方法

任务导入

要掌握机床电路的工作原理、使用方法和维护修理，必须对普通机床的相关知识有一个比较全面的了解。学习普通机床知识，不仅需要掌握接触器—继电器基本控制环节和电路的安装调试，还要学会阅读、分析普通机床设备说明书和电气控制电路图。

任务分析

本任务通过介绍机床设备说明书的内容和电气控制电路图分析的一般方法与步骤，为后续学习机床电路的工作原理、使用方法和维护修理打下基础。

任务实施

一、阅读设备说明书

设备说明书由机械与电气两大部分组成。通过阅读设备说明书，可以了解以下内容：

1）设备的构造，主要技术指标，机械、液压、气动等部分的工作原理。

2）电气传动方式，电动机、执行电器等的数目、规格型号、安装位置和用途及控制要求。

3）设备的使用方法，各操作手柄、开关、旋钮、指示装置等的布置以及在控制电路中的作用。

4）与机械、液压、气动部分直接关联的电器（行程开关、电磁阀、电磁离合器、传感器等）的位置、工作状态及其与机械、液压部分的关系，以及在控制中的作用等。

二、分析电气控制电路图

电气控制电路图主要包括电气控制原理图、电器设备位置图以及电气安装接线图等。其中，电气控制原理图由主电路、控制电路、辅助电路、保护与联锁环节以及特殊控制电路等部分组成，这部分是电路分析的主要内容。

在分析电气控制原理图时，必须与电气元器件设备位置图、电气安装接线图和设备说明书结合起来，并且最好与实物对照进行阅读才能收到更好的效果。

在分析电气控制原理图时，要特别留意电气元器件的技术参数、技术指标及各部分的电流、电压值，以便在调试或检修中合理地使用仪表。

1. 电气控制原理图分析的一般方法与步骤

（1）主电路分析　通过主电路分析，确定电动机和执行电器的起动、转向控制、调速、制动等控制方式。

（2）控制电路分析　根据主电路分析得出的电动机和执行电器的控制方式，在控制电路中逐一找出对应的控制环节电路，“化整为零”。然后对局部控制电路逐一进行分析。

（3）辅助电路分析　辅助电路包括设备的工作状态显示、电源显示、参数测定、照明和故障报警等部分。辅助电路与控制电路有着密不可分的关系，所以在分析辅助电路时，要与控制电路对照进行。

（4）联锁与保护环节分析　生产机械对于安全性、可靠性有很高的要求。电气联锁与保护环节是保证这一要求的重要内容，这部分分析不可忽视。

最后统观全局，检查整个控制电路，看是否有遗漏。特别要从整体角度去理解各控制环节之间的联系，以达到全面理解的目的。

2. 分析电路图的注意事项

1）根据电气原理图，对机床电气控制原理加以分析研究，将控制原理读通读透，尤其是每种机床的电路特点要加以掌握。有些机床电气控制不只是单纯的机械和电气相互控制关系，而是由电气一机械（或液压)—液压（或机械)—电气循环控制，这为电气故障检修带来较大难度。

2）掌握电气安装接线图也是电气检修的重要组成部分。单纯掌握电气工作原理而不清楚线路走向、电气元器件的安装位置以及操作方式等，不可能顺利地完成检修工作。有些电气线路和控制开关不是装在机床的外部，而是装在机床内部，例如 CD6145B 型车床的位置开关 SQ5 在主传动电动机防护罩内，SQ2 脚踏刹车开关在前床腿内安装，不易被发现。

3）有些机床随厂家带来的图样与机床实际线路在个别地方不相吻合，还有的图样不够清晰等，需要在平时发现改正。检修前对电气安装接线图的对照检查，实际上也是个学习和掌握新知识、新技能的过程，因为各种机床使用的电气元器件不尽相同，尤其是电器产品不断更新换代。所以，对新电气元器件的了解和掌握，以及平时熟悉电气安装接线图对检修工作是大有好处的。

4）在检修中，检修人员应具备由实物到图和由图到实物的分析能力，因为在检修过程中会经常对电路中的某一个点或某一条线加以分析判别与故障现象的关系，这些能力是靠平时经常锻炼才能掌握的。所以检修人员对电路图的掌握是检修工作至关重要的一环。

三、电气制图与识图的相关国家标准

1）GB/T 4728. 2~4728. 13 电气简图用图形符号系列现行标准。

2）GB/T 5465. 2—2008《电气设备用图形符号　第 2 部分：图形符号》。

3）GB/T 5094. 2—2018《工业系统、装置与设备以及工业产品　结构原则与参照代号

第 2 部分：项目的分类与分类码》。

4）GB/T 14689 技术制图系列现行标准。

5）GB/T 6988 电气技术用文件的编制系列现行标准。

GB/T 4728. 2~4728. 13 电气简图用图形符号系列现行标准中规定了各类电气产品所对应的图形符号，标准中规定的图形符号基本与国际电气技术委员会（IEC）发布的有关标准相同。图形符号由符号要素、限定符号、一般符号以及常用的非电操作控制的动作符号（如机械控制符号等）根据不同的具体器件情况组合构成。该标准除了给出各类电气元件的符号要素、限定符号和一般符号以外，还给出了部分常用图形符号及组合图形符号。此标准中给出的图形符号例子有限，实际使用中可通过已规定的图形符号适当组合进行派生。

GB/T 5465. 2—2008《电气设备用图形符号　第 2 部分：图形符号》规定了电气设备用图形符号及其应用范围、字母代码等。

GB/T 5094. 2—2018《工业系统、装置与设备以及工业产品　结构原则与参照代号　第 2 部分：项目的分类与分类码》规定了电气工程图中项目代号的组成及应用，即种类代号、高层代号、位置代号和端子代号的表示方法及其应用。

GB/T 14689 技术制图系列现行标准规定了电气图纸的幅面、标题栏、字体、比例、尺寸标注等。

GB/T 6988 为电气技术用文件的编制系列现行标准。读者如需电气图形符号和基本文字符号的详细资料，可查阅相关国家标准具体内容。

知识拓展

（1）电气控制电路故障的诊断步骤

1）故障调查。

① 问：询问机床操作人员故障发生前后的情况如何，有利于根据电气设备的工作原理来判断发生故障的部位，分析出故障的原因。

② 看：观察熔断器内的熔体是否熔断；其他电气元器件是否有烧毁、发热、断线的情况，导线连接螺钉是否松动；触点是否氧化、积尘等。要特别注意高电压、大电流的地方，活动机会多的部位，以及容易受潮的接插件等。

③ 闻：闻一闻线路或电气设备有无烧糊的味道。

④ 听：诊听电动机、变压器和接触器等设备发出的声音。正常运行的声音和发生故障时的声音是有区别的，听声音是否正常，可以帮助寻找故障的范围、部位。

⑤ 摸：电动机、电磁线圈和变压器等发生故障时，温度会显著上升，可切断电源后用手去触摸判断元件是否正常。注意：不论电路通电与否，不能用手直接触摸金属触点，必须借助仪表来测量。

2）电路分析。根据调查结果，参考该电气设备的电气原理图进行分析，初步判断出故障产生的部位，然后逐步缩小故障范围，直至找到故障点并加以消除。

分析故障时应有针对性。对于接地故障，一般先考虑电气柜外的电气装置，后考虑电气柜内的电气元器件；对于断路和短路故障，应先考虑动作频繁的元器件，后考虑其余元器件。

3）断电检查。检查前先断开机床总电源，然后根据故障可能产生的部位，逐步找出故障点。检查时应先检查电源线进线处有无碰伤而引起的电源接地、短路等现象，螺旋式熔断器的熔断指示器是否跳出，热继电器是否动作。然后检查电气元器件外部有无损坏，连接导线有无断路松动，绝缘有否过热或烧焦。

4）通电检查。断电检查仍未找到故障时，可对电气设备通电检查。在通电检查时要尽量使电动机和其所传动的机械部分脱开，将控制器和转换开关置于零位，行程开关还原到正常位置。然后使用万用表检查电源电压是否正常，是否有断相或严重不平衡的现象。再进行通电检查，检查的顺序为：先检查控制电路，后检查主电路；先检查辅助系统，后检查主传动系统；先检查交流系统，后检查直流系统；合上开关，观察各电气元器件是否按照要求动作，是否有冒火、冒烟或熔断器熔断的现象，直至查到发生故障的部位。

（2）电气故障的诊断方法　电气故障的诊断方法较多，常用的有电压测量法和电阻测量法等。

1）电压测量法。电压测量法是指利用万用表测量电气线路上某两点间的电压值来判断故障点的范围或故障元件的方法。

2）电阻测量法。电阻测量法是指利用万用表测量电气线路上某两点间的电阻值来判断故障点的范围或故障元件的方法。使用电阻测量法的注意事项如下：

① 用电阻测量法检查故障时，一定要断开电源。

② 被测的电路与其他电路并联时，必须将该电路与其他电路断开，否则所测得的电阻值是不准确的。

③ 测量高电阻值的电气元器件时，应把万用表的选择开关旋转至适合的电阻档。

思考与练习题

1. 简述电弧产生的原因及影响电弧燃烧的因素。
2. 简述低压电器的选用原则及注意事项。
3. 简述低压电器的安装原则及注意事项。
4. 使用万用表电阻档测电阻前为什么要进行调零？
5. 使用万用表电阻档测电阻时应注意哪些事项？
6. 低压验电器的测量电压范围是多少？使用时应注意哪些事项？
7. 常用的图形符号由哪几部分组成？
8. 简述机床电气控制电路图的分析方法。

项目2 CHAPTER 2 车床电气控制电路

学习目标

熟悉断路器、熔断器和接触器的结构、原理、图形符号、文字符号及其使用注意事项。熟悉直接起动控制电路、交流电动机点动运行控制电路的分析方法。

熟练掌握断路器、熔断器和接触器的拆装、常见故障及维修方法；掌握直接起动控制电路、交流电动机点动运行控制电路的常见故障现象及处理方法；掌握 C6140 型车床电气电路安装和调试方法。

任务 2-1　交流电动机直接起动控制

任务导入

笼型异步电动机直接起动是一种简便、经济的起动方法。但直接起动时的起动电流为电动机额定电流的 4~7 倍，过大的起动电流有可能会造成电压明显下降，直接影响同一电网中其他负载的正常工作。因此，为了限制异步电动机的直接起动电流，保证电网电压在正常范围内，直接起动的电动机的容量受到一定限制。可根据电动机起动频繁程度、供电变压器容量的大小来决定直接起动电动机的功率。如果起动频繁，直接起动的电动机功率应不大于变压器功率的 20%；对于不经常起动的电动机，直接起动的电动机功率不大于变压器容量的 30%。通常功率小于 11kW 的笼型电动机可采用直接起动。

型号	Y112M-6			编号	A4446
2.2	kW	380	V	5.7	A
935		r/min	cosϕ	0.74	
B	级绝缘	50	Hz	Eff 79.0	%
接法	Y	S1	IP44	42	kg
标准编号	JB/T10391-2008			2010年3月	

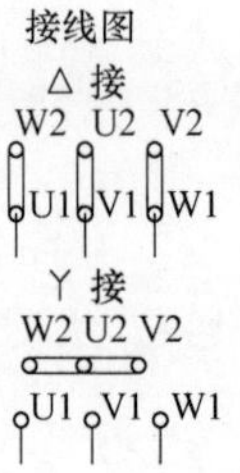

接线图
△接
W2 U2 V2
U1 V1 W1
Y接
W2 U2 V2
U1 V1 W1

图 2-1　交流电动机铭牌

某场所装有换气风机 2 台，交流电动机铭牌如图 2-1 所示。根据铭牌数据，可以得到其相关参数。要求配置控制箱一台，实现对 2 台风机的就地控制。控制箱内，配置主电源开关 1 只、风机控制开关各 1 只，需完成从主开关到分开关之间的配线。

要求：画出电气原理图及安装图，并在训练网孔板上完成电气安装。

任务分析

负载开关直接起动控制电路适用于小功率电动机，直接起动控制电路是电力拖动系统中最基本的控制电路。本任务要求的控制方式简单但较实用，常用于临时性设施或应急场合，如小型排水泵、小型风机的控制等。在其他一些小型机械的动力控制中也较常见，如小型木工机械、便携式的电动施工工具等。

任务实施

一、基本方案

基本方案选择的任务是：确定整个系统的基本控制方案、确定主要元器件的大类。按要求，控制对象为 2 台小功率电动机（风机），工作方式为间歇工作、可就地控制。

小功率电动机的起停控制在要求简单时，可采用断路器 QF 控制、熔断器保护。根据现场条件，控制装置可采用明设配电箱或安装嵌入式配电箱。考虑安全和美观性，可选用断路器作为主电路控制元件。工作原理如下：

1）起动：合上断路器 QF→电动机 M 通电运转。

2）停止：断开断路器 QF→电动机 M 断电停止运转。

二、相关知识

1. 低压断路器的基本知识

低压断路器既能带负载通断电路，又能在短路、过载和低电压（或失电压）时自动跳闸，其功能与高压断路器类似。其原理结构及符号如图 2-2 所示。

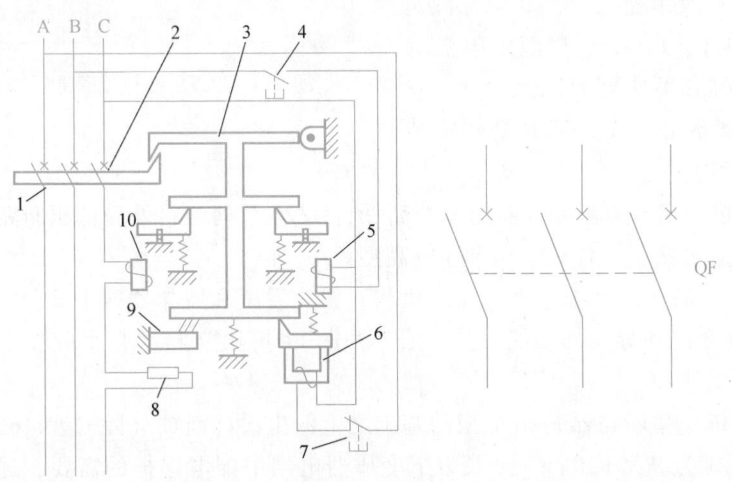

图 2-2 低压断路器的原理结构及符号

1—主触头 2—跳钩 3—锁扣 4—分励脱扣按钮 5—分励脱扣器 6—失电压脱扣器 7—失电压脱扣按钮 8—加热电阻丝 9—热脱扣器 10—过电流脱扣器

当线路上出现短路故障时，过电流脱扣器 10 动作，使开关跳闸；若出现过载，其串联在一次线路的加热电阻丝 8 加热，使双金属片弯曲，也使开关跳闸；当线路电压严重下降或电压消失时，失电压脱扣器 6 动作，同样使开关跳闸；如果按下分励脱扣按钮 4 或失电压脱扣按钮 7，使分励脱扣器 5 通电或使失电压脱扣器 6 失电压，则可使开关远距离跳闸。

低压断路器按灭弧介质分类，有空气断路器和真空断路器等；按用途分类，有配电用断路器、电动机保护用断路器、照明用断路器和剩余电流断路器等。

断路器在应用上可以认为是刀开关和熔断器的组合，一方面用于隔离分断电路，另一方面对电路短路故障进行保护，且其保护不以损坏自身为代价。另外，现代的断路器具有更多的保护、控制功能，正确使用能起到简化电路控制器件的作用。

2. 塑料外壳低压断路器

塑料外壳低压断路器通常称为塑壳断路器，又称为装置式断路器。其全部机构和导电部分都装在一个塑料外壳内，但在壳盖中央露出操作手柄，供手动操作之用，如图 2-3 所示。它通常装在低压配电装置之中。

图 2-3　塑料外壳低压断路器外观

塑料外壳低压断路器的产品类型很多，如国产 DZ15、DZ20 以及引进生产的 DZ47（施耐德 C45）、CM 系列等。下面以 DZ20 为例对其参数及规格进行介绍。其命名规则如图 2-4 所示。

1）基本参数。额定绝缘电压为 660V，额定工作电压为 380（400）V 及以下，额定电流为 16~1250A。

2）应用。一般作配电用，其中，额定电流为 225A 的 Y、J、G 型和额定电流为 400A 的 Y 型断路器可作电动机保护用。正常情况下，断路器用于线路不频繁转换或电动机不频繁起动。

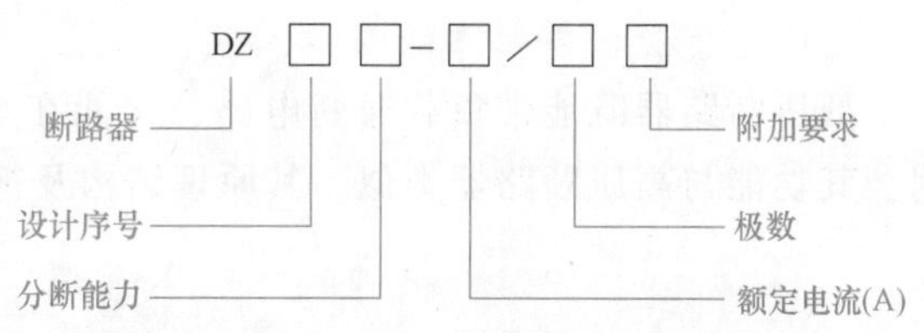

图 2-4　DZ20 塑料外壳低压断路器规格

3）分类。按额定极限短路分断能力的高低，DZ20 系列塑料外壳低压断路器包括 Y 一般型、S 四极型、C 经济型、G 最高型和 J 较高型。

Y 型为基本产品，由绝缘外壳、操作机构、触头系统和脱扣器四个部分组成。操作机构具有使触头快速合闸和分断的功能，其“合”“分”“再扣”和“自由脱扣”位置以手柄位置来区分。

C 型、J 型和 G 型断路器是在 Y 型的基础之上派生设计而成（除 C 型 160A 外）的。

C 型断路器是为满足 630kV · A 及以下变压器电网中配电保护的需要，通过选用经济型材料、简化结构及改进工艺等办法设计而成的，特点是具有较好的经济效果。

J 型断路器对 Y 型断路器的触头结构进行了改进，使之在短路发生时，在机构动作之前，动触头能迅速断开，达到提高通断能力的目的。

G 型断路器在 Y 型断路器的底板后串联了一个平行导体，组成一个斥力限流触头系统。该系统比 J 型斥力触头长，断开距离也大，因此能更迅速地限流。它的工作特点是：在脱扣器短路整定保护动作值范围内的正常分、合工作均由 Y 型断路器来完成；当网络中出现大电流或特大短路电流时，串联的斥力限流触头受电动力作用将迅速斥开，引入电弧而限流。在触头斥开过程中，断路器的脱扣器动作，操作机构带动 Y 型触头迅速分断，而斥力限流触头则由于电流的降低或消失而回到闭合状态。

S 型四极断路器的特点是：中性极（N）不安装脱扣元件并位于最右侧位置。在分合过程中，中性极规定为：闭合时较其他三极先接触，分闸时较其他三极后断开。

DZ20 型断路器的相关参数见表 2-1，附件类别及脱扣器形式见表 2-2。

表 2-1　DZ20 型断路器型号参数

型号	额定电流/A	机械寿命/电寿命(次)	过电流脱扣器电流范围/A	短路通断能力					
				交流			直流		
				电压/V	电流/kA	cosφ	电压/V	电流/kA	cosφ
DZ20Y-100 DZ20J-100 DZ20G-100	100	8000/4000	16,20,32, 40,50,63, 80,100	380	18 35 100	0.30 0.25 0.20	220	10 15 20	0.01
DZ20Y-200 DZ20J-200 DZ20G-200	200	8000/2000	100,125,160, 180,200	380	25 42 100	0.25 0.25 0.20	220	25 25 30	0.01
DZ20Y-400 DZ20J-400 DZ20G-400	400	5000/1000	200,225,315, 350,400	380	30 42 100	0.25 0.25 0.20	380	25 25 30	0.01
DZ20Y-630 DZ20J-630	630	5000/1000	500,630	380	42	0.20	380	25 25	0.01
DZ20Y-800	800	3000/500	500,600, 700,800	380	—	—	—	—	—
DZ20Y-1250	1250	3000/500	800,1000,1250	380	50	0.2	380	30	0.01

表 2-2　DZ20 型断路器附件类别及脱扣器形式

脱扣器形式 \ 附件类别	不带附件	分励	辅助触头	欠电压	分励辅助触头	分励欠电压	两组辅助触头	辅助触头欠电压
无脱扣	00	—	02	—	—	—	06	—
热脱扣	10	11	12	13	14	15	16	17
电磁脱扣	20	21	22	23	24	25	26	27
复式脱扣	30	31	32	33	34	35	36	37

断路器的选用应根据需要选择脱扣器形式。比如，普通配电时可选用无脱扣方式，电动机保护则须选用热脱扣方式等。另外，可根据需要选择其他保护及辅助功能，如辅助触头欠电压保护等。

四极断路器主要用于额定电流为 100~630A 的三相四线制系统中，它能保护用户和电源完全断开，从而解决其他断路器不能克服的中性点电流不为零的问题，确保安全。

配电用断路器在配电网络中主要用来分配电能，同时，兼具电路及电源设备的过载、短路和欠电压保护。

用作保护电动机的断路器在配电网络中主要用作笼型异步电动机的起动、运转控制，以及作为电动机的过载、短路和欠电压保护。

3. 万能式低压断路器

如图 2-5 所示，在结构上，万能式低压断路器的操作及电气机构装在金属框架上，并具有更完善的操作机构和灭弧装置。其保护方案和操作方式较多，装设地点也较灵活。

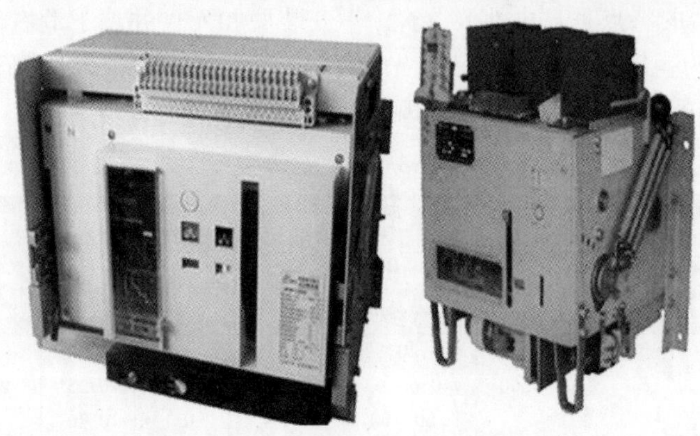

图 2-5　万能式低压断路器

目前，万能式低压断路器在生产现场被广泛采用，包括 DW15、DW15X 和 DW16 等型号及引进的 ME、AH 等型号，此外还有智能型的，如 DW45、DW48 等型号。

DW15 系列断路器适用于额定电流达 4000A、额定工作电压达 1140V（壳架等级额定电流为 630A 及以下）或 380V（壳架等级额定电流为 1000A 及以上）的配电网络中，主要用于分配电能、作供电线路及电气设备的过载、欠电压以及短路保护。壳架等级额定电流为 630A 及以下的断路器也能在 380V 网络中用于电动机过载、欠电压和短路保护。DW15C 抽屉式低压断路器是由 DW15 改装而来的，由断路器本体和抽屉式结构组成，可装在抽屉式低压配电网中使用。

DW15-1000/1600/2500/4000 万能式断路器为立体式布置形式，由底架、侧板和横梁组成框架，每相触头系统安装在框架上，上面装灭弧室。操作机构在断路器右前方，通过主轴与触头系统相连。电动操作机构通过方轴与机构连成一体，装于断路器下部，作为断路器的储能或直接闭合之用，储能后，闭合由释能电磁铁承担。在左侧板上方装有防回跳机构，以防止断路器在断开时弹跳。各种过电流脱扣器按不同要求装在断路器下方。欠电压、分励脱扣器及电动操作控制部分装在左侧，其中欠电压、分励脱扣器通过脱扣器与放大机构相连，以减少断路器的脱扣力。12 对辅助触头供用户连接二次回路用，面板上有显示。

断路器工作位置的指示牌“1”和“0”表示合闸和分闸，还有“储能”指示，另设供合闸及分闸用的按钮“1”“0”（均按下）。DW15-1000/1600 断路器附有正面手动操作手柄；DW15-2500/4000 附有检修用的手动操作手柄（均可卸下），操作手柄可以装在正前面，也可以装在右侧面，而且都可以安装电磁铁传动机构。传动机构有“快合”“快分”的功能。

（1）触头系统　为了提高通断能力，该断路器采用一档触头加弧角的结构，触头材料采用 AgNi30 陶冶合金材料（动触头）和 AgWl2C3 陶冶合金材料（静触头），接触电阻比较小，而且耐电磨损和抗熔焊能力都比较强。

（2）灭弧室　灭弧室是栅片灭弧室，由铁质栅片和陶土灭弧罩组成。

万能低压断路器的主要参数有额定电压、额定电流、极数、脱扣器类型、额定电流、整定范围、电磁脱扣器整定范围及主触点的分断能力等，见表 2-3。

表 2-3　DW15 系列断路器的技术参数

型号	额定电压/V	额定电流/A	额定短路接通分断能力					外形尺寸/cm（长×宽×高）
			电压/V	接通最大值/kA	分断有效值/kA	cosϕ	短路最大延时/s	
DW15-200	380	200	380	40	20	—	—	242×420×341 386×420×316
DW15-400	380	400	380	52.5	25	—	—	242×420×341
DW15-630	380	630	380	63	30	—	—	242×420×341
DW15-1000	380	1000	380	84	40	0.2	—	441×531×508
DW15-1600	380	1600	380	84	40	0.2	—	441×531×508
DW15-2500	380	2500	380	132	60	0.2	0.4	687×571×631 897×571×631
DW15-4000	380	4000	380	196	80	0.2	0.4	687×571×631 897×571×631

4. 智能型万能式断路器

（1）以微处理器为核心的智能型万能式断路器　其脱扣器采用数码显示和按钮整定方式，适用于要求较高的工业应用场合。智能脱扣功能如下：

1）整定功能：用户可在规定范围内按需要整定电流值和延时时间。

2）显示功能：显示运行电流（即电流表功能）、各运行线电压（即电压表功能）。整定时显示整定状态和电流、时间值；试验时显示试验状态及电流、时间值；故障发生时显示故障状态，并在分断电路后将锁存的故障信息（动作电流、时间和状态）加以显示。

3）自诊断功能：当计算机发生故障时，能立即显示出错符号“E”或输出报警信号，也可依用户需要分断断路器。当局部环境温度超过+85℃时，能立即发出报警信号或分断断路器。

4）试验功能：可以试验脱扣器的动作性能。分为脱扣试验、不脱扣试验两种，前者能使断路器分断，后者不分断断路器，可在断路器接于电网运行时进行试验。

5）负载监控功能：当电流接近过载设定值时分断下级不重要负载。分断下级不重要负载后，电流下降，使主电路和重要负载电路保持供电。当电流下降后，经一定时间延时，电流恢复正常，发出指令接通下级已切除的负载，恢复整个系统的供电。

6）模拟脱扣保护功能：该功能一般用于后备保护。

7）热记忆功能：脱扣器过载或短路延时脱扣后，在脱扣器未断电之前，具有模拟双金属片特性的记忆功能。过载能量 30min 释放结束，短路延时能量 15min 释放结束。在此期间再发生过载、短路延时故障，脱扣时间将变短。脱扣器断电，能量自动清零。

8）通信功能：智能型万能式断路器一般都设有通信接口，可以通过网卡等实现配电系统要求的“四遥”通信功能：遥测、遥调、遥控、遥信，适用于网络系统。这种断路器具有过载长延时、短路短延时、瞬时、接地漏电阻段保护特性等功能。

(2) 智能型万能式断路器的结构　智能型万能式断路器是集控制、保护、测量和监控于一体的多功能电器，它是在传统断路器的基础上加智能控制器组成的。模块形式便于装配和维护，传动连杆采用5连杆结构，动作更灵活可靠。断路器操作机构现在用永磁操作机构，执行元件为一个带永久磁铁的磁通变换器，其结构如图 2-6 所示。正常工作时，永久磁铁使动，静铁心保持吸合，故障发生经微处理器单元处理后，发出一定宽度的跳闸脉冲（负方波脉冲），在磁铁变换器的线圈产生反向磁场，抵消永久磁通，动铁心释放产生的机械能量推动断路器的脱扣器使断路器分断。这种脱扣装置是由磁性元件、壳体、导磁片和动作元件组成的一个特定的磁回路。常态下，衔铁在永磁体作用下保持吸合状态，即磁回路将使储能器处于最大的始能状态，当系统控制器检测到主电路过载或短路时，给脱扣装置一个一定强度的短时持续脉冲信号（持续时间由软件控制），使线圈通有电流而产生反向磁通，破坏装置内的磁回路，储能器释放能量，衔铁弹出推动推杆，再推动断路检路器上的牵引杆执行动作，从而使断路器可靠脱扣分闸。

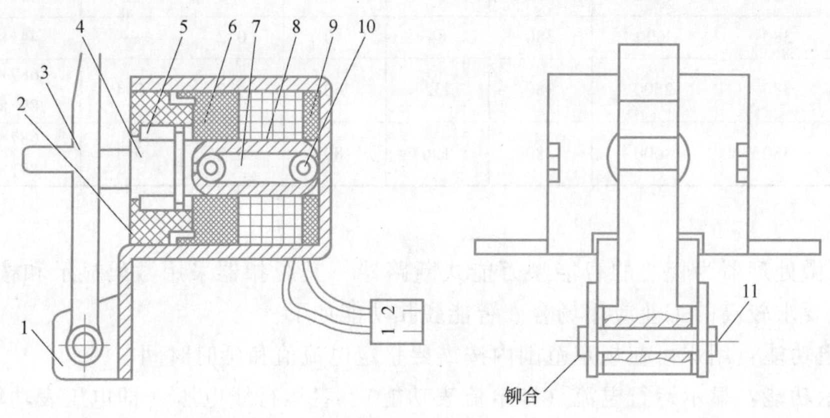

图 2-6　磁通变换器结构示意图

1—壳体　2—静铁心　3—推杆　4—动铁心　5—垫块
6—导磁片　7—磁钢　8—衬套　9—线圈　10—弹簧　11—轴

(3) 智能控制器　智能控制器是智能断路器智能化最重要的组件，主要由中央控制单元或单片机构成的微控制系统组成，为了扩大断路器的功能，加装了人机对话、通信接口、检测系统和输出通道等外围结构，以显示现场运行状态，实现各种参数的检测和网络通信，准确执行各项任务。其结构示意图如图 2-7 所示。

1) 信号检测系统。信号检测系统主要由传感器和 A-D 转换器组成。传感器包括各种电气量和温度传感器，输入现场数值，经过采样、保持及 A-D 转换变为数字量，送微控制系统处理。

2) 微控制系统。微控制系统以单片机或 CPU 为核心，其任务是根据信号检测系统采集的数据进行处理分析，调用程序存储器中的程序对采集的数据进行有效值计算，其计算结果与存放在可擦除存储器中的整定值进行比

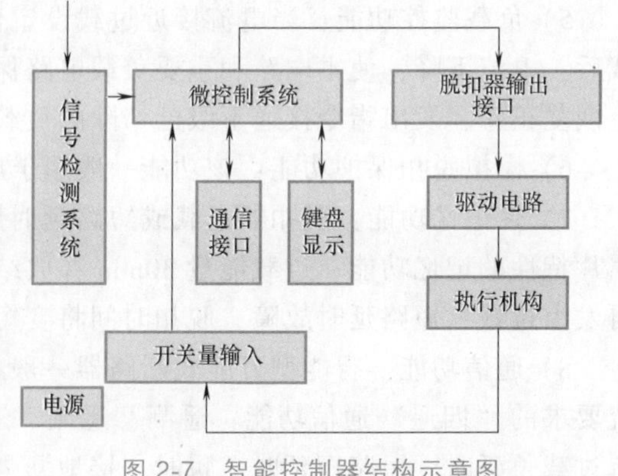

图 2-7　智能控制器结构示意图

较，做出故障判断，再通过输出数据通道发出报警信号，或执行跳闸。同时要求确定出合适的分合闸运动特性，对执行机构发出分合闸信号，准确实现三段过电流保护性能的功能。除此之外，微控制系统还具有自我故障诊断和监察能力。

3）输出通道。输出通道的任务是根据微控制系统发出合适的分闸运动特性，通过驱动电路对执行机构输出分闸脱扣信号，能准确实现三段过电流保护特性功能。脱扣信号经驱动电路放大便能使脱扣器工作，使低压配电系统主电路分断。

4）人机对话。人机对话把相关信息传递给操作运行人员并存储，且能接收外部输入并做出响应，包括输入设备，如键盘、编码器、按钮、开关、鼠标器等，可进行保护整定、预警值设定等工作；显示设备有 CRT 屏幕、LCD、LED 数显、信号灯和打印机等，显示各工作状态、负载的参数值、故障电流、故障类型、保护动作和试验整定情况。

5）通信接口。通信接口一般采用 RS485 通信方式，与通信适配器连接，接到现场总线，构成通信系统。

6）电源。智能控制器采用双电源供电方式，以“或”方式提供。一路电源为自生电源，用速饱和铁心电流互感器从主电路感应经整流获得；另一路电源由主电路降压整流为辅助电源。

开关量输入环节将断路器分合状态反馈到微机控制系统供决策使用。

智能控制器还有停电、小负荷闭锁功能及双值反相逻辑输出功能，保证出口操作的可靠性，避免上电、干扰和掉电等造成的误动作影响生产。

生产厂家生产的智能控制器按性能可分为 H 型（通用）、M 型（普通智能型）、L 型（电子型、经济型）和 P 型（多功能型）。

（4）智能软件　智能软件按照功能分为执行软件和监控软件。执行软件主要完成各种实质性功能，如实时采样、数据处理、显示、输出控制、通信、人工智能及优化技术等，偏重算法效率。监控软件在系统软件中起组织调度作用，协调各执行模块和操作者的关系。

智能软件主要分为主程序和中断程序。主程序包括故障处理、键盘处理、显示处理和通信处理等子程序，中断程序包括定时器中断、键盘中断和通信中断等。

单片机对电流信号采样，利用一种基于小波分析和快速傅里叶变换（FFT）的算法计算电流的有效值，与设定值比较，可提高采样的精度，满足系统对延时保护高精度的要求。

智能控制器实时控制采样定时器中断方式，其优先级划分原则是：判断瞬时故障为最优先中断，判断短延时、长延时和接地故障为次优先级中断，按键操作为低级中断。每相电流依次采样，分别与前一次保存的数据比较，保持较大的数据。接着计算出最大相电流，与瞬时整定电流值比较，判断是否为瞬时故障。

（5）智能断路器的抗干扰技术　电气设备常在较为恶劣的环境中工作，受到各方面的干扰。断路器也受环境因素干扰，有电磁干扰、环境温度变化以及气压、振动、时间等各种因素干扰。其中电磁干扰是最主要的因素，它通过静电感应、电磁感应等方式进入断路器，对智能控制器软、硬件影响特别大。电磁干扰（EMI）严重时，会使系统监控程序失控。为了保证系统工作的可靠性，智能断路器常采用软、硬件相结合的抗干扰技术。

1）硬件措施。

① 屏蔽：利用导电或导磁材料制成盒状或壳状电场屏蔽或磁场屏蔽体，将干扰源或干扰对象包围起来，从而割断或削弱干扰场的空间耦合通道，阻止其电磁能量的传输。

② 隔离：把干扰源与接收系统隔离起来，有用信号正常通过，切断干扰耦合通道，达到抑制干扰的目的。常见的隔离方法有光电隔离、变压器隔离和继电器隔离等。

③ 滤波：因为干扰源发出的电磁干扰信号的频谱往往比要接收的信号频谱宽得多，因此，当接收器接收到有用信号时，同时会接收到那些不希望有的干扰信号，影响电器工作。可采用滤波的方法，通过需要的频率成分，抑制干扰频率成分。

④ 接地：将电路、设备机壳等作为零电位的一个公共参考点（大地），实现与低阻抗连接，也可抑制干扰。

2）软件措施。软件滤波是用软件来识别有用信号和干扰信号，并滤除干扰信号的方法。用软件滤波要求使用监控定时器定时检查某段程序或接口，当超过一定时间系统没有检查这段程序或接口时，可认定系统运行出错，可通过软件进行系统复位或按事先预定的方式运行，即“看门狗”技术。

(6) 智能断路器的保护装置　智能断路器除了可以实现过载长延时、短路短延时、短路瞬时和接地四种保护外，还有屏内火灾检测、预报警等功能，可以做到一种保护功能、多种动作特性并准确可靠。

低压断路器的保护特性有以下几种：

1）过电流保护特性。过电流保护特性是指动作时间 t 与过电流脱扣器动作电流 I 的关系具有选择性。过电流保护特性如图 2-8 所示。

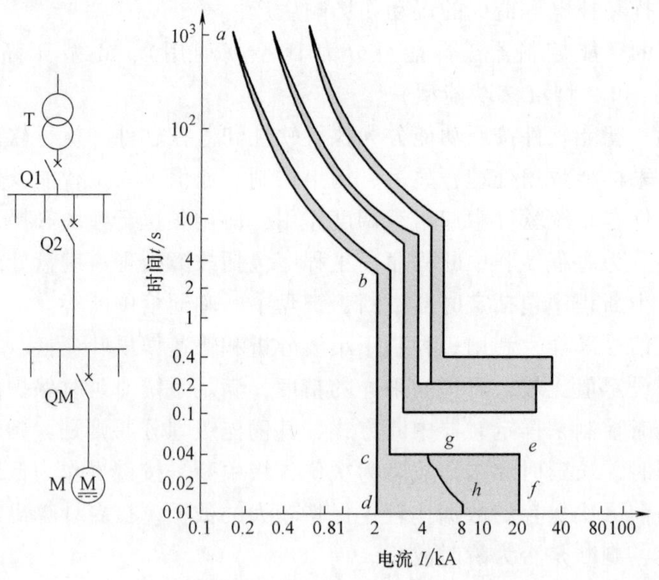

图 2-8　断路器的过电流保护特性

ab 段为过载保护部分，其动作时间与动作电流成反时限关系，过载倍数越大，动作时间越短。df 段为瞬时动作部分，故障电流超过与 d 点对应的电流值，过电流脱扣器便瞬时动作。ce 段是延时动作部分。故障电流大于 c 点值，过电流脱扣器经延时后动作。根据保护对象的要求，断路器的保护特性有两段：$abdf$（过载长延时和短路瞬时动作）和 $abce$（过载长延时和短路短延时）。图 2-9 所示为过电流保护流程图，图 2-10 所示为过电流保护结构示意图。

2）欠电压保护特性。当主电路电压低于规定值时，应能瞬时或经短延时动作，将电路分断。

3）剩余电流保护特性。当电路剩余电流超过规定值时，应在规定时间内动作，分断电路。

4）接地保护。接地故障时的动作特性和接地故障定时限动作特性。

5）模拟（量）脱扣。当故障信号超过规定值时，不经过计算机用按钮直接使断路器脱扣，保证断路器可靠动作。

配电用低压断路器按保护性能区分，有非选择型和选择型两类。

非选择型断路器一般为瞬时动作，只作短路保护用；也有的为长延时动作，只作过载保护用。

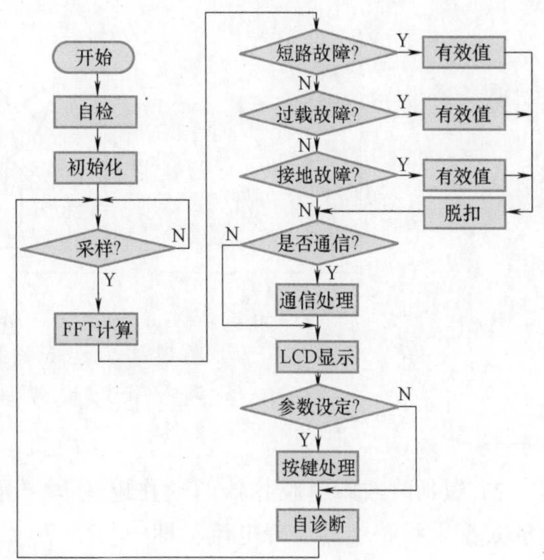

图 2-9　过电流保护流程图

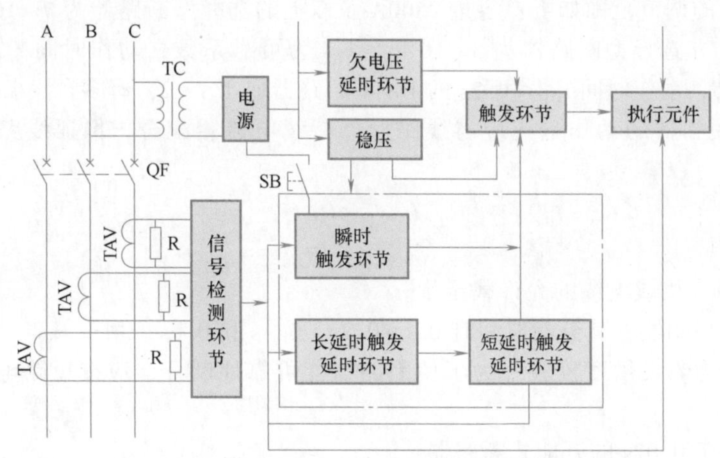

图 2-10　过电流保护结构示意图

选择型断路器有两段保护、三段保护和智能化保护之分。其中，两段保护分为瞬时或短延时以及长延时两段，三段保护分为瞬时、短延时和长延时 3 段。瞬时和短延时的特性适合于短路保护，而长延时特性适合于过载保护。图 2-11 所示为低压断路器的 3 种保护特性曲线。而智能化保护，因其脱扣器由微控制系统控制，保护功能更多，选择性更好。

（7）低压断路器动作电流的整定　低压断路器各种脱扣器的动作电流整定如下：

1）延时过电流脱扣器动作电流。长延时过电流脱扣器主要用于过载保护，其动作电流应按正常工作电流整定，即

$$I_{OP(1)} \geqslant 1.1 I_{30} \tag{2-1}$$

式中，$I_{OP(1)}$ 为长延时脱扣器（即热脱扣器）的整定动作电流；I_{30} 为电路最大负载电流。

但是，热元件的额定电流 $I_{H.N}$ 应比 $I_{OP(1)}$ 大 10%～25%为好。

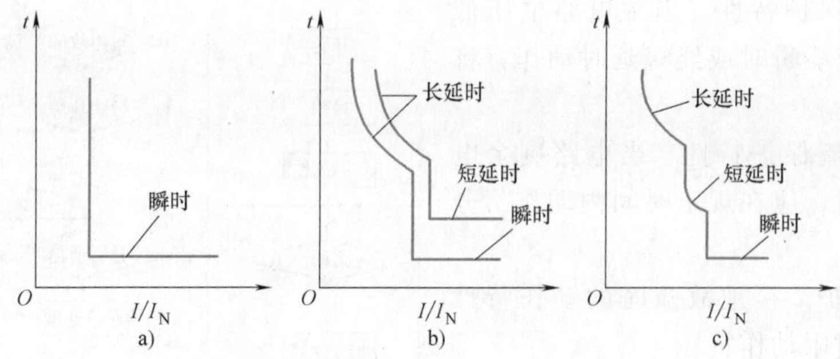

图 2-11　低压断路器的保护特性曲线

a）瞬时动作式　b）两段保护式　c）三段保护式

$$I_{H.N} \geqslant (1.1 \sim 1.25) I_{OP(1)} \tag{2-2}$$

2）短延时或瞬时脱扣器的动作电流。作为线路保护的短延时或瞬时脱扣器动作电流，应躲过配电线路上的尖峰电流，即

$$I_{OP(2)} \geqslant k_{rel} I_{30} \tag{2-3}$$

式中，$I_{OP(2)}$ 为短延时或瞬时脱扣器的动作电流值，规定短延时脱扣器动作电流的调节范围如下：容量2500A及以上的断路器为3~6倍脱扣器的额定值，2500A以下为3~10倍。瞬时脱扣器动作电流的调节范围如下：容量2500A及以上的选择型断路器为7~10倍，2500A以下为10~20倍，非选择型断路器为3~10倍。k_{rel} 为可靠系数，动作时间 $t_{OP} \geqslant 0.4s$ 的DW型断路器取1.35，动作时间 $t_{OP} \leqslant 0.2s$ 的DZ型断路器取1.7~2，有多台设备的干线取1.3。

3）过电流脱扣器的动作电流应与线路允许持续电流相配合，保证线路不因过热而损坏，即

$$I_{OP(1)} < I_{al} \tag{2-4}$$

或

$$I_{OP(2)} < 4.5 I_{al} \tag{2-5}$$

式中，I_{al} 为绝缘导线或电缆的允许载流量。

对于短延时脱扣器，其分断时间有0.1~0.2s、0.4s和0.6s三种。

（8）断流能力与灵敏度校验　为了使断路器能可靠地断开，应按短路电流校验其分断能力。

分断时间小于0.02s的万能式断路器：

$$I_{oc} \geqslant I''^{(3)} \tag{2-6}$$

式中，I_{oc} 为断路器最大分断电流；$I''^{(3)}$ 为断路器安装点的三相次暂态短路电流有效值。

分断时间小于0.02s的塑壳式断路器：

$$I_{oc} \geqslant I''^{(3)}_{sh} \tag{2-7}$$

式中，$I''^{(3)}_{sh}$ 为断路器安装点的三相短路冲击电流有效值。

低压断路器做过电流保护时，其灵敏度要求为

$$S_p = \frac{I^{(2)}_{K.min}}{I_{OP}} \geqslant 1.3 \tag{2-8}$$

式中，$I^{(2)}_{K.min}$ 为被保护线路最小运行方式下的单相短路电流（TN和TT系统）或两相短路电流（IT系统）。

5. 断路器的安装、检查与维护（表2-4）

表 2-4 断路器的安装、检查与维护

项目	注 意 事 项
安装	1. 安装前,先检查断路器的规格是否符合使用要求 2. 安装前,用 500V 绝缘电阻表(兆欧表)检查断路器的绝缘电阻,在周围空气温度为(20±5)℃和相对湿度为 50%~70%时,绝缘电阻应不小于 10MΩ,否则应烘干 3. 安装时,电源进线应接于上母线,用户的负载侧出线应接于下母线 4. 安装时,断路器底座应垂直于水平位置,并用螺钉固定紧,且断路器应安装平整,不应有附加机械应力 5. 外部母线与断路器连接时,应在接近断路器母线处加以固定,以免各种机械应力传递到断路器上 6. 安装时,应考虑断路器的飞弧距离,即在灭弧罩上部应留有飞弧空间,并保证外装灭弧室至相邻电器的导电部分和接地部分的安全距离 7. 在进行电气连接时,电路中应无电压 8. 断路器应可靠接地 9. 不应漏装断路器附带的隔弧板,装上后方可运行,以防止切断电路因产生电弧而引起相间短路 10. 安装完毕后,应使用手柄或其他传动装置检查断路器工作的准确性和可靠性。如检查脱扣器能否在规定的动作值范围内动作,电磁操作机构是否可靠闭合,可动部件有无卡阻现象等
塑料外壳式断路器的运行检查项目	1. 检查负载电流是否符合断路器的额定值 2. 断路器的信号指示与电路分、合状态是否相符 3. 断路器的过载热元件的容量与过载额定值是否相符 4. 断路器与母线或出线的连接处有无过热现象 5. 断路器的操作手柄和绝缘外壳有无破损现象 6. 断路器内部有无放电响声 7. 断路器的合闸机构润滑是否良好,机件有无破损情况
万能式断路器的运行检查项目	1. 检查负载电流是否符合断路器的额定值 2. 过载的整定值与负载电流是否配合 3. 与母线或出线连接线的接触处有无过热现象 4. 灭弧栅有无破损和松动现象。灭弧栅内是否有因触点接触不良而发出放电响声 5. 电磁铁合闸机构是否处于正常状态 6. 辅助触点有无烧蚀现象 7. 信号指示与电路分、合状态是否相符 8. 失电压脱扣线圈有无过热现象和异常声音 9. 磁铁上的短路环绝缘连杆有无损伤现象 10. 传动机构中连杆部位开口销和弹簧是否完好
维护	1. 断路器在使用前,应将电磁铁工作面上的防锈油脂擦干净,不影响电磁系统的正常动作 2. 操作机构在使用一段时间后(一般为 1/4 机械寿命),传动部位加注润滑油(小容量塑料外壳式断路器不需要) 3. 每隔一段时间,清除落在断路器上的灰尘,保证断路器具有良好的绝缘性 4. 定期检查触头系统,特别是在分断短路电流后,必须检查。在检查时应注意以下几点: 1) 断路器必须处于断开位置,进线电源必须切断 2) 用酒精抹净断路器上的划痕,清理触头毛刺 3) 当触头厚度小于 1mm 时,更换触头 5. 当断路器分断短路电流或长期使用后,均应清理灭弧罩两壁烟痕及金属颗粒。若采用陶瓷灭弧室,灭弧栅片烧损严重或灭弧罩碎裂,则不允许再使用,必须立即更换 6. 定期检查各种脱扣器的电流整定值和延时。特别是半导体脱扣器,定期用试验按钮检查其动作情况 7. 有双金属片式脱扣器的断路器,当使用场所的环境温度高于其整定温度时,一般应降温使用;若脱扣器的工作电流与整定电流不符,应当在专门的检验设备上重新调整后才能使用 8. 有双金属片式脱扣器的断路器,因过载而分断后,不能立即“再扣”,需冷却 1~3min,待双金属片复位后,才能重新“再扣” 9. 定期检修应在不带电的情况下进行

6. 断路器的常见故障及其排除方法（见表 2-5）

表 2-5　断路器的常见故障及其排除方法

常见故障	可能原因	排除方法
手动操作的断路器不能闭合	1. 欠电压脱扣器无电压或线圈损坏 2. 储能弹簧变形,闭合力减小 3. 释放弹簧的反作用力太大 4. 机构不能复位再扣	1. 检查线路后加上电压或更换线圈 2. 更换储能弹簧 3. 调整弹力或更换弹簧 4. 调整脱扣面至规定值
电动操作的断路器不能闭合	1. 操作电源电压不符 2. 操作电源容量不够 3. 电磁铁损坏 4. 电磁铁拉杆行程不够 5. 操作定位开关失灵 6. 控制器中整流管或电容器损坏	1. 更换电源或升高电压 2. 增大电源容量 3. 检修电磁 4. 重新调整或更换拉杆 5. 重新调整或更换开关 6. 更换整流管或电容器
有一相触头不能闭合	1. 该相连杆损坏 2. 限流开关斥开机构可拆连杆之间的角度变大	1. 更换连杆 2. 调整至规定要求
分励脱扣器不能使断路器断开	1. 线圈损坏 2. 电源电压太低 3. 脱扣面太大 4. 螺钉松动	1. 更换线圈 2. 更换电源或升高电压 3. 调整脱扣面 4. 拧紧螺钉
欠电压脱扣器不能使断路器断开	1. 反力弹簧的反作用力太小 2. 储能弹簧力太小 3. 机构卡死	1. 调整或更换反力弹簧 2. 调整或更换储能弹簧 3. 检修机构
断路器在起动电动机时自动断开	1. 电磁式过电流脱扣器瞬动整定电流太小 2. 空气式脱扣器的阀门失灵或橡皮膜破裂	1. 调整瞬动整定电流 2. 更换
断路器在工作一段时间后自动断开	1. 过电流脱扣器长延时整定值不符合要求 2. 热元件或半导体元件损坏 3. 外部电磁场干扰	1. 重新调整 2. 更换元件 3. 进行隔离
欠电压脱扣器有噪声或振动	1. 铁心工作面有污垢 2. 短路环断裂 3. 反力弹簧的反作用力太大	1. 清除污垢 2. 更换衔铁或铁心 3. 调整或更换弹簧
断路器温升过高	1. 触头接触压力太小 2. 触头表面过分磨损或接触不良 3. 导电零件的连接螺钉松动	1. 调整或更换触头弹簧 2. 修整触头表面或更换触头 3. 拧紧螺钉
辅助触头不能闭合	1. 动触桥卡死或脱落 2. 传动杆断裂或滚轮脱落	1. 调整或重装动触桥 2. 更换损坏的零件

三、交流电动机直接起动设计

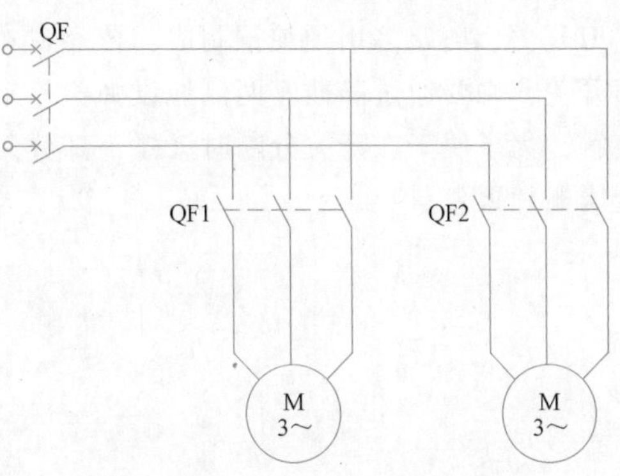

图 2-12 直接起动电路原理图

1. 主电路确定及元器件选型

按照基本方案画出直接起动电路原理图（图 2-12），图中断路器 QF 起控制作用。

计算所有元器件的参数，并在此基础上确定所有主电路元器件的型号。

1）断路器的选择。根据要求，主电路采用一只断路器作为电源总进线控制，两只断路器分别控制 2 个风机。从安装及外观考虑，所有开关均选用国产 DZ47-63D 断路器。根据各风机参数，电动机额定电流为 5.7A，D 型断路器已考虑电动机起动电流，故选型为：分路开关：DZ47-63D/3P，6A；主开关：DZ47-63D/3P，10A。

2）导线的选择。选用铜芯塑料绝缘导线，根据强度要求，选用 BV-2.5mm^2，红、绿、黄三色分相。

2. 安装及布线

因本电路极简单，不需画出安装图。检查各元器件，采用万用表静态测试即可。在网孔板安装布线，电路布置图结果如图 2-13 所示。

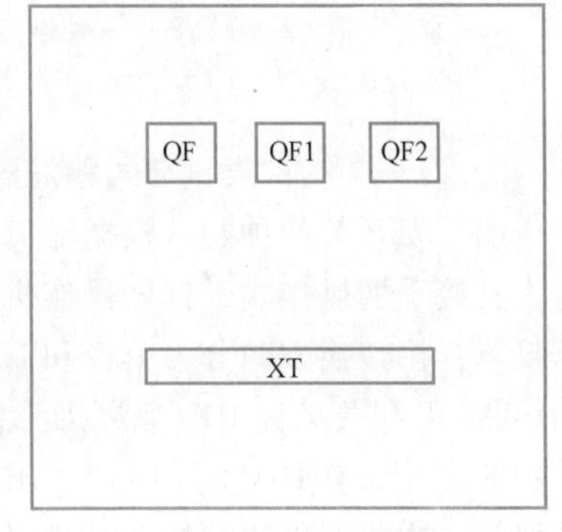

图 2-13 负荷开关直接起动电路布置图

知识拓展

在电动机直接起动运行控制电路的安装和调试中，刀开关、负载开关和组合开关用得越来越少，但在一些场合仍然被使用，所以需要了解刀开关、负载开关和组合开关的结构原理等基础知识。

一、刀开关概述

刀开关是一种手动开关类电器，作为隔离开关广泛应用于配电设备中，或者是在无负荷条件下接通与分断电路，也可用于直接起动小型交流电动机，是手控电器中最简单且使用较广泛的一种低压电器。刀开关由于结构简单，操作方便，分断和闭合状态明显，易于观察，能确保安全和判断的正确性。

刀开关在电路中的作用是：隔离电源，以确保电路和设备维修的安全；分断负载，如不频繁地接通和分断容量不大的低压电路；直接起动小功率笼型异步电动机。常用的刀开关外形结构如图 2-14 所示。

1. 刀开关的基本结构

刀开关的种类很多，其机械结构千差万别，但工作原理和结构基本一致。一般由手柄、触刀（动刀片）、静插座（静刀片）、铰链支座和绝缘底板等组成，如图 2-15 所示。它的工作原理是：依靠外力使触刀插入插座或脱离插座，从而完成接通或分断电路。为保证触刀与静插座在合闸位置有良好的接触，它们之间要有一定的接触压力。通常，额定工作电流较小的刀开关，插座多用硬纯铜制成，依靠材料本身的弹性产生接触压力；额定工作电流较大的刀开关，则要通过静插座两侧加设弹簧片来增加接触压力。触刀与插座的接触一般为楔形线接触。为了便于在开关分断时灭弧，部分刀开关可具有触刀速断机构，也有部分刀开关装有金属栅片灭弧罩。

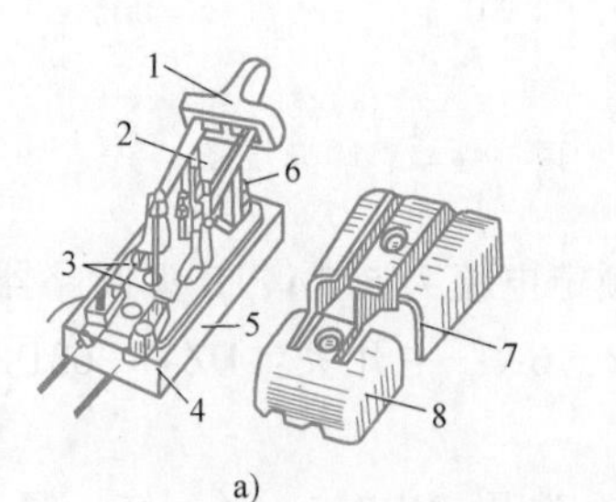

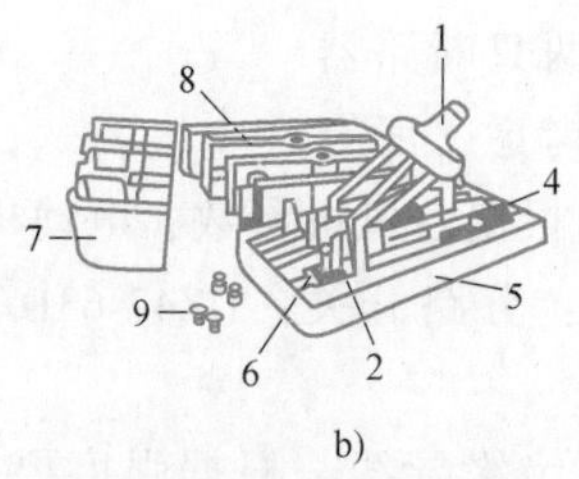

图 2-14　刀开关外形结构

a）二极刀开关　b）三极刀开关

1—瓷质手柄　2—静插座　3—熔体　4—出线座　5—瓷底座

6—进线座　7—上胶盖　8—下胶盖　9—胶盖固定螺母

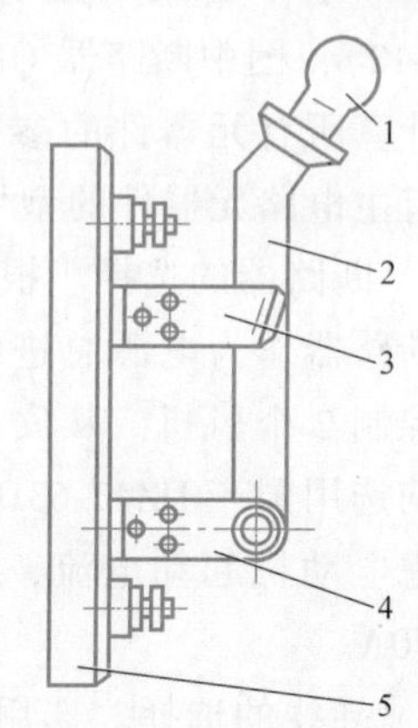

图 2-15　刀开关的基本结构示意图

1—手柄　2—触刀　3—静插座

4—铰链支座　5—绝缘底板

2. 刀开关的种类、符号和注意事项

（1）刀开关的种类　根据触刀的极数，刀开关可分为单极、双极和三极；按照操作方式分为直接手柄操作式、杠杆操作机构式和电动操作机构式；按灭弧情况可分为有灭弧罩和无灭弧罩；按转换方向分为单投和双投等，型号有 HD（单投）和 HS（双投）等系列。其中 HD 系列刀开关又称 HID 系列刀形隔离器，而 HS 系列为双投刀形转换开关。在 HD 系列中，常用的刀开关有 HD11、HD12、HD13、HD14 系列和 HD17 系列等。这些型号的结构和功能基本相同。机床上常用的三极刀开关允许长期通过的电流有 100A、200A、400A、600A 和 1000A 等。

（2）刀开关的图形符号和文字符号（图 2-16）

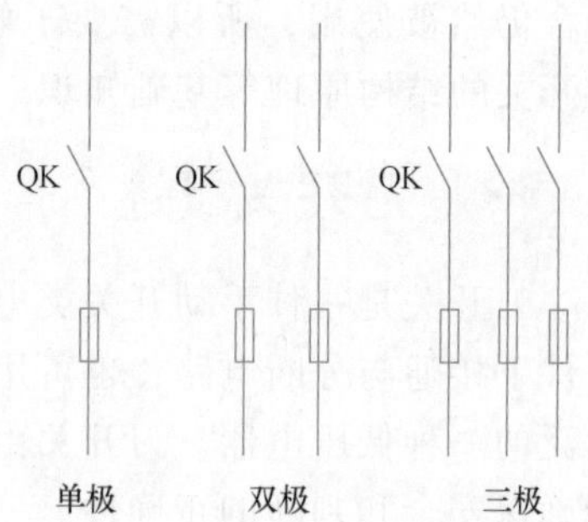

图 2-16　刀开关的图形符号和文字符号

（3）刀开关的选择　选择刀开关时，首先根据刀开关的用途和安装位置选择合适的型号和操作方式，然后根据控制对象的类型和大小，计算出相应负载电流的大小，选择相应级额定电流的刀开关。刀开关的额定电压应不小于电路额定电压，其额定电流一般应不小于所分断电路中各负载电流的总和。对于电动机负载，应考虑其起动电流，所以应选额定电流大一级的刀开关。若考虑电路出现的短路电流，还应选择额定电流更大一级的刀开关。

（4）刀开关安装和使用的注意事项

1）安装刀开关时，与地面垂直，手柄要向上，不得倒装或平装。如果倒装，拉闸后手柄可能因自重下落引起误合闸而造成人身或设备安全事故。接线时，应将电源线接在上端，负载线接在下端，以确保安全。

2）刀开关用于隔离电源时，合闸顺序是先合上刀开关，再合上其他用于控制负载的开关，分断顺序则相反。

3）使用时严格按照产品说明书的规定分断负载，无灭弧罩的刀开关一般不允许分断负载，否则有可能导致持续的燃烧，使刀开关的寿命缩短，严重的还会造成电源短路，开关被烧毁，甚至发生火灾。

4）更换熔体时，必须在刀开关断开的情况下按原规格更换。

5）在接通和断开操作时，应动作迅速，使电弧尽快熄灭。刀开关在合闸时应保证三相触刀同时合闸，而且要接触良好；如果接触不良，常会造成断路；如果负载是三相异步电动机，还会发生电动机因断相运转而烧毁。

6）如果刀开关不是安装在封闭的箱内，则应经常检查，防止因积尘过多而发生闪络现象。

(5) 刀开关的基本技术参数　刀开关的基本技术参数有额定电压、额定电流、通断能力、动稳定电流和热稳定电流。其中，额定电压和额定电流是常规参数。

1）通断能力：电器能够接通或者分断的最大电流，此值为工作极限。

2）动稳定电流：不会因电流效应而造成机械结构变形的最大电流。

3）热稳定电流：在一定时间（通常为1s）内，不会因电流发热造成熔焊的最大电流。

动稳定电流和热稳定电流这两个参数主要是当电路发生短路故障时，刀开关不至于损坏的最大电流，因此其数值要远大于刀开关的额定电流。

3. 不同形式的刀开关

实际的刀开关具有多种多样的形式，尽管其工作原理大致相同，但实际应用场合和参数有较大差别。例如，可分为负荷开关、隔离刀开关、熔断器式刀开关、组合开关等种类，其中开启式和封闭式负荷开关外观如图2-17所示。

图2-17　开启式和封闭式负荷开关外观

a）开启式　b）封闭式

二、隔离刀开关

1. 基本知识

隔离刀开关广泛用于交流电压380V或直流电压500V、额定电流在1500A以下的低压配电装置中，用作不频繁地接通和分断交、直流电路或作隔离开关用。

普通隔离刀开关不能带负载操作，它应和断路器配合使用，在断路器切断电路后才能操作刀开关。刀开关起隔离电压的作用，有明显的绝缘断开点，以保证检修人员的安全。装有灭弧罩或在动触刀上装有辅助速断触刀（起灭弧作用）的开关可切断不大于额定电流的负载。

隔离用的刀开关简称隔离开关，其结构主要由操作手柄或操作机构、动触刀、静触座灭弧罩和绝缘底板等组成。额定电流为100~400A采用单刀片；额定电流为600~1500A采用双刀片。触点压力是靠加装在刀片两侧的片状弹簧来实现的。

带有杠杆操作机构的刀开关用于切断额定电流以下的负载电路，都装有灭弧罩，以保证分断电路时安全可靠。操作机构根据其使用情况有旋转式和推拉式，灭弧采用金属栅片灭弧方式，灭弧罩是由绝缘纸板和钢板栅片拼铆而成的。规格不同的刀开关均采用同一形式的操作机构，操作机构具有明显的分合指示和可靠的定位装置。其外观如图2-18所示。

图2-18 隔离刀开关外观

2. 型号及参数

隔离刀开关的命名规则如图2-19所示。

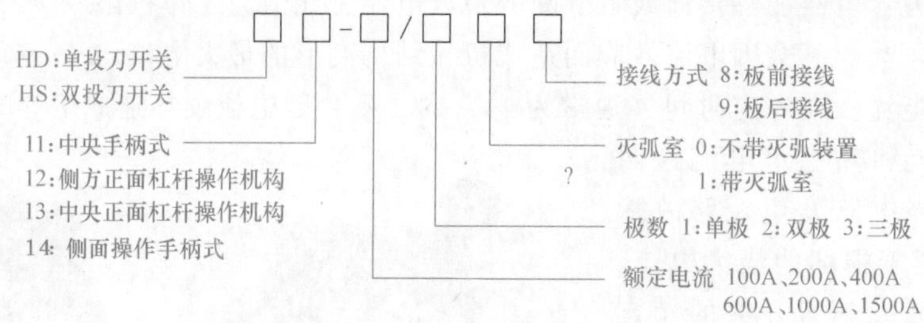

图2-19 隔离刀开关的命名规则

具体规格如下：

1）HD11、HS11系列：用于不切断带有负载的电路，仅作隔离开关用。

2）HD12、HS12系列：用于正面两侧操作、前面维修的开关柜中。其中，带灭弧罩的刀开关可以切断不大于额定电流的负载电路。

3）HD13、HS13系列：用于正面操作、后面维修的开关柜中。其中，带灭弧罩的刀开关可以切断不大于额定电流的负载电路。

4）H14系列：用于动力配电箱中。其中，带灭弧罩的刀开关可以带负载操作。

3. 使用注意事项

1）操作隔离开关之前，应先检查断路器是否已经断开。

2）对于单极隔离开关，在闭合时先合两边相，后合中间相，断开时顺序相反。

3）严禁带负载分断、闭合隔离开关。因此，应注意操作顺序：停电时，先拉负载侧隔离开关，后拉电源侧隔离开关；送电时，先合电源侧隔离开关，后合负载侧隔离开关。

4）如果错误地执行了带负载分断、闭合隔离开关，应按如下规定处理：

① 若错拉（分断）隔离开关，在发现刀口产生电弧的瞬间应急速合上；若已拉开（即电弧已经熄灭），则不许再合上，并及时报告有关部门。

② 若错合（闭合）隔离开关，无论是否造成事故，均不许再拉开，并迅速报告有关部门，以采取必要措施。

三、熔断器式刀开关

1. 基本知识

熔断器式刀开关（又称刀熔开关）具有一定的接通分断能力和短路分断能力，适用于交流 380V 或直流 440V、额定电流为 100~600A 的配电网络中，用作电气设备及线路的过载和短路保护，或在正常供电情况下，不频繁地接通和切断电路。其短路分断能力由熔断器分断能力来决定。因为它由刀开关和熔断器组成，所以具有刀开关和熔断器的基本性能。

熔断器式刀开关是由具有高分断能力的有填料熔断器和刀开关组成的，并装有安全挡板和灭弧室，而灭弧室由酚醛纸板和钢板冲制的栅片铆合而成，可以通过杠杆操作，也可在侧面直接操作。熔断器式刀开关的熔断器固定在带有弹簧钩子锁板的绝缘梁上，在正常情况下，用于保证熔断器不脱钩；当熔体熔断后，只需要按下弹簧钩子，就可以很方便地更换新的熔断器。熔断器式刀开关的外观如图 2-20 所示。

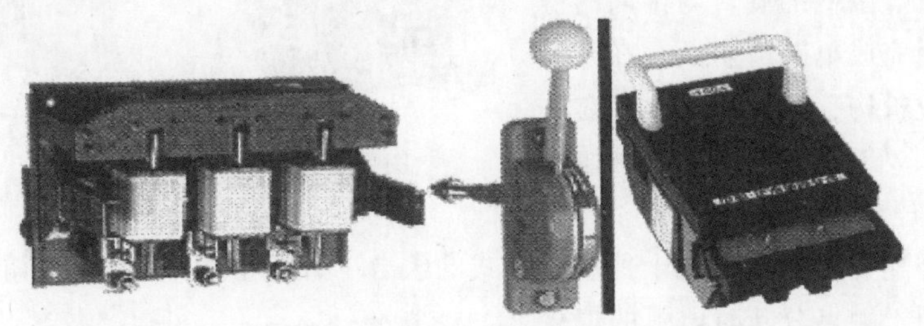

图 2-20 熔断器式刀开关的外观

2. 型号及参数

熔断器式刀开关的命名规则如图 2-21 所示。

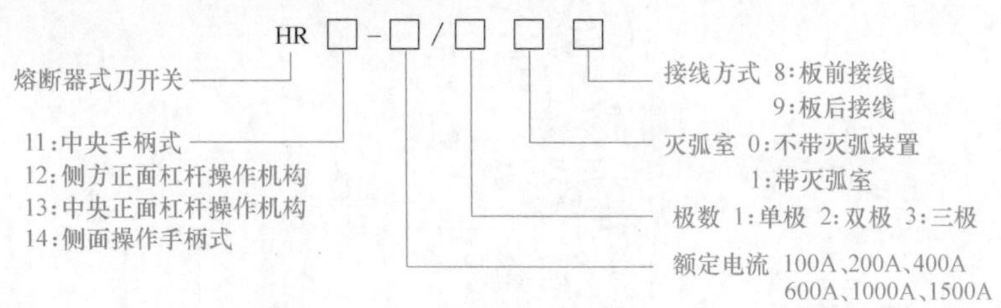

图 2-21 熔断器式刀开关的命名规则

3. 使用注意事项

（1）注意机械结构的维护与保养、操作力量应适当，防止因机械机构故障损坏熔断器。

（2）注意静插座的夹持力度，防止因接触电阻增大而造成熔断器误动作。

四、组合开关

1. 基本知识

组合开关又称转换开关，是一种多触点、多位置式，可以控制多个回路的电器。组合开关的手柄能沿任意方向转动 90°，并带动三个动触点分别与三个静触点接通或断开。从工作原理上看，组合开关的实质就是刀开关。

组合开关主要用作电源的引入开关，也称为电源隔离开关。在电气设备的非频繁接通与分断、切换连接电源和负载、转换测量三相电压、控制小容量交流电动机正反转以及星—三角减压起动等应用使用广泛。它可用于控制 5kW 以下小功率电动机的直接起动、换向和停止，每小时通断的换接次数不宜超过 20 次，尤其是在机床控制电路中，组合开关应用较多。刀开关的主要使用目的是实现电源与用电负载部分的隔离，从而使局部电路与供电电源断开，在不影响其他用电设备正常工作的条件下实现对部分电路的控制与维护。

结构上，组合开关有单极、双极和多极之分。它是由单个或多个单极旋转开关叠装在同一根方形转轴上组成的。组合开关的静触头以不同的角度固定于数层胶木绝缘座内，绝缘座可一个一个组装起来。动刀片分层固定于跟随手柄旋转的数层胶木绝缘座内，通过手柄的旋转与不同的静触头连接，从而完成电路的切换。在开关的上部装有定位机构，它能使触片处在一定的位置上。其外观和结构示意图如图 2-22 所示。根据要求，组合开关的动、静刀片可以组合配置，能实现几十种接线方式的组合。旋转手柄采用扭簧储能机构，可使开关快速动作，利于触点分断时电弧的熄灭。

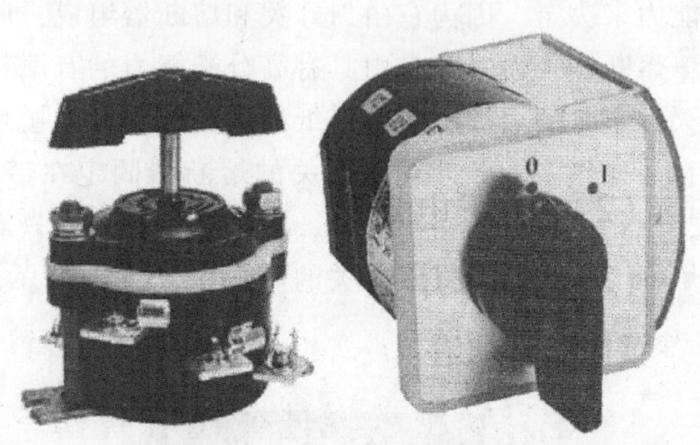

图 2-22　组合开关的外观及结构示意图

2. 组合开关的图形符号、文字符号、常用型号和技术参数

(1) 组合开关的外形、结构和符号（图 2-23）。

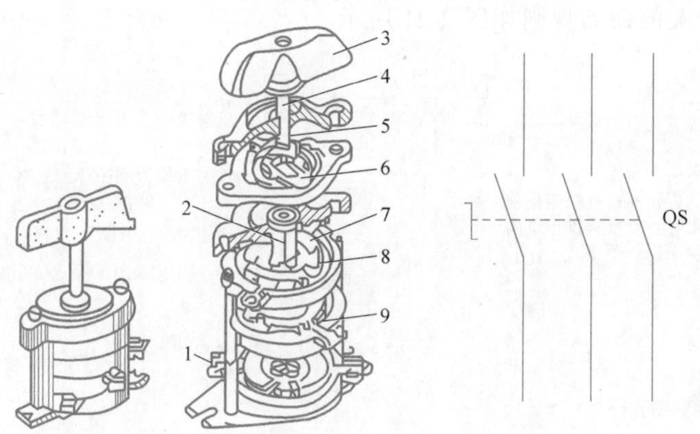

图 2-23　组合开关的外形、结构和符号

1—接线柱　2—绝缘方轴　3—手柄　4—转轴　5—弹簧

6—凸轮　7—绝缘底座　8—动触头　9—静触头

(2) 组合开关的型号及含义说明

1) 组合开关的常用型号有 Hz5、Hz10 系列。

2) Hz5 系列组合开关的额定电流有 10A、20A、40A 和 60A 四种。Hz10 系列组合开关的额定电流有 10A、25A、60A 和 100A 四种，都适用于交流 380V 以下、直流 220V 以下的电气设备中。

3）型号及参数：组合开关的命名规则如图 2-24 所示。

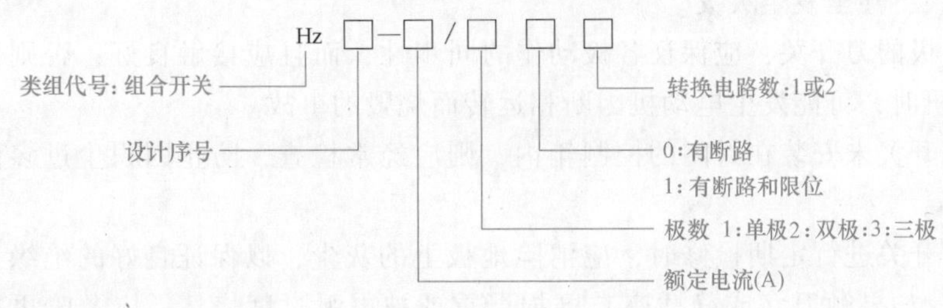

图 2-24 组合开关的命名规则

3. 组合开关的选用原则

应根据电源的种类、电压等级、所需触头数及电动机的功率选用组合开关。

1）用于照明或电热电路时，组合开关的额定电流应等于或大于被控制电路中各负载电流的总和。

2）用于电动机电路时，组合开关的额定电流一般取电动机额定电流的 1.5~2.5 倍。

3）组合开关的通断能力较低，不能用来分断故障电流。当用于控制异步电动机的正反转时，必须在电动机停转后才能反向起动，且每小时的接通次数不能超过 15 次。

4）当操作频率过高或负载功率因数较低时，应降低开关的容量使用，以延长其使用寿命。

4. 组合开关的安装注意事项

1）Hz10 系列组合开关应安装在控制箱或壳体内，其操作手柄最好安装在控制箱的前面或侧面。开关为断开状态时，手柄应在水平位置。

2）若需在箱内操作，最好将组合开关安装在箱内上方；若附近有其他电器，则需采取隔离措施或者绝缘措施。

五、刀开关的安装、使用与维护

1. 刀开关的安装

1）刀开关应垂直安装在开关板上，并要使静插座位于上方。若静插座位于下方，则当刀开关的触刀拉开时，如果铰链支座松动，触刀等运动部件可能会在自重的作用下向下掉落，同静插座接触，发生误动作而造成严重事故。

2）电源进线应接在开关上方的静触头进线座，接负载的引出线应接在开关下方的出线座，不能接反，否则更换熔体时易发生触电事故。

3）动触头与静触头要有足够的压力，接触应良好。双投刀开关在分闸位置时，刀片应能可靠固定。

4）安装杠杆操作机构时，应合理调节杠杆长度，使操作灵活可靠。

5）合闸时要保证开关的三相同步，各相接触良好。

2. 刀开关的使用与维护

1）刀开关作电源隔离开关使用时，合闸顺序是先合上刀开关，再合上其他用于控制负载的开关电器。分闸顺序则相反，要先使控制负载的开关电器分闸，然后再让刀开关分闸。

2）应严格按照产品说明书规定的分断能力来分段负载，无灭弧罩的刀开关一般不允许分断负载；否则，有可能导致稳定持续燃弧，使刀开关寿命缩短，严重的还会造成电源短路，开关被烧毁，甚至发生火灾。

3）对于多极的刀开关，应保证各极动作的同步性，而且应接触良好；否则，当负载是三相异步电动机时，可能发生电动机因断相运转而烧毁的事故。

4）如果刀开关未安装在封闭的控制箱内，则应经常检查，防止因积尘过多而发生相间闪络现象。

5）当对刀开关进行定期检修时，应清除地板上的灰尘，以保证良好的绝缘。检查触刀的接触情况时，如果触刀（或静插座）磨损严重或被电弧过度烧坏，应及时更换。发现触刀转动铰链过松时，如果是用螺栓的，应把螺栓拧紧。

3. 刀开关的常见故障及其排除方法

刀开关的常见故障及其排除方法见表 2-6。

表 2-6　刀开关的常见故障及其排除方法

故障现象	可能原因	排除方法
开关触头过热、甚至熔焊	1. 开关的触刀、刀座在运行中被电弧烧蚀，造成触刀与刀座接触不良	1. 及时修磨动、静触头，使之接触良好
	2. 开关速断弹簧的压力调整不当	2. 检查弹簧的弹性，将转动处的放松螺母或螺钉调整适当，使弹簧能维持刀片、刀座动、静触头间的紧密接触与瞬间开合
	3. 开关刀片与刀座表面存在氧化层，使接触电阻增大	3. 清除氧化层，并在刀片与刀座间的接触部分涂上一层很薄的凡士林
	4. 刀片动触头插入深度不够，降低了开关的载流容量	4. 调整杠杆操作机构，保证刀片插入深度达到规定的要求
	5. 带负载操作起动大容量设备，致使大电流冲击，发生动、静触头接触瞬间的弧光	5. 属于违章操作，应禁止
	6. 在短路电流的作用下，开关的热稳定不够，造成触头熔焊	6. 排除短路点，更换较大容量的开关
开关与导线接触部位过热	1. 导线连接螺钉松动，弹簧垫圈失效，致使接触电阻增大	1. 更换弹簧垫圈并进行紧固
	2. 螺栓选用偏小，使开关通过额定电流时连接部位过热	2. 按合适的电流密度选择螺栓
	3. 两种不同金属相互连接会发生电化锈蚀，使接触电阻加大而产生过热	3. 采用铜铝过渡接线端子，或在导线连接部位涂覆 DJG-Ⅰ、Ⅱ型导电膏

六、组合开关的选择、使用与维护（表 2-7、表 2-8）

组合开关的选择、使用和维护见表 2-7。组合开关的常见故障及其排除方法见表 2-8。

表 2-7　组合开关的选择、使用和维护

项目	注意事项
选择	1. 组合开关应根据用电设备的电压等级、容量和所需触头数进行选用。组合开关用于一般照明、电热电路时，其额定电流应等于或大于被控制电路中各负载电流的总和；组合开关用于控制电动机时，其额定电流一般取电动机额定电流的 1.5~2.5 倍
	2. 组合开关接线方式很多，应根据需要，正确地选择相应规格的产品
	3. 组合开关本身是不带过载保护和短路保护的，如果需要这类保护，应另设其他保护电器

（续）

项目	注意事项
使用和维护	1. 由于组合开关的通断能力较低，故不能用来分断故障电流。当用于控制电动机作可逆运转时，必须在电动机完全停转后，才允许反向接通
	2. 当操作频率过高或负载功率因数较低时，组合开关要降低容量使用，否则会影响开关寿命
	3. 组合开关每小时的转换次数一般不超过 15 次
	4. 经常检查开关固定螺钉是否松动，以免引起导线压接松动，造成外部连接点放电、打火、烧蚀或短路
	5. 检修组合开关时，应注意检查开关内部的动、静触头接触情况，以免造成内部接点起弧烧蚀

表 2-8 组合开关的常见故障及其排除方法

故障现象	产生原因	排除方法
手柄转动 90°后，内部触头未动	1. 手柄上的三角形或半圆形口磨成圆形	1. 调换手柄
	2. 操作机构损坏	2. 修理操作机构
	3. 绝缘杆变形	3. 更换绝缘杆
	4. 轴与绝缘杆装配不紧	4. 紧固轴与绝缘杆
手柄转动后，三副静触头和动触头不能同时接通或断开	1. 开关型号不对	1. 更换开关
	2. 修理后触头角度装配不正确	2. 重新装配
	3. 触头失去弹性或有尘污	3. 更换触头或清除尘污
开关接线柱短路	由于长期不清扫，铁屑或油污附着在接线柱间，形成导电层，将胶木烧焦，绝缘破坏形成短路	清扫开关或调换开关

任务 2-2 交流电动机点动运行控制

任务导入

某工厂车间有一台电动葫芦，驱动电动机为 ZD 型锥形转子三相异步电动机，是电动葫芦的起升降电动机，参数如下：额定功率为 18.5kW，额定电压为交流 380V，额定电流为 35A，额定转速为 1440r/min，功率因数为 0.85。

工作任务：用控制器实现对电动葫芦的点动运行控制。

具体内容：控制箱安装于配电室内，操作地采用控制器就地操作电动葫芦点动运行，学习并掌握简单点动控制电路。需要实现的保护功能是：短路保护、失电压保护。要求画出电气原理图及安装图，并在训练网孔板上完成电气安装。电动葫芦外形及驱动电动机如图 2-25 所示，电动机葫芦的总体图如图 2-26 所示。

任务分析

电动机的点动控制是一种最常见且应用广泛的控制方式。在工业现场，大部分电动机都采用这种控制方式。这种控制方式的特点是原理简单、实用，是其他控制方式的基础。

图 2-25　电动葫芦外形及驱动电动机

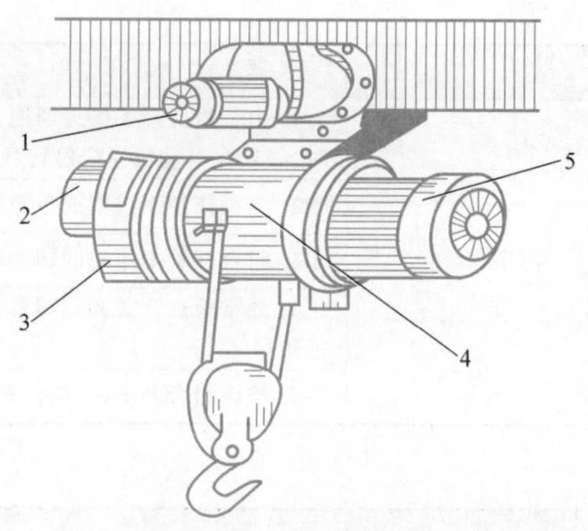

图 2-26　电动葫芦的总体图

1—移动电动机　2—电磁制动器
3—减速箱　4—钢丝卷筒　5—电动机

点动控制电路是指按下按钮电动机才会运转，松开按钮即停转的电路。生产机械有时需要做点动控制，如常见的小型起重设备电动葫芦、升降机、某些机床辅助运动、机械加工过程中对刀操作过程的电气控制。当电动机安装完毕或检修完毕后，为了判断其转动方向是否正确，也常采用点动控制。

起重运输设备种类很多，电动葫芦是将电动机、减速箱、卷筒及制动装置等紧凑地合为一体的起重设备。它由两台电动机分别拖动提升和移动机构，具有重量较小、结构简单、成本低廉和使用方便的特点，主要用于厂矿企业的修理与安装工作。

本任务将介绍主电路、控制电路和电气控制逻辑的概念。读者应逐步掌握控制逻辑动作过程的分析方法及基本原则；另外，应对现场设备所需要的保护以及各种保护方法的目的和实现方案有初步的了解与掌握。

任务实施

一、基本方案

1）任务要求：控制对象为一台电动机，电动机可以点动运转。经分析可以看出：电气基本控制电路应采用起停控制方式及远程控制。另外，需提供主电路和控制电路的短路保护、电路失电压保护。

2）基本控制方式：以接触器为核心构成点动控制电路。

3）主令电器：起动按钮（常开）1 只。

4）控制电器：主电路短路保护熔断器 3 只，控制电路短路保护熔断器 2 只，主电路开合断路器 1 只，交流接触器 1 只，主电路接线端子 1 组，控制电路接线端子 1 组。

二、相关知识

任务 2-1 的交流电动机直接起动控制电路虽然简单，但不便于实现自动控制。因此，为了正确进行电动机点动运行控制电路的安装和分析，必须了解按钮、熔断器和接触器等器件的结构、原理等基础知识。

（一）按钮

1. 基本知识

主令电器是一种用于发布命令，直接或通过电磁式电器间接作用于控制电路的电器。它通过机械操作控制，对各种电气电路发出控制指令，使继电器或接触器动作，从而改变拖动装置的工作状态（如电动机的起动、停车或变速等），以获得远距离控制。常用的主令电器有按钮、行程开关、接近开关和万能转换开关等。本任务介绍按钮。

按钮是一种手动且一般可以自动复位的电器，通常用来接通或断开小电流控制电路。它不直接控制主电路的通断，而是在交流50Hz或60Hz、电压500V及以下或直流电压440V及以下的控制电路中发出短时操作信号，去控制接触器、继电器，再由它们控制主电路。

按钮有多种形式，常见的形式有普通按钮、急停按钮、指示灯式按钮、钥匙式按钮和自锁按钮等。急停按钮用于紧急操作，按钮上装有蘑菇形钮帽。指示灯式按钮用作信号显示，在透明的按钮盒内装有信号灯。钥匙式按钮为了安全，需用钥匙插入方可旋转操作。为了区分各个按钮的作用，避免误操作，通常将钮帽做成不同颜色，其颜色一般有红、绿、黑、黄、蓝、白等，以红色表示停止按钮，绿色表示起动按钮。

常用按钮的外形如图2-27所示。

图2-27 常用按钮的外形

2. 按钮的结构与工作原理

常用按钮的结构如图2-28所示，主要由按钮帽、恢复弹簧、动触头和静触头等组成。其基本工作原理是：当按下按钮时，动触头动作，先断开常闭触头，然后接通常开触头；而当松开按钮时，在恢复弹簧的弹力作用下，常开触头先断开，然后常闭触头闭合。

施加外力时，触头动作；外力取消后，触头复位。但在实际应用中，按钮具有多种变化的功能，可根据需要选择不同类型和结构特点的按钮。例如：有的按钮的触头系统具有快速动作特性，可以使触头的开闭时间缩短；有的按钮具有自锁功能，即当按下按钮时，触头动作，外力去除后，触头保持，再次按压后，触头复位。旋钮是按钮的变形，将操作机构由按钮改为了手柄，同样有保持或不保持之分。钥匙开关需要将钥匙插入后才能操作，可用作某些需要特别允许才能操作的场合。急停按钮通常为蘑菇头形状，可以方便地使之

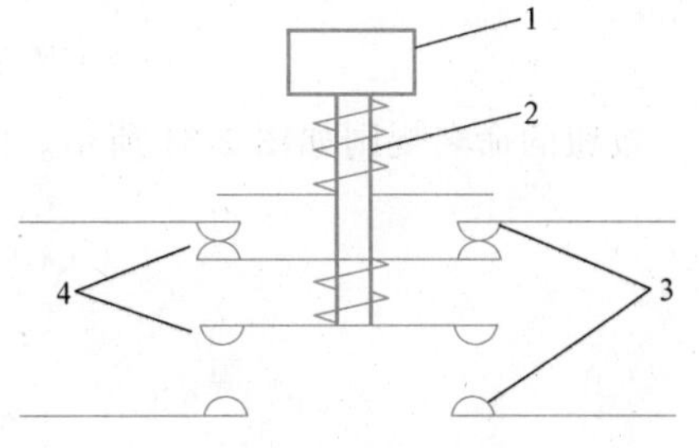

图2-28 常用按钮的结构

1—按钮帽 2—恢复弹簧 3—静触头 4—动触头

动作，并且需要主动旋动才能复位，常用作设备的紧急停止操作。

总之，按钮的结构与原理很简单，可根据实际用途及使用场合进行选择。

3. 按钮的分类、符号和型号

按钮的主要分类如下。

（1）常开按钮 常开按钮未按下时，固定触头与可动触头处于分开状态，按下时触头闭合接通；当松开后按钮在复位弹簧的作用下复位断开。在控制电路中，常开按钮常用来起动电动机，也称起动按钮。

（2）常闭按钮 与常开按钮相反，常闭按钮未按下时，固定触头与可动触头处于闭合状态，按下时触头断开；当手松开后，按钮在复位弹簧的作用下复位闭合。常闭按钮常用于控制电动机停车，也称自复位按钮。

（3）复合按钮 复合按钮是指将常开与常闭按钮组合为一体的按钮，即具有常闭触头和常开触头。未按下按钮时，常闭触头是闭合的，常开触头是断开的。按下按钮时，常闭触头首先断开，常开触头后闭合，可认为是自锁型按钮；当松开后，按钮在复位弹簧的作用下，首先将常开触头断开，继而将常闭触头闭合。复合按钮常用于联锁控制电路中。

图 2-29 所示为按钮的分类，按钮的文字符号和图形符号如图 2-30 所示。

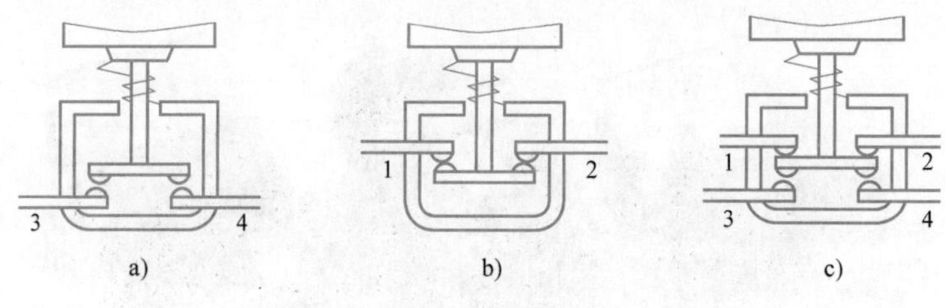

图 2-29 按钮的分类

a）常开按钮 b）常闭按钮 c）复合按钮

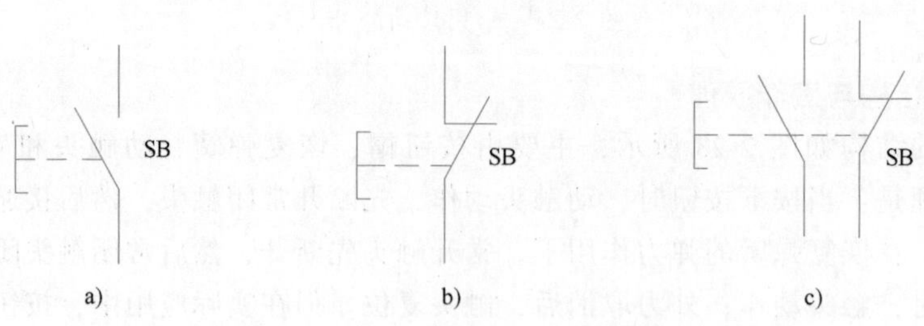

图 2-30 按钮的文字符号和图形符号

a）动合触头 b）动断触头 c）复合触头

按钮的命名规则如图 2-31 所示。

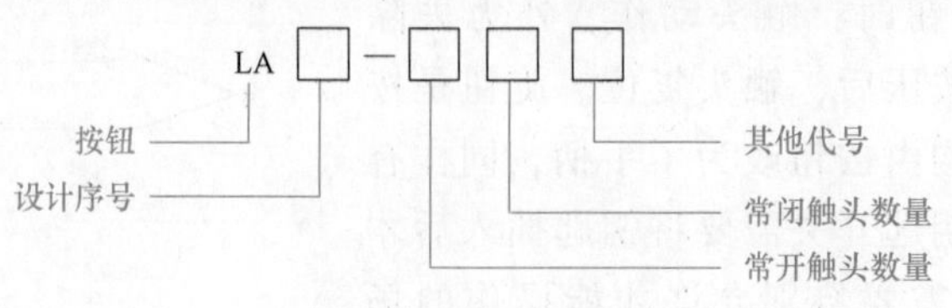

图 2-31 按钮的命名规则

4. 按钮的参数

按钮的参数有如下两个：

1）触头数量：大部分按钮的触头为2常开、2常闭。但也有一些按钮的结构为积木式，可根据需要进行拼装。

2）电气参数：按钮的标准规格为，额定工作电压为AC 380V，额定工作电流为5A。

5. 按钮的选用

按钮的选用需要考虑以下几方面因素：

1）根据使用场合选择合适的器件特性，如动作特点、操动方式等。

2）根据电路逻辑的需要选择按钮常开、常闭触头的数量。

3）根据规范选择按钮的颜色。按钮的颜色通常有红、绿、黑、黄、白等。当按钮发出不同的指令时，往往需要不同的颜色，使用时要根据不同行业的规范去选择。比如：通常状况下，设备的起动按钮为绿色、设备的停止按钮为红色。但电力行业的起动按钮为红色、设备的停止按钮为绿色。

6. 按钮的常见故障及其排除方法

按钮的常见故障及其排除方法见表2-9。

表2-9 按钮的常见故障及其排除方法

常见故障	可能原因	排除方法
按下起动按钮时有触电感觉	1. 按钮的防护金属外壳与连接导线接触	1. 检查按钮内连接导线
	2. 按钮帽的缝隙间充满铁屑，使其与导电部分形成通路	2. 清理按钮
停止按钮失灵，不能断开电路	1. 接线错误	1. 改正接线
	2. 线头松动或搭接在一起	2. 检查停止按钮接线
	3. 灰尘过多或油污使停止按钮两常闭触头形成短路	3. 清理按钮
	4. 胶木烧焦短路	4. 更换按钮
被控电器不动作	1. 被控电器损坏	1. 检修被控电器
	2. 按钮复位弹簧损坏	2. 修理或更换弹簧
	3. 按钮接触不良	3. 清理按钮触头

（二）接线端子

1. 基本知识

接线系统可实现对导线进行机械和电气的可靠连接。接线端子用于完成两段导线的连接，主要目的是为了导线连接、设备安装、设备检查等工作的方便进行。通常电气装置到电机的连接需要使用接线端子，电气装置与外部的其他连接也要使用接线端子。

2. 接线端子的参数

接线端子的主要技术参数有额定电压和额定电流。一般低压接线端子的额定电压为500V，额定电流则有10A、15A、20A、25A等。另外，还有结构形式、组合形式及安装方式等多方面的选择。

（三）熔断器

1. 基本知识

熔断器是低压配电系统中起安全保护作用的一种电器，是过电流保护电器。熔断器在低压配电系统的照明电路中起过载保护和短路保护作用，而在电动机控制电路中只起短路保护作用。熔断器作为保护电器，具有结构简单、使用方便、可靠性高、价格低廉等优点，在电网保护和用电设备保护中应用广泛。

当电网或用电设备出现短路或过载故障时，通过熔体的电流将大于额定值，熔体因过热而被熔化（熔断），从而自动切断电路，避免电网或用电设备的损坏，防止事故的蔓延。

正常情况下，熔断器相当于一根导线。发生短路时，大电流造成熔体过热、熔化，最终断开电路。在切断电路时，又因电流过大而产生强烈的电弧并向四周飞溅。熔断器主要由熔体和安装熔体的熔断管（或盖、座）等部分组成。其中熔体是主要部分，它既是感测元件又是执行元件。熔体由不同金属材料（铅锡合金、锌、铜或银）制成丝状、带状、片状或笼状，串接于被保护电路。当电路发生短路或过载故障时，通过熔体的电流使其发热，当达到熔化温度时，熔体自行熔断，从而分断故障电路。熔断管一般是由硬质纤维或瓷质绝缘材料制成的半封闭式或封闭式管状外壳，熔体装于其中。熔断管的作用是便于安装熔体和有利于熔体熔断时熄灭电弧。熔断器的结构及外观如图 2-32 所示。

图 2-32　熔断器的结构及外观

熔断器的命名规则如图 2-33 所示。

2. 熔断器的结构

熔断器由熔断管、触头和熔体等组成。熔体材料具有相对熔点低、特性稳定、易于熔断的特点，一般采用铅锡合金、镀银铜片以及锌、银等金属。

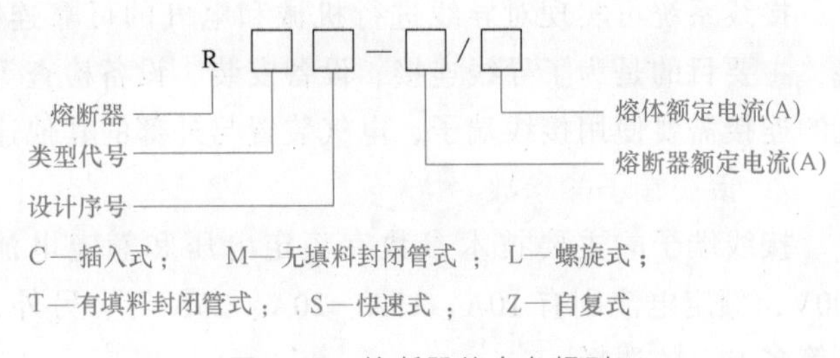

图 2-33　熔断器的命名规则

3. 熔断器的工作原理

熔断器串入被保护电路中，在正常情况下，熔体相当于一根导线。在正常工作时，流过熔体的电流小于或等于它的额定电流，此时熔体发热温度尚未达到熔体的熔点，所以熔体不会熔断，电路保持接通而正常运行。当被保护电路的电流超过熔体的规定值并达到额定电流的 1.3~2 倍时，经过一定时间后，熔体自身产生的热量将熔断熔体，使电路断开，起到过电流保护的作用。

注意：在熔体熔断切断电路的过程中会产生电弧，为了安全有效地熄灭电弧，一般将熔体安装在熔断器壳体内，并采取灭弧技术措施，快速熄灭电弧。

（1）熔断器的保护特性　熔断器的熔体串联在被保护的电路中。当电路发生严重过载或短路时，熔体在短时间内发热量急剧增加而使熔体熔断，切断电路。根据电路的定律，热量与电流的二次方成正比，因此熔断的时间与电流的大小成反比，即电流大、时间短，电流小、时间长，且呈现为非线性关系。把熔断器电流与时间的关系称为熔断器的安秒特性。其具体特性曲线如图 2-34 所示。

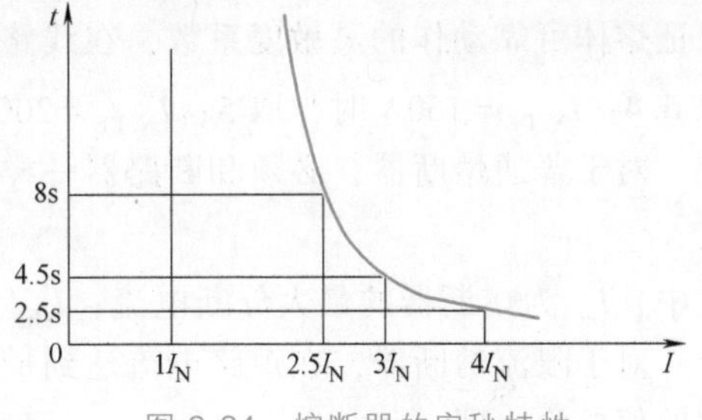

图 2-34　熔断器的安秒特性

在熔断器的安秒特性曲线中，有一个熔断电流与不熔断电流的分界线，此时对应的电流为最小熔断电流。熔体在额定电流下不会熔断，所以最小熔断电流必须大于额定电流 $I_{N.FE}$，一般至少取额定电流的 1.05 倍。熔断器安秒特性数值关系见表 2-10。

表 2-10　熔断器安秒特性数值关系

熔断电流	$1.25I_{N.FE}$	$1.6I_{N.FE}$	$2I_{N.FE}$	$2.5I_{N.FE}$	$3I_{N.FE}$	$4I_{N.FE}$
熔断时间/s	∞	3600	40	8	4.5	2.5

（2）熔断器选择的理论计算　熔断器熔体的额定电流 $I_{N.FE}$ 按以下原则进行选择：

1）正常工作时，熔断器不应熔断，即要躲过线路正常运行时的计算电流 I_{30}。

$$I_{N.FE} \geqslant I_{30} \tag{2-9}$$

2）在电动机起动时，熔断器也不应该熔断，即要躲过电动机起动时的短时尖峰电流。

$$I_{N.FE} \geqslant kI_{pk} \tag{2-10}$$

式中，k 为计算系数，一般按电动机的起动时间取值。轻负载起动时，起动时间在 3s 以下，k 取 0.25~0.4；重负载起动时，起动时间为 3~8s，k 取 0.35~0.5；频繁起动、反接制动时，起动时间在 8s 以上，k 取 0.5~0.6；此时 I_{pk} 为电动机起动时产生的短时尖峰电流。

3）为了保证熔断器可靠工作，熔体的熔断电流应不大于熔断器的额定电流，才能保证故障时熔体安全熔断，而熔断器不损坏。熔断器的额定电流还必须与导线允许的载流能力相配合，才能有效保护线路，即

$$I_{N.FE} < k_{OL} I_{al} \tag{2-11}$$

式中，I_{al} 为绝缘导线或电缆的允许载流量；k_{OL} 为熔断器熔体的额定电流与被保护线路的允许电流的比例系数，电缆或穿管绝缘导线为 2.5，明敷绝缘导线为 1.5，已装设有其他过载保护的绝缘导线、电缆线路又要求用熔断器进行短路保护时为 1.25。

用于保护电力变压器的熔断器，其熔体电流可按下式选定：

$$I_{N.FE} = (1.2 \sim 1.4)\, I_{1N.T} \tag{2-12}$$

式中，$I_{1N.T}$ 为变压器的额定一次电流。熔断器装设在哪一侧，就选用哪一侧的额定值。

用于保护电压互感器的熔断器，其熔体额定电流可选用 0.5A，熔断管可选用 RN2 型。

(3) 灵敏度和分断能力的校验　熔断器保护的灵敏度 S_P 可按下式进行校验：

$$S_P=\frac{I_{K.min}}{I_{N.FE}}\geqslant 4\sim 7 \tag{2-13}$$

式中，$I_{K.min}$ 为熔断器保护线路末端在系统最小运行方式下的最小短路电流，对于中性点不接地系统，取两相短路电流 $I_K^{(2)}$；对于中性点直接接地系统，取单相短路电流 $I_K^{(1)}$；对于保护降压变压器的高压熔断器，应取低压母线的两相短路电流换算到高压侧的值。$I_{N.FE}$ 为保证熔体可靠动作的灵敏度系数，在线路电压 380V，$I_{N.FE}<100A$ 时，取 7；$I_{N.FE}=125A$ 时，取 6.4；$I_{N.FE}=160A$ 时，取 5；$I_{N.FE}=200A$ 时，取 4；电力变压器保护也取 4。

对于普通熔断器，必须和断路器一样校验其开断最大冲击电流的能力，即

$$I_{oc}\geqslant I_{sh}^{(3)} \tag{2-14}$$

式中，I_{oc} 为熔断器的最大分断电流；$I_{sh}^{(3)}$ 为熔断器安装点的三相短路冲击电流有效值。

对于限流熔断器，在短路电流达到最大值之前已熔断，所以，按极限开断周期分量电流有效值校验，即

$$I_{oc}\geqslant I_k''^{(3)} \tag{2-15}$$

式中，$I_k''^{(3)}$ 为熔断器安装点的三相次暂态短路电流有效值。

(4) 前后级熔断器之间的选择性配合　为了保证动作选择性，也就是保证最接近短路点的熔断器熔体先熔断，以避免影响更多的用电设备正常工作，熔断器的选择性配合如图 2-35 所示，按它们的保护特性曲线来校验。当线路 WL2 的首端 K 点发生三相短路时，三相短路电流 I_k 要通过 FU2 和 FU1 根据选择性的要求，应该是熔断器 FU2 先熔断，切除故障线路 WL2，而 FU1 不熔断，WL1 正常运行。但是，熔断器熔体熔断的时间与标准保护特性曲线上查出的熔断时间有偏差，考虑最不利的情况，熔断器熔体的熔断时间最大误差是±50%，因此，要求在前一级熔断器（FU2）的熔断时间提前 50%，而后一级熔断器（FU1）的熔断时间延迟 50%的情况下，仍能够保证选择性的要求。从图 2-35 中可以看出，$t_1'=0.5t_1$，$t_2'\approx 2t_2$，应满足 $t_1'>t_2'$，$t_1>3t_2$。若不满足这一要求，则应将前一级熔断器熔体的电流提高 1~2 倍，再进行校验。

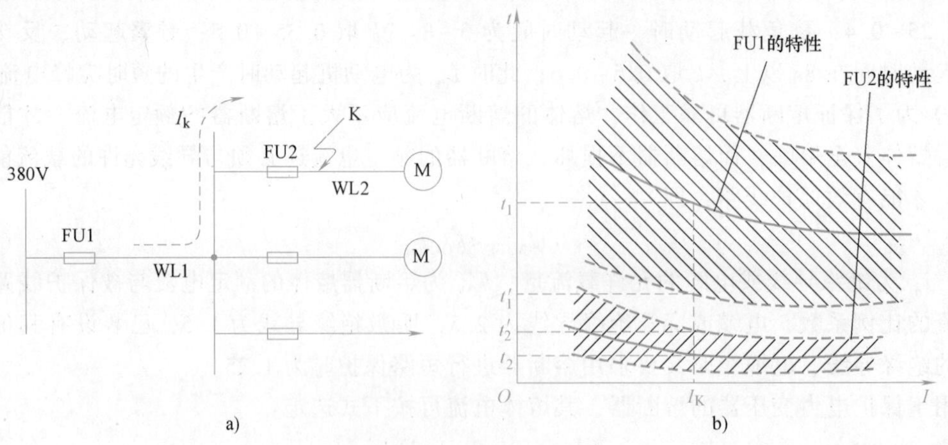

图 2-35　熔断器选择性配合

a) 熔断器在低压线路中的选择性配合　b) 熔断器按保护特性曲线进行选择性校验

4. 熔断器的图形符号和文字符号

熔断器的图形符号和文字符号如图 2-36 所示。

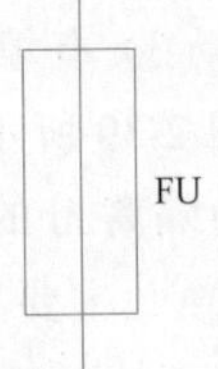

图 2-36 熔断器的图形符号和文字符号

5. 熔断器的主要技术参数

1）额定电压。额定电压是指保证熔断器能长期正常工作的电压。

2）额定电流。额定电流是指保证熔断器能长期正常工作的电流，它的等级划分随熔断器的结构形式而异。应该注意的是，熔断器的额定电流应大于所装熔体的额定电流。

3）极限分断电流。极限分断电流是指熔断器在额定电压下所能断开的最大短路电流。

6. 熔断器的常用产品系列

熔断器的种类很多，按结构可分为瓷插式、螺旋式、无填料封闭管式和有填料封闭管式。按用途可分为一般工业用熔断器、半导体器件保护用快速熔断器和特殊熔断器（如具有两段保护特性的快慢动作熔断器、自复式熔断器）。常用的熔断器有以下几种。

（1）瓷插式熔断器 RC1　常用的瓷插式熔断器为 RC1 系列，主要用于交流 50Hz、额定电压 380V 及以下的电路末端，作为供配电系统导线及电气设备（如电动机、负载开关）的短路保护，也可作为照明等电路的保护。瓷插式熔断器如图 2-37 所示。

（2）螺旋式熔断器 RL1　如图 2-38 所示，螺旋式熔断器在结构上由瓷底座、带螺纹的瓷帽和熔断管（熔体）等组成。熔管装于瓷帽和瓷底座之间，通过螺纹紧固，更换方便。在熔断管内装有石英砂，将熔体置于其中，当熔体熔断时，电弧喷向石英砂及其缝隙，可迅速降温而熄灭电弧。为了便于监视，熔断器一端装有指示弹球，不同的颜色表示不同的熔体电流，熔体熔断时，指示弹球弹出，表示熔体已熔断。螺旋式熔断器的额定电流为 5~200A，主要用于短路电流大的分支电路或有易燃气体的场合。

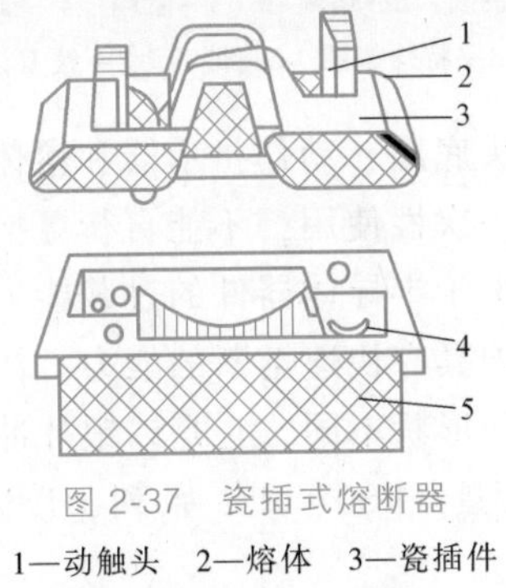

图 2-37 瓷插式熔断器

1—动触头 2—熔体 3—瓷插件 4—静触头 5—瓷座

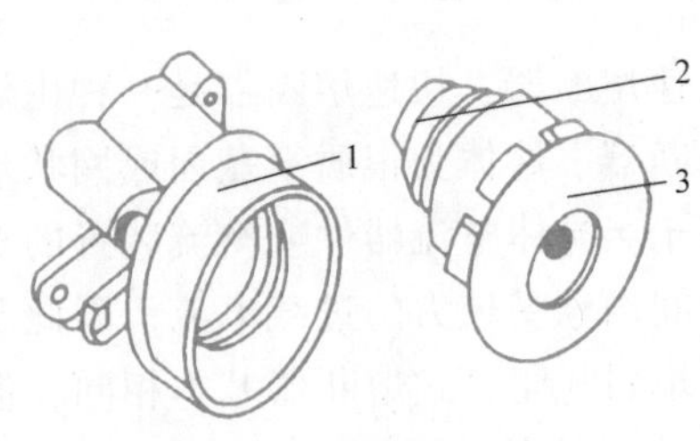

图 2-38 螺旋式熔断器

1—瓷底座 2—熔体 3—瓷帽

指示弹球的色别见表 2-11。

表 2-11 指示弹球的色别

熔丝额定电流/A	2	4	6	10	16	20	25	35	50	80	100	125	200
熔断指示弹球的色别	玫瑰	棕	绿	红	灰	蓝	黄	黑	白	银	红	黄	蓝

安装螺旋式熔断器时应遵循“低入高出”的原则，即应将连接插座底座触头的接线端安装于上方（上线）并与电源线连接；将连接瓷帽、螺纹壳的接线端安装于下方（下线），

并与用电设备导线连接，以保障在更换熔体时，当旋出瓷帽后螺纹壳上不会带电，确保人身安全。

（3）有填料封闭管式熔断器 RT　有填料封闭管式熔断器是一种有限流作用的熔断器，如图 2-39 所示。有填料封闭管式熔断器均装在特制的底座上，如带隔离刀的底座或以熔断器为隔离刀的底座上，通过手动机构操作。有填料封闭管式熔断器的额定电流为 50～1000A，主要用于短路电流大的电路或有易燃气体的场合。

有填料快速熔断器具有快速保护特性，用作硅整流器件、晶闸管器件及其所组成的成套装置的过载和短路保护。外壳具有半导体保护符号，不能用其他器件来代替。

（4）无填料封闭管式熔断器 RM　无填料封闭管式熔断器的熔丝管是由纤维物制成的，使用的熔体为变截面的锌合金片。熔体熔断时，纤维熔管的部分纤维物因受热而分解，产生高压气体，使电弧很快熄灭。无填料封闭管式熔断器具有结构简单、保护性能好、使用方便等特点，一般与刀开关组合使用构成熔断器式刀开关。无填料封闭管式熔断器主要用于经常连续过载和短路的负载电路中，对负载实现过载和短路保护。无填料封闭管式熔断器如图 2-40 所示。

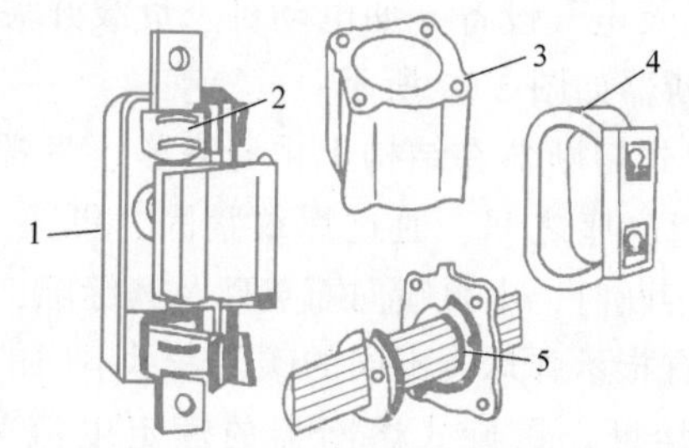

图 2-39　有填料封闭管式熔断器

1—瓷底座　2—弹簧片　3—管体　4—绝缘手柄　5—熔体

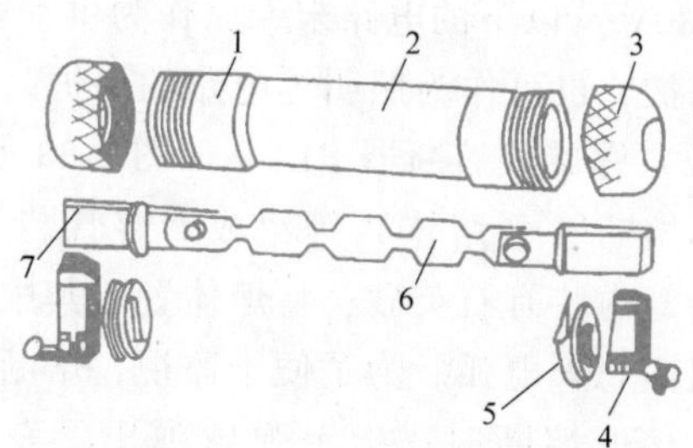

图 2-40　无填料封闭管式熔断器

1—铜圈　2—熔断管　3—管帽　4—插座　5—特殊垫圈　6—熔芯　7—触刀

（5）快速熔断器　快速熔断器是一种由熔断管、触头底座、动作指示器和熔体组成的快速动作型熔断器。熔体为银质窄截面或网状形式，只能一次性使用，不能自行更换。快速熔断器主要用于半导体整流器件或整流装置的短路保护。由于半导体器件的过载能力很低，只能在极短时间内承受较大的过载电流，因此要求短路保护具有快速熔断的能力。快速熔断器的结构和有填料封闭管式熔断器基本相同，但熔体材料和形状不同，它是以银片冲制的有 V 形深槽的变截面熔体。常用的快速熔断器型号有 NGT 型，RS0、RS3 系列，以及 RLS21、RLS22 型（螺旋式）。

（6）NT 型低压高分断能力熔断器　NT 型低压高分断能力熔断器是引进德国制造技术生产的产品，具有体积小、重量轻、功耗小、分断能力强、限流特性好、周期性负载特性稳定等特点。该熔断器广泛用于额定电压 400～660V、交流额定频率 50Hz、额定电流 4～1000A 的电器中，用于工矿企业电气设备过载和短路保护，与国外同类产品具有通用性和互换性。NT 型低压高分断能力熔断器能可靠地保护半导体器件的晶闸管及其成套装置。其电压等级为交流 380～1000V，电流规格齐全，技术数据完整。

（7）RZ1 型自复式熔断器　前文介绍的 RC1 型等熔断器有一个共同的缺点，即熔体熔断后，必须更换熔体方能恢复供电，从而使中断供电的时间延长，给供电系统和用电负荷造成一定的停电损失。而 RZ1 型自复式熔断器弥补了这一缺点，它既能切断短路电流，又能在短路故障消除后自动恢复供电，无须更换熔体。但它在线路中只能限制短路电流，不能切除故障电路，所以自复式熔断器通常与低压断路器配合使用，或者组合为一种带自复式熔断体的低压断路器。例如，DZ10~00R 型低压断路器就是 DZ10~100R 型低压断路器与 RZ1~100 型自复式熔断器的组合，利用自复式熔断器来切断短路电流，利用低压断路器来通断电路和实现过载保护。它既能有效地切断短路电流，又能减轻低压断路器的工作，提高供电可靠性。自复式熔断器实质上是个非线性电阻，为了抑制分断时产生的过电压，使断路器的脱扣机构始终有一动作电流以保证其工作的可靠性，自复式熔断器要并联一个阻值为 80~120MΩ 的附加电阻。

自复式熔断器的工业产品有 RZ1 系列等，它用于交流 380V 的电路，与断路器配合使用。它的额定电流有 100A、200A、400A 和 600A 四个等级。

注意：尽管 RZ1 型自复式熔断器可多次重复使用，但技术性能却在逐渐劣化，故一般只能重复工作数次。

7. 熔断器的选用原则

熔断器的选择主要是根据熔断器的类型、额定电压、熔断器额定电流和熔体额定电流等来进行的。选择时要遵循如下原则：

（1）选择类型应满足线路、使用场合及安装条件的要求　主要根据负载的过载特性和短路电流的大小来选择熔断器的类型。电网配电一般用管式熔断器；电动机保护一般用螺旋式熔断器；照明电路一般用 RC1 系列瓷插式熔断器；用于半导体器件保护的，则应采用快速熔断器。

（2）合理选择熔断器中熔体的额定电流以满足设备不同情况的要求

1）若负载为纯电阻负载，则熔丝电流等于或大于负载额定电流。

2）若熔断器用于电动机的短路保护，则熔体的额定电流需考虑起动时熔体不被熔断而加大选择，所以对电动机而言，熔断器只能作短路保护，而不能作过载保护。选择原则如下：

① 保护单台长期工作的电动机：

$$I_{N.FE}=(1.5\sim2.5)I_N \tag{2-16}$$

② 保护频繁起动的电动机：

$$I_{N.FE}\geqslant(3\sim3.5)I_N \tag{2-17}$$

③ 保护多台电动机：

$$I_{N.FE}\geqslant(1.5\sim2.5)I_{Nmax}+\sum I_N \tag{2-18}$$

式中，I_N 为电动机的额定电流；I_{Nmax} 为功率最大的电动机额定电流；$I_{N.FE}$ 为熔体的额定电流。

3）减压起动的电动机过载时，熔体的额定电流等于或略大于电动机额定电流。

4）熔断器的额定电压和额定电流应不小于线路的额定电压和所装熔体的额定电流。

（3）熔断器额定电压的选择　熔断器的额定电压应适应线路的电压等级，且必须高于或等于熔断器工作点的电压。

（4）熔断器的保护特性　熔断器的保护特性应与被保护对象的过载特性相适应，考虑到可能出现的短路电流，可选用相应分断能力的熔断器。

（5）熔断器熔体的选择　应按要求选用合适的熔体，不能随意加大熔体或用其他导体代替熔体。

（6）熔断器的上、下级配合　熔断器的选择需考虑电路中其他配电电器、控制电器之间的选择性配合等要求。为使两级保护相互配合良好，两级熔体额定电流的比值应不小于1.6∶1，或对于同一个过载或短路电路，上一级熔断器的熔断时间至少是下一级的3倍。为此，应使上一级（供电干线）熔断器熔体的额定电流比下一级（供电支线）大1~2倍。

8. 熔断器的安装规则

1）安装前要检查熔断器的型号、额定电流、额定电压和额定分断能力等参数是否符合规定要求。

2）安装时应使熔断器与底座触刀接触良好，避免因接触不良而造成温升过高导致引起熔断器误动作和损伤周围的电器元件。

3）安装螺旋式熔断器时，应将电源进线接在瓷座的下接线端子上，出线接在螺纹壳的上接线端子上。

4）安装熔体时，熔丝应沿螺栓顺时针方向弯过来，压在垫圈下，以保证接触良好，同时不能使熔丝受到机械损伤，减小熔丝的截面积，以免产生局部发热而造成误动作。

5）熔断器安装位置及相互间距离应便于更换熔体。有熔断指示的熔芯，指示器的方向应装在便于观察的一侧。在运行中应经常注意检查熔断器的指示器，以便及时发现电路单相运行情况。若发现瓷底座有沥青类物质流出，表明熔断器接触不良，温升过高，应及时处理。

9. 熔断器的维护操作

（1）熔断器巡视检查

1）检查熔管有无破损变形现象，瓷绝缘部分有无闪络放电痕迹。

2）检查有熔断信号指示器的熔断器，指示器是否保持正常状态。

3）熔断器的熔体熔断后，须先查明原因，排除故障。一般过载保护动作，熔断器的响声不大，熔丝熔断部位较短，熔管内没有烧焦的痕迹，也没有大量的熔体蒸发物附着在管壁上。变截面熔体在截面倾斜处熔断，是由过载引起的。而熔丝爆熔或熔断部位很长，变截面熔体大，截面部位被熔化，一般是由短路引起的。

4）使用时应经常清除熔断器表面的尘埃。在定期检修设备时，若发现熔断器损坏，应及时更换。

5）熔断器插入与拔出时，须用规定的把手，不能直接操作或用不合适的工具插入或拔出。

6）检查熔断器和熔体额定值与被保护设备是否匹配。

7）检查熔断器各接触头是否完好，是否紧密接触，有无过热现象。

（2）熔断器的使用维护

1）熔体熔断时，要认真分析熔断的原因。常见的原因如下：

① 短路故障或过载运行而被正常熔断。

② 熔体使用过久，因受热氧化或在运行中温度过高，导致熔体特性变化而熔断。

③ 安装熔体时造成机械损伤，使熔体截面积变小而在运行中引起熔断。

2）熔断器应与配电装置同时进行维修。具体要求如下：

① 清扫熔断器上的灰尘，检查接触头接触情况。

② 检查熔断器外观（取下熔断管）有无损伤、变形，瓷绝缘部分有无放电闪络痕迹。

③ 检查熔断器、熔体与被保护电路或设备是否匹配。

④ 在检查 TN 接地系统中的 N 线时，注意在设备的接地保护线上不允许使用熔断器。

检查维护熔断器时，要按安全规程要求切断电源，不允许通电摘取熔断管。

(3) 熔断器的常见故障及其排除方法

熔断器的常见故障及其排除方法见表 2-12。

表 2-12 熔断器的常见故障及其排除方法

故障现象	可能原因	排除方法
电动机起动瞬间，熔断器熔体熔断	1. 熔体规格选择过小	1. 更换合适的熔体
	2. 被保护电路短路或接地	2. 检查线路，找出故障点并排除
	3. 安装熔体时有机械损伤	3. 更换安装新的熔体
	4. 有一相电源发生断路	4. 检查熔断器及被保护电路，找出断路点并排除
熔体未熔断，但电路不通	1. 熔体或连接线接触不良	1. 旋紧熔体或将接线接牢
	2. 紧固螺钉松脱	2. 找出松动处，将螺钉或螺母旋紧
熔断器过热	1. 接线螺钉松动，导线接触不良	1. 拧紧螺钉
	2. 接线螺钉锈死，压不紧线	2. 更换螺钉、垫圈
	3. 触刀或刀座生锈，接触不良	3. 清除锈迹
	4. 熔体规格太小，负载过重	4. 更换合适的熔体或熔断器
	5. 环境温度过高	5. 改善环境条件
磁绝缘件破损	1. 产品质量不合格	1. 停电更换，注意操作手法
	2. 外力破坏	2. 查明原因，排除故障
	3. 操作时用力过猛	3. 注意操作手法
	4. 过热引起	4. 查明原因，排除故障

10. 注意事项

1）更换熔体时，必须切断电源，防止触电。更换熔体时，应按原规格更换，安装熔丝时，不能碰损，也不要拧得太紧。

2）更换新熔体时，要检查熔体的额定值是否与被保护设备相匹配，外观有无损伤变形、瓷绝缘部分有无闪络放电痕迹，各接触头是否完好、接触紧密，有无过热现象及熔断器的熔断信号指示器是否正常。熔断器熔断时，应更换同一型号规格的熔断器。

3）更换新熔体时，要检查熔断管内部的烧伤情况，如有严重烧伤，应同时更换熔断管。瓷熔管损坏时，不允许用其他材质管代替。更换填料式熔断器的熔体时，要注意填充填料。

4）安装新熔体前，要找出熔体熔断的原因，未确定熔断原因时不要拆换熔体。

5）工业用熔断器应由专职人员更换，更换时应切断电源。用万用表检查更换熔体后的熔断器各部分是否接触良好。

6）熔断器内应装合格的熔体，不能用多根小规格熔体并联代替一根大规格的熔体。

7）安装熔断器时，各级熔体应相互配合，并做到下一级熔体比上一级小。

8）熔断器应安装在各相线上，在三相四线或二相三线制的中性线上严禁安装熔断器，而在单相二线制的中性线上应安装熔断器。

（四）接触器

1. 基本知识

接触器在电力拖动系统和自动控制系统中有着广泛的应用，它是利用线圈流过电流产生磁场，使触头闭合，以达到控制负载的电器。它是一种电磁式自动切换电器。

在实际的电气应用中，接触器的型号很多，电流为 5~1000A 不等，用途相当广泛。接触器能快速切断交、直流主电路，也可频繁地接通与断开大电流（某些型号可达 800A）控制电路，它具有控制容量大、可远距离操作、低电压释放保护、寿命长、能实现联锁控制、具有失电压和欠电压保护等特点，广泛应用于自动控制电路中。接触器主要用于电动机的控制，也可用于其他电力负载如电热器、照明、电焊机、电炉变压器等的控制。

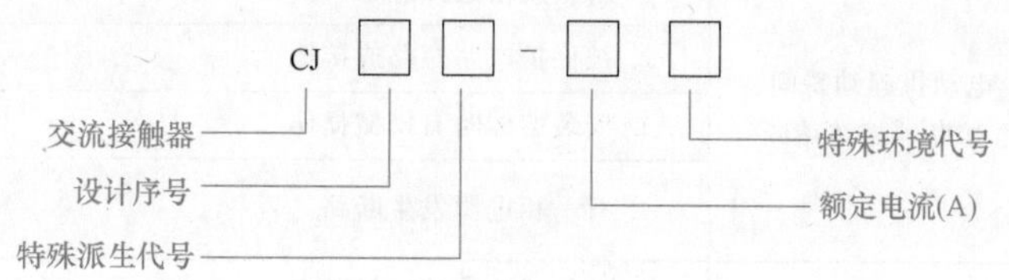

图 2-41　交流接触器的命名规则

接触器按控制电流的种类可分为交流接触器和直流接触器，这里主要介绍交流接触器。常用的交流接触器有 CJ20、CJX 等。命名规则如图 2-41 所示。

常见接触器的外观如图 2-42 所示。

图 2- 42　常见接触器的外观

2. 结构和工作原理

接触器的结构主要包括电磁系统、触头系统、灭弧装置和其他辅助部分，CJ20-63 交流接触器的结构如图 2-43 所示。

1）电磁系统是接触器的重要组成部分，包括电磁线圈和铁心。接触器依靠它来带动触头的闭合与断开。

2）触头系统是接触器的执行部分，包括主触头和辅助触头。主触头的作用是接通和切断主电路，控制较大的电流一般为数安到数百安，甚至高达数千安。辅助触头接在控制电路中，其额定电流一般为 5~10A，以满足各种控制方式的要求。

3）灭弧装置主要用来消除触头在断开电路时产生的电弧，减少电弧对触头的破坏作用，保证电器可靠地工作。接触器在接通或切断负载电流时，主触头会产生较大的电弧，这很容易损坏触头。为了迅速熄灭触头在断开时产生的电弧，在容量较大的接触器上都装有灭弧装置。负载电流在 10A 以下时，利用相间隔板隔弧；在 20A 以上时，采用半封闭式纵缝陶土

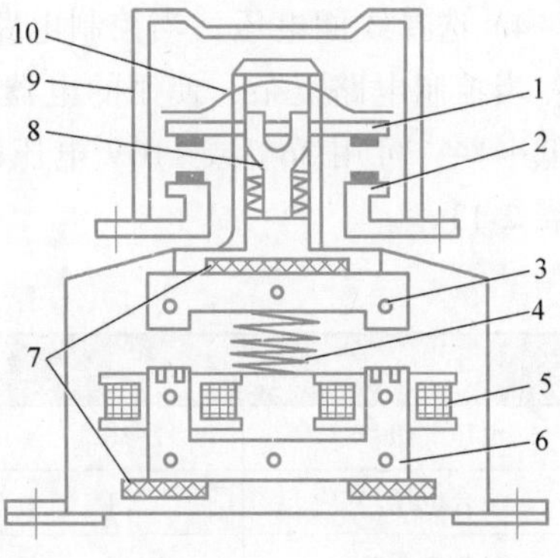

灭弧罩，并配有强磁吹弧回路。

4）其他辅助部分有绝缘外壳、各种弹簧、短路环和传动机构等。

交流接触器的基本工作原理是：电磁线圈不通电时，弹簧的反作用力使主触头保持在断开位置。当电磁线圈接通额定电压时，电磁吸力克服弹簧的反作用力将动铁心吸向静铁心，带动主触头闭合，辅助触头也随之动作。

使用接触器的目的是用小功率控制大功率，其实质就是一个开关，通过控制其线圈电压的有无来控制它的通断。

图 2-43 CJ20-63 交流接触器的结构

1—动触头 2—静触头 3—动铁心 4—弹簧 5—线圈 6—静铁心 7—纸垫 8—接触弹簧 9—灭弧罩 10—触头压力弹簧

3. 接触器的技术参数及选用

（1）技术参数 交流接触器的主要技术参数有额定电压、额定电流、通断能力、机械寿命和电寿命等。

1）额定电压。接触器的额定电压是指在规定条件下，能保证电器正常工作的主触头系统电压值。它与接触器的灭弧能力有很大的关系。接触器常用额定电压为交流 380V、660V 和 1140V。

2）额定电流。额定电流是指接触器在额定的工作条件（额定电压、操作频率、使用类别和触头寿命等）下主触头所允许的电流值。目前我国生产的接触器额定电流一般小于或等于 630A。

3）通断能力。通断能力以电流大小来衡量。接通能力是指开关闭合接通电流时不会造成触头熔焊的能力；断开能力是指开关断开电流时能可靠熄灭电弧的能力。通断能力与接触器的结构及灭弧方式有关。

4）机械寿命。机械寿命是指在无须修理的情况下所能承受的不带负载的操作次数。一般接触器的机械寿命可达 $6.0\times10^6\sim1.0\times10^7$ 次。

5）电寿命。电寿命是指在规定使用类别和正常操作条件下，不需修理和更换零件的负载操作次数。一般电寿命为机械寿命的 1/20。

6）其他参数。其他参数包括操作频率、吸引线圈的参数，如额定电压、起动功率、吸持功率和线圈消耗功率等。

（2）选择原则 选择接触器必须根据使用的要求和条件，合理、正确地选择产品类型、容量等级等，以保证接触器在控制系统中的运行长期稳定、可靠。

1）根据所控制的电动机或负载电流种类选择接触器的类型。通常交流负载选用交流接触器，直流负载选用直流接触器。若控制系统中主要是交流对象，而直流对象容量较小，也可全用交流接触器，只是触头的额定电流要选大些。

2）选择主触头的额定电压。接触器主触头的额定电压应大于或等于控制线路的额定电压。

3）选择主触头的额定电流。被选用接触器主触头的额定电流应不小于负载电路的额定电流。也可根据所控制的电动机最大功率进行选择。如果接触器用在控制电动机的频繁启动、正反或反接制动等场合，应将接触器的主触头额定电流降低使用，一般可降低一个等级。

4）选择线圈电压。当控制电路较简单时，为节省变压器，也可选用380V或220V的电压；当控制电路复杂，使用的电器比较多时，从人身和设备安全考虑，线圈的额定电压可选得低一些，可用36V或110V电压的线圈。接触器线圈可根据控制电路的电压等级来选择，见表2-13。

表2-13　接触器线圈的电压等级

电压范围	额定电压85%～105%范围内				
电压等级/V	36	110	117	220	380
吸合电压/V	31	94	99	187	323
释放电压/V	14	44	47	88	152

电压过高，则磁路趋于饱和，线圈电流将显著增大，线圈有被烧坏的危险；电压过低，则吸不牢衔铁，触头跳动，不但影响电路正常工作，而且线圈电流会达到额定电流的十几倍，线圈因过热而烧坏。因此，电压过高或过低都会造成线圈发热而烧毁。

选择接触器的注意事项如下：

① 主触头的额定电流应大于或等于电动机的额定电流。

② 在频繁操作的工作现场，或进行频繁正反转及反接制动的操作控制时，选择接触器容量时必须考虑电动机的起动电流、通电持续率等问题，额定电流需要加大。

③ 为了防止主触头的烧蚀和过早损坏，通常将触头的额定电流降低一个电流等级使用。

接触器用在不同的工作电压现场时，一般按控制功率相等的原则计算接触器的工作电流。在较低工作电压下，其工作电流不应超过同一接触器的额定发热电流，最高工作电压不能超过接触器的额定绝缘电压。在较高的工作电压下，接触器的控制功率可能有所增加或降低，这主要取决于其触头系统性能的好坏。因此可根据不同工作电压的控制功率进行选择接触器的工作电流。

4. 接触器的安装与使用

（1）安装前

1）检查铭牌及线圈上的技术参数（如额定电压、电流、操作频率和通电持续率等）是否符合实际使用要求。

2）用手分合接触器的活动部分，要求动作灵活无卡阻现象。

3）将铁心极面上的防锈油擦净，以免油垢黏滞而造成接触器在断电时不能释放。

4）检查和调整触头的工作参数（如开距、超程、初压力和终压力等），并使各极触头的动作同步。

（2）安装

1）安装接线时，不要让螺钉、垫圈、接线头等零件失落，以免掉进接触器内部而造成卡住或短路现象。安装时应将螺钉拧紧，以防振动松脱。

2）将主触头串联到主电路中，控制主电路的通断；控制线圈放在控制电路中，控制接触器的动作；辅助触头接到控制电路，完成其他的控制内容。

3）检查接线正确无误后，应在主触头不带电的情况下，先让吸引线圈通电合分数次检查动作是否可靠，然后才能使用。

4）用于可逆转换的接触器，为保证联锁的可靠，除利用辅助触头进行电气联锁外，有时还应加装机械联锁机构。

（3）使用

1）使用中应定期检查各部件，要求紧固件无松脱，可动部分无卡阻。零部件若有损坏，应及时修复或更换。

2）触头表面应经常保持清洁，不允许涂油。若触头表面由于电弧作用而形成金属小珠时，应及时铲除。若触头严重磨损、超程，应及时调整，当厚度只剩下1/3时，应及时调换触头。银及银基合金触头表面在分断电弧时会生成黑色氧化膜，其接触电阻很低，不会造成接触不良现象，因而不必锉修，否则会使触头使用寿命大大缩短。

3）对已带有灭弧罩的接触器，不许不带灭弧罩使用，以免发生短路事故。陶土灭弧罩性脆易碎，应避免碰撞，若有裂碎，应及时更换。

5. 接触器的运行与维护

（1）运行中检查

1）通过的负载电流是否在接触器的额定值之内。

2）接触器的分、合信号指示是否与电路状态相符。

3）灭弧室内有无因接触不良而发出的放电响声。

4）电磁线圈有无过热现象，电磁铁上的短路环无脱出和损伤现象。

5）接触器与导线的连接处有无过热现象。

6）辅助触头有无烧蚀现象。

7）灭弧罩有无松动和损裂现象。

8）绝缘杆有无损裂现象。

9）铁心吸合是否良好，有无较大的噪声，断开后是否能返回到正常位置。

10）周围的环境有无变化，有无不利于接触器正常运行的因素，如振动过大、通风不良以及存在导电尘埃等。

（2）维护中检查　定期做好维护工作，是保证接触器运行可靠、延长使用寿命的有效措施。

1）定期检查外观

① 消除灰尘，先用棉布蘸少量汽油擦洗油污，再用布擦干。

② 定期检查接触器各紧固件是否松动，特别是紧固压接导线的螺钉，以防止松动脱落造成连接处发热。若发现过热点，可用整形锉轻轻锉去导电零件接触面的氧化膜，再重新固定好。

③ 检查接地螺钉是否紧固牢靠。

2）检查灭弧触头系统

① 检查动、静触头是否对准，三相触头是否同时闭合，不一致时应调节触头弹簧使其一致。

② 测量相间绝缘电阻，其阻值不低于10MΩ。

③ 触头磨损深度不得超过1mm，有严重烧损、开焊脱落时必须更换触头。银或银合金触头有轻微烧损或接触面发黑或烧毛，一般不影响正常使用，可不进行清理，否则会促使接触器损坏；影响接触时，可用整形锉磨平打光，除去触头表面的氧化膜，不能使用砂纸。

④ 更换新触头后应调整分开距离、超距行程和触头压力，使其保持在规定范围之内。

⑤ 辅助触头动作是否灵活，触头有无松动或脱落，触头开距及行程应符合规定值，当发现接触不良又不易修复时，应更换触头。

3）检查铁心

① 定期用干燥的压缩空气吹净接触器堆积的灰尘。灰尘过多会使运动系统卡阻，磨损加大。当带电部件间堆聚过多的导电尘埃时，还会造成相间击穿短路。

② 清除油污，定期用棉布蘸少量汽油或用刷子将铁心极面间油污擦干净，以免引起铁心发响及线圈断电时接触器不释放。

③ 检查各缓冲件位置是否正确、齐全。

④ 铁心端面有无松散现象，可检查铆钉有无断裂。

⑤ 短路环有无脱落或断裂，若有断裂会引起很大噪声，应更换短路环或铁心。

⑥ 电磁铁吸力是否正常，有无错位现象。

4）检查电磁线圈

① 定期检查接触器控制电路电源电压，并调整到一定范围之内。当电压过高时，线圈会发热，关合时冲击大。当电压过低时，关合速度慢，容易使运动部件卡住，使触头熔焊在一起。

② 电磁线圈在电源电压为线圈电压的85%～105%时应可靠动作，如电源电压低于线圈额定电压的40%时应可靠释放。

③ 线圈有无过热或表面老化、变色现象，若表面温度高于65℃，即表明线圈过热，可引起匝间短路。不易修复时，应更换线圈。

④ 引线有无断开或开焊现象。

⑤ 线圈骨架有无磨损、裂纹，是否牢固地装在铁心上，若不牢固必须及时处理或更换。

⑥ 运行前应用兆欧表检测绝缘电阻值是否在允许范围之内。

5）检查灭弧罩

① 检查灭弧罩有无裂损，裂损严重时应更换。

② 检查栅片灭弧罩是否完整，是否有烧损变形，有无严重松脱位置变化，如不易修复应及时更换。

③ 清除罩内脱落杂物及金属颗粒。

(3) 维护使用中的注意事项

1）在更换接触器时，应保证主触头的额定电流大于或等于负载电流，使用中不要用并联触头的方式来增加电流容量。

2）对于操作频繁、起动次数多（如点动控制）、经常反接制动或经常可逆运转的电动机，应更换重任务型接触器，或更换比通用接触器大1～2档的接触器。

3）当接触器安装在容积一定的封闭外壳中时，更换后的接触器在其控制电路额定电压下磁系统的损耗及主电路工作电流下导电部分的损耗不能比原来接触器大很多，以免温升超过规定值。

4）更换后的接触器与周围金属体间沿喷弧方向的距离不得小于规定的喷弧距离。

5）更换后的接触器在用于可逆转换电路时，动作时间应大于接触器断开时的电弧燃烧时间，以免在可逆转换电路时发生短路。

6）更换后的接触器，其额定电流及关合与分断能力均不能低于原来的接触器，而线圈电压应与原控制电路电压相符。

7）电气设备大修后，在重新安装电气系统时，采用的线圈电压应符合标准电压，如机床电气标准电压为110V。

8）接触器的实际操作频率不应超过规定的数值，以免引起触头严重发热，甚至熔焊。

9）更换元器件时应考虑安装尺寸的大小，以便留出维修空间，有利于日常维护及安全。

（4）接触器延长寿命的措施

1）合理选择吸力特性与反力特性的配合。提高接触器的机械寿命、电寿命以及适当增加吸合时间的关键在于吸力特性和反力特性的良好配合，即在吸合电压下，吸力特性与反力特性越接近越好，吸力特性稍高于反力特性，既能保证可靠吸合，衔铁的运动速度及动能又较低。

如图2-44所示，接触器的吸力特性与反力特性允许有一小部分相交。相交的位置一般在主触头刚接触的位置，此时衔铁运动部分储存的动能可以克服触头反力，使衔铁继续运动。但是应注意相交部分不能太多，因为衔铁吸合过程中，吸力的动特性比静特性要低，而且由于材料性能、零件尺寸误差和摩擦力难以准确计算等原因，所以吸力特性及反力特性均有一定程度的误差范围，如果相交太多就不能保证衔铁的可靠吸合。

对于采用转动式电磁铁的接触器（如CJ12），可以选择适当的杠杆比，以改变反力特性的形状，使反力特性与吸合特性配合良好。将反力特性换算到电磁铁铁心轴线时，若杠杆比小于1，则反力特性变得比较陡峭；若杠杆比大于1，则反力特性变得比较平坦。

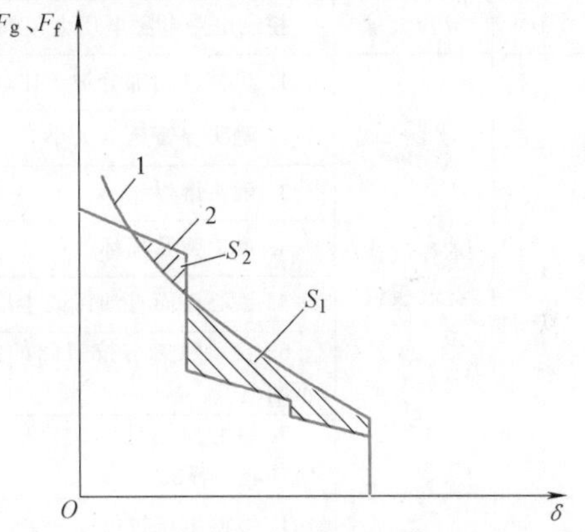

图2-44　接触器吸力特性和反力特性有少部分相交的配合

1—吸力特性（吸合电压时）　2—反力特性

2）采用缓冲装置，用硅橡胶、塑料以及弹簧等制成缓冲件，放置在电磁铁的衔铁、静铁心和线圈等零件的上面或下面，以吸收衔铁运动时的动能，减少衔铁与静铁心及衔铁与停档的撞击力，减轻触头的二次振动。

3）处理好电磁铁的分磁环。在铁心与衔铁碰撞时，分磁环悬伸部分的根部及转角处应力最大，容易断裂。所以将分磁环的两个长边均紧嵌于衔铁极面的槽内，并用胶粘剂将分磁环的四边均粘牢在衔铁上。

4）衔铁自由转动，在与静铁心吸合时，能自动调整其吸合面，达到气隙最小，避免衔棱角与铁心极面相撞。

5）选用合理的轴及轴承材料，比如金属-塑料或塑料-塑料，减少机械磨损。轴承或导套用含有少量二硫化钼或石墨的塑料。

CJ20系列交流接触器采用双断点自动式，结构简单，可以立体布置，占用安装面积小衔铁为直动式，没有转动轴，动触头没有软连接，均有利于提高机械寿命。触头采用双断点结构，有利于电弧的熄灭。触头材料采用银氧化镉，大大提高了触头寿命。

CJ20系列交流接触器是按照类别AC4设计的，操作频率为600~1200次/h，机械寿命可达300~1000万次。

6. 故障分析与处理

接触器常见的故障及其处理方法见表 2-14。

表 2-14　接触器常见的故障及其处理方法

序号	故障现象	故障原因	处理方法
1	不吸合	1. 线圈供电线路断路	1. 更换导线
		2. 线圈导线断路或烧坏	2. 更换线圈
		3. 控制按钮的触头失效，控制电路触头接触不良，不能接通电路	3. 检查控制电路，消除故障
		4. 机械可动部分卡住，转轴生锈或歪斜	4. 排除卡住故障，修理受损零件
		5. 控制电路接线错误	5. 检查、改正线路
		6. 电源电压过低	6. 调整电源电压
2	吸力不足（即不能完全闭合）	1. 电源电压过低或波动较大	1. 调整电源电压
		2. 控制电路电源容量不足，电压低于线圈额定电压	2. 增加电源容量，提高电压
		3. 触头弹簧压力过大或触头超额行程太大	3. 调整弹簧压力及行程
		4. 控制电路触头不清洁或严重氧化，使触头接触不良	4. 定期清理，修理控制触头
3	吸合太猛	控制电路电源电压大于线圈电压	调整控制电路电源电压
4	不释放或释放缓慢	1. 机械可动部分被卡住、转轴生锈或歪斜	1. 排除卡住故障，检修受损零件
		2. 触头弹簧压力太小	2. 调整触头弹簧
		3. 触头熔焊	3. 排除熔焊现象，修理或更换触头
		4. 反力弹簧损坏	4. 更换弹簧
		5. 铁心极面有油污或尘埃附着	5. 清理铁心极面
		6. 自锁触头与按钮间的接线不正确，使线圈不断电	6. 检查改正接线
		7. 铁心使用已久，去磁气隙消失，剩磁增大，使铁心不释放	7. 更换铁心
5	电磁铁噪声大或有振动	1. 线圈电压过低	1. 提高控制电路电压
		2. 动、静铁心的接触面相互接触不良	2. 修理接触面，保证接触良好
		3. 短路环断裂或脱落	3. 处理或更换短路环
		4. 触头弹簧压力过大	4. 调整弹簧压力
		5. 极面生锈或异物（油污、尘埃）侵入铁心极面	5. 清理铁心极面
		6. 铁心极面磨损严重且不平	6. 更换铁心
		7. 铁心卡住或歪斜，使铁心不能吸平	7. 解决铁心卡住故障
		8. 铁心安装不好，造成铁心松动	8. 紧固铁心
6	无电压释放失灵	1. 反力弹簧的反力过小	1. 更换弹簧
		2. 主触头磨损严重，使反力太小	2. 更换主触头
		3. 非磁性垫片装错或未装	3. 更换或加装
		4. 铁心极面油污或因剩磁作用，使铁心黏附在静铁心上	4. 清除油污或更换铁心
		5. 铁心磨损严重，使中间极面防止剩磁的气隙太小	5. 可将中间极面锉平，锉去 0.05~0.2mm

（续）

序号	故障现象	故障原因	处理方法
7	线圈过热或烧损	1. 电源电压过高或过低	1. 调整电源电压
		2. 操作次数过于频繁	2. 选择合适的接触器
		3. 铁心极面不平或气隙太大	3. 处理极面或更换铁心
		4. 机械运动部分卡住	4. 解决卡住问题
		5. 线圈绝缘损伤或制造质量不好	5. 排除损伤现象或更换线圈
		6. 使用环境条件特殊（空气潮湿、含有腐蚀性气体或环境温度太高）	6. 采用特殊设计的线圈
		7. 线圈匝间短路，使线圈工作电流增大，造成局部发热	7. 排除短路故障或更换线圈
		8. 线圈技术参数与实际使用条件不符（如电压、频率、通电持续率、适用工作制等）	8. 调换线圈或接触器
		9. 交流接触器派生直流操作的双线圈，其常闭联锁触头熔焊不释放	9. 调整联锁触头参数或更换线圈
		10. 铁心端面不清洁有杂物或铁心表面变形，使衔铁运动时受阻，造成动、静触头不能紧密闭合，线圈电流增大	10. 清除铁心表面或修复
8	触头熔焊	1. 控制电路电压过低，使吸力不足，形成触头停滞不前或反复振动	1. 提高线圈两端电压，其值不低于85%的额定值
		2. 触头闭合过程中，机械可动部分被卡住	2. 消除卡住故障
		3. 闭合时触头及动铁心都发生跳动	3. 调整触头初压力或更换接触器
		4. 操作频繁或过载使用	4. 更换合适的接触器
		5. 触头弹簧压力过小	5. 调整弹簧压力
		6. 触头表面有金属颗粒突起或异物	6. 清理触头表面
		7. 负载侧短路	7. 排除短路故障或更换触头
		8. 起动过程中有很大的尖峰电流，使触头闭合时吸力不足	8. 当接触器吸力有较大裕度时，可增大初压力，不足时更换接触器
9	触头过热或灼伤	1. 操作频率过高，或工作电流过大，触头容量太小，使触头超载运行，触头的断开容量不足	1. 更换大一级的接触器
		2. 触头的超额行程太小	2. 调整触头超程或更换触头
		3. 触头弹簧压力太小	3. 调节触头弹簧压力或更换弹簧
		4. 触头上有油污，表面氧化或表面高低不平，有金属颗粒突起	4. 清理触头表面
		5. 铜触头用于长期工作制	5. 选择合适的触头
		6. 环境温度过高或用在密闭的控制箱中	6. 选大一级的接触器
10	触头磨损严重	1. 三相触头动作不同步	1. 将三相触头动作调整到同步
		2. 负载侧短路	2. 消除短路故障，更换触头
		3. 接触器选用不合适，在反接制动、有较多密接操作、操作过于频繁等场合容量不足	3. 重选合适的接触器
		4. 灭弧装置损坏，使触头分断时产生的电弧不能被分割成小段迅速熄灭	4. 更换灭弧装置
		5. 触头的初压力太小	5. 调整初压力
		6. 触头分断时，电弧温度太高，使触头金属氧化	6. 检查灭弧装置或更换

（续）

序号	故障现象	故障原因	处理方法
11	相间短路	1. 可逆转换的接触器互锁触头不可靠，出现误动作，使两个接触器同时投入运行，造成相间短路	1. 检查电气联锁和机械联锁在控制电路中的中间环节
		2. 接触器的动作太快，转换时间短，在转换过程中产生电弧短路	2. 更换动作时间长的接触器，延长可转换时间
		3. 尘埃堆积，粘有水汽、油垢等，使线圈绝缘能力降低	3. 定期清理，保持清洁卫生
		4. 灭弧室碎裂，零部件损坏	4. 更换零部件
		5. 装于金属外壳内的接触器，外壳处于分断时的喷弧距离内，可引起相间短路	5. 选用合适的接触器或在外壳内进行绝
12	灭弧装置	1. 受潮	1. 及时烘干
		2. 破碎	2. 更换灭弧装置
		3. 灭弧栅片脱落	3. 重新装好
		4. 灭弧线圈匝间短路	4. 及时修复或更换

三、交流电动机点动运行设计

（一）继电接触器逻辑方法

继电接触器控制装置的目的是通过电器的动作完成相应的操作目的，包括动作产生、动作顺序及保护措施等。这些动作之间的关系可以用逻辑方式描述，称为继电接触器逻辑。继电接触器逻辑是通过用导线将元器件的相应部分连接起来实现的。如何设计继电接触器逻辑及完成相关的导线连接，就是继电接触器系统的设计和制作的核心内容。

在对控制逻辑进行描述的时候，需要用到一些专业术语，现说明如下：

1）常开触头：元器件在未受外力作用、自由状态下或未通电状态下断开的触头。

2）常闭触头：元器件在未受外力作用、自由状态下或未通电状态下接通的触头。

3）点动控制：操作动作存在时设备工作，操作动作去除时设备停止的控制方式称为点动控制。点动控制常用于必须处于人工监控的操作场合，如机加工设备调整刀具与工件的操作。

4）起停控制：设备的起动与停止需要由两个操作完成，起动操作完成后设备保持工作状态直到进行停止操作。几乎所有长期运行的设备都采用起停控制，操作人员给出起动命令后设备保持运转状态，操作人员给出停止命令后设备停止运转。

5）就地控制：主令电器与其他电器安装为一套装置，操作地点就是电器装置所在地。

6）远程控制：主令电器与其他电器分开安装，操作地点与电器装置所在地有一定距离。例如，工业装置的电器系统往往安装于专门的配电室，而操作点则远离配电室，处在工艺设备附近或专门的操作室中，对电器来讲，这样的控制方式称为远程控制。

7）两地控制：可以就地控制，也可以远程控制的方式为两地控制。对于成套的电器来讲，这是一种常用的方式。就地控制用于电器的调试阶段，可以很好地观察电器动作；远程控制用于实际操作，方便实施工艺过程。基本的工业电器成套装置均采用两地控制。

8）失电压保护：失电压保护的原理与作用是：当电源电压低于一定值时，接触器因线圈电压低于其维持电压而断开，一旦接触器释放，即使电源恢复到正常值，设备也不会自行起动。

9）过载保护：当电动机实际工作电流超过其额定电流，经过一定时间的延时后断开对电动机供电，电动机停止后不会自行起动。

继电接触器逻辑电路可以应用数学逻辑的方式完成，复杂控制系统则必须采用逻辑理论设计的方法，但对于一些简单的控制，可以在常用的逻辑方式基础上经过简单组合或变化后实现。下面先介绍常用点动控制基本逻辑电路。

点动控制的逻辑实现方法如图 2-45 所示。当按钮 SB 被按下后，接触器 KM 线圈通电，接触器 KM 触头动作，负载得电运行；按钮 SB 被释放，接触器 KM 线圈断电，接触器 KM 触头断开，负载断电停止运行。

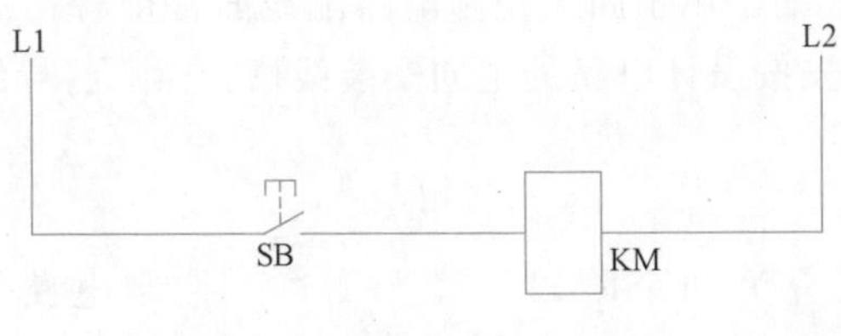

图 2-45 点动控制电路图

（二）控制电路配线知识

电气控制系统的控制电路部分的特点是：容量小、电路复杂。因此，其安装和布线是尤其需要注意的地方。

1. 导线的选择

控制电路的导线的主要作用是传输信号而不是功率，因而其载流量要求不高，通常情况下，选用 $1\sim1.5\text{mm}^2$ 的硬铜线或软铜线即可。使用硬铜线或软铜线的基本原则是：固定的明装线尽量选用硬铜线；使用线槽或电路极其复杂时，使用软铜线；活动的导线一定使用软铜线。对分类不同的线可以用不同颜色区分，如相线用红色、中性线用黑色等。

2. 配线注意事项

与主电路比较，控制电路功率小但复杂，因而在配线中除要遵守基本配线规则外，还应注意以下几个方面：

1）控制电路的接线点往往强度较小，故需选用合适的工具对导线进行压紧，注意力度要适当，以防损坏元器件的接线端。

2）使用软导线时，必须使用压接端头，防止导线松脱。

3）导线要理顺规整，不能绞结，为将来的设备检查和故障处理提供方便。

4）活动导线需使用软导线且通过端子过渡，如控制柜柜门与控制板之间的连线。

5）注意导线的连接点分配，减少导线的往复。

3. 配线技巧

控制电路的配线更能反映施工人员的工作能力。在没有进行布线图设计而直接配线的操作中，需注意配线的顺序和技巧。应用一些基本操作技巧可使工作出错率低，完成质量高。

1）配线前须认真分析电气原理图，对电器的工作原理了然于胸。

2）认真核对元器件的安装位置与原理图的对应关系。

3）配线前基本确定电路的走向，确定每条导线的起始点。

4）按原理图顺序配线，防止遗漏。

4. 配线辅助材料

控制电路导线数量较大，通常需要对其进行整理，以确保美观和可靠。常用的辅助材料如下：

1）尼龙扎带。尼龙扎带用于绑扎导线，尤其是使用硬导线时，需用尼龙扎带绑扎和固定导线。

2）螺旋缠绕管。螺旋缠绕管可以将一组导线完全缠绕，通常用于活动导线。比如控制柜门与安装板之间的导线使用螺旋缠绕管缠绕后可以防止磨损。

3）塑料线槽。塑料线槽是用于固定控制电路配线的常用材料，它能方便施工，使电器装配整洁美观。使用时，先按设计电路的走向安装线槽，然后将导线均置于线槽内，配线完成后盖上槽盖即可。

（三）电气装置调试

电气装置的调试过程分为四个阶段：静态测试、控制电路测试、空载测试和负载测试。

1. 静态测试

静态测试在主电路和控制电路均不送电的条件下进行，主要检查配线的正确性及牢固性。需要进行的工作如下：

1）目测检查电路是否有线端压接松动或接触不良。

2）用万用表电阻档检查各连接点是否正确。按照电路原理图的顺序，用万用表电阻档检查每条线的两端，看是否有接线错误或导线断开等。

3）用万用表电阻档检查基本电路逻辑。常用的检查方法有以下几种：

① 用万用表电阻档测量控制电路电源进线之间的电阻，在没有接通电路的情况下应为无穷大，否则就应检查。实际测量状态需根据电路的实际判断，要从原理上分析清楚每次测量的正确结果应该是怎样的。

② 按下起动按钮，测量控制电路电阻。正常时应该为线圈的直流电阻值，若为零，则电路中存在短路点；若仍为无穷大，则电路中存在开路点。

③ 在按下起动按钮正确时，再按下停止按钮，则万用表测量阻值应恢复为无穷大。

④ 按下接触器触头，使接触器的辅助触头动作，可以测量自锁电路是否正常。

2. 控制电路测试

在静态测试正常后，可进行控制电路的带电测试，主要检查控制电路电器动作的可靠性，同时检查电路逻辑设计是否正确。基本步骤如下：

1）断开主电路电源，接通控制电路电源。

2）按照原理图操作相应的主令电器，观察电器动作是否与设计动作一致。

3）动作不一致时，先检查接线是否错误，再进一步分析是否有电路逻辑设计的错误。

3. 空载测试

空载测试的目的是测试电气主电路接线的可靠性，防止电源断相等对负载有较大危害的故障存在。

接通主电路和控制电路电源，去除负载。操作相关主令电器使电器动作，用万用表电压档检查各出线点电压是否正常。

4. 负载测试

接上负载，接通电源。操作电气装置动作，检查负载电流、负载电压等。

（四）维护操作

单向点动控制电路故障实例分析。

1）故障现象：电路进行空操作试验时，按下起动按钮 SB 后，接触器 KM 衔铁剧烈振动，发出较大的噪声。

故障现象分析：用万用表检查电路未发现异常，电源电压也正常。可能的故障原因是：控制电路的熔断器 FU2 接触不良，当接触器动作时，振动造成控制电路电源电压不稳定，时通时断，使接触器 KM 振动；或接触器电磁机构有故障，引起振动。

故障检查：先检查熔断器的接触情况，各熔断器与底座的接触和各熔断器瓷盖上的触刀与静插座的接触是否良好。可靠接触后，装好熔断器并通电试验，接触器振动依旧，再将接触器拆开，检查接触器的电磁机构，观察铁心端面的短路环是否有断裂。

故障处理：更换短路环（或更换铁心），将接触器装回电路。重新检查后试验，故障即可排除。

2）故障现象：电路空操作试验正常，带负载试验时，按下起动按钮 SB 后，电动机“嗡嗡”响且不能起动。

故障现象分析：空操作试验未见电路异常，带负载试验时接触器动作也正常，而电动机起动异常，说明故障现象是由断相造成的。但因主电路、控制电路共用 L1、L2 相电源，而接触器电磁机构工作正常，表明 L1、L2 相电源正常，因此故障的可能原因是电路中某一相连接线有断路点。

故障检查：用万用表检查各接线端子之间的连接线，未见异常。摘下接触器灭弧罩，发现一对主触头歪斜，接触器动作时，这一对主触头无法接通，使电动机断相无法起动。

故障处理：装好接触器主触头，装回灭弧罩后重新通电试验，故障排除。

（五）元器件的选型

电动机额定电流 35A，据此选择元器件型号如下：

1）QS1：主电路断路器 DZ20-63，50A。

2）KM：接触器 CJ20-40，线圈电压交流 380V。

3）SB1：起动按钮 LA19-11，绿色。

4）XT1：主电路端子。

5）XT2：控制电路端子。

6）QS2：控制电路断路器 DZ47-63/2P，10A。

（六）控制电路的确定

完成点动控制的电路原理图如图 2-46 所示，元器件布置图如图 2-47 所示，接线图如图 2-48 所示。

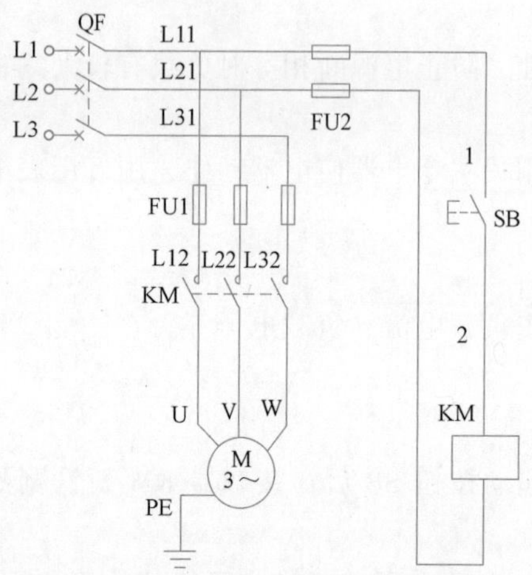

图 2-46 电动机点动控制的电路原理图

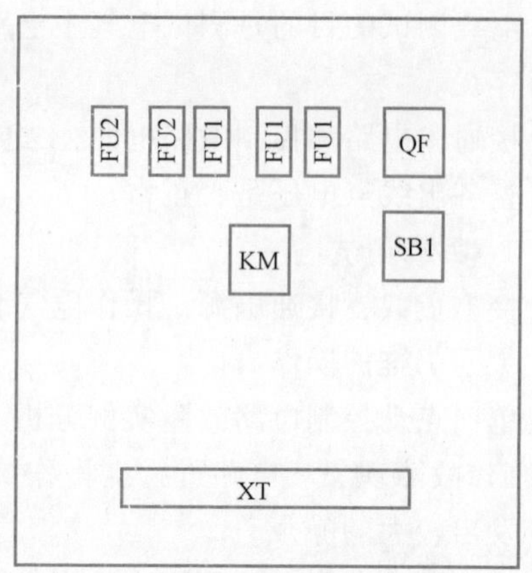

图 2-47 元器件布置图

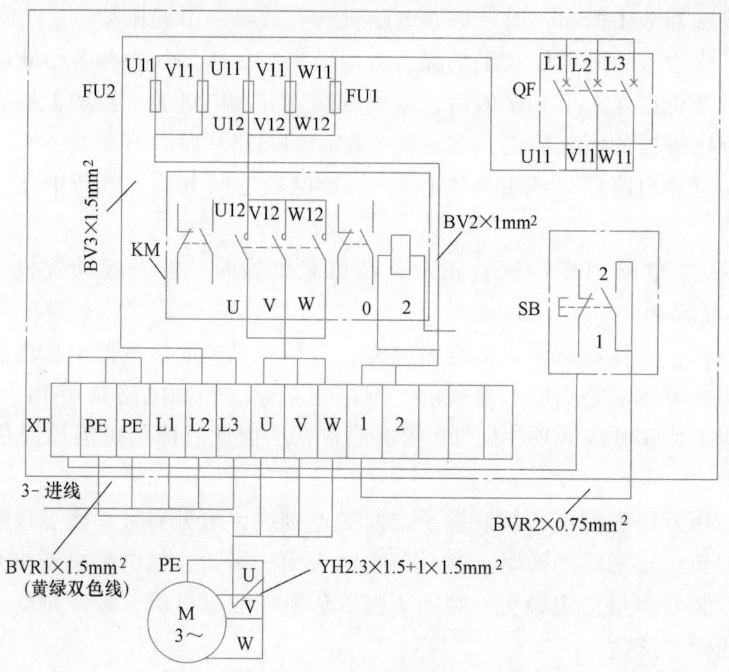

图 2-48 电动机点动控制接线图

知识拓展

一、智能交流接触器

1. 智能电磁式交流接触器

（1）概述 传统的交流接触器在生产运行中存在不少的缺点，例如能耗大、故障率高、运行有噪声和振动等。为了适应电网智能化的需要和工业自动化控制系统的发展，交流接触器需要智能化。

由于微电子技术的发展和引入，交流接触器开始向智能化方向改进。智能交流接触器采用以单片机为控制核心的智能控制器（监控器），集数据采集、控制、通信、故障保护及自诊断等功能于一体，实现了交流接触器运行状态的在线监测、控制以及与中央控制计算机双向的通信。它在增强功能的同时，降低能耗，减少触头振动，提高交流接触器的机械寿命和电寿命，其他功能和技术性能指标也有明显的提高。

智能交流接触器的特点是：小型化、安全化，保护可靠；模块化，采用多功能组合化模块结构；减少电弧对触头的损坏和吸合时的振动，延长电寿命和机械寿命；减小功率损耗，节约电能；网络化，适应电力系统智能化的需要。

（2）智能化改进措施　智能电磁式交流接触器和智能断路器一样，由传统接触器的物理结构（本体）、以微电系统为核心的智能控制器及外围附件组成。电磁式接触器智能化在传统接触器基础上，进行了改进，实现的两个目标是：改变线圈供电方式，减小损耗，同时减小衔铁吸合时的振动；通过抑制和减小电弧技术来延长触头寿命。

传统接触器线圈电压有 220V 和 380V 两种，吸合时线圈电流不变，造成功率损耗；同时铁心虽由短路环减小振动，但不能消除，特别是吸合面污染时，振动较严重，会产生噪声，并使触头发热。因此需要通过改进线圈的供电方式来克服这些缺点。

试验表明，传统接触器线圈只要加上不低于 160V 的直流电压，接触器均能可靠吸合，并不会产生一、二次弹跳。同时，只要维持吸持电压不低于直流 15V，就可以稳定保持吸合状态。可用两种供电方式（直流吸合、直流保持和交流吸合、直流保持）解决功率损耗问题。

1）直流吸合、直流保持。它的工作原理是：采用全波整流电路，将交流电源变为脉动的直流电源，提供接触器吸合磁动势，对接触器线圈用直流励磁，达到铁心可以低压吸合而无交流噪声。为了在电磁铁动作过程中使吸力和反力特性有良好配合，采用脉冲宽度调制（PWM）控制技术，将励磁周期分成两段，其中 t_1 为通电阶段，t_2 为停歇阶段，如图 2-49 所示。通过改变停歇时间 t_2 可以使电磁铁的吸力和反力特性有良好的配合，减少铁心撞击，消除接触器的主触头在吸合过程中的一次弹跳，从而减少触头磨损。铁心吸合后再用更低直流电压（图 2-49）励磁操作方案保持吸合，减小功率消耗。因此这种供电方式可以大大减小交流接触器的能耗，提高其使用寿命，并达到减小触头振动和消除交流噪声的目的。

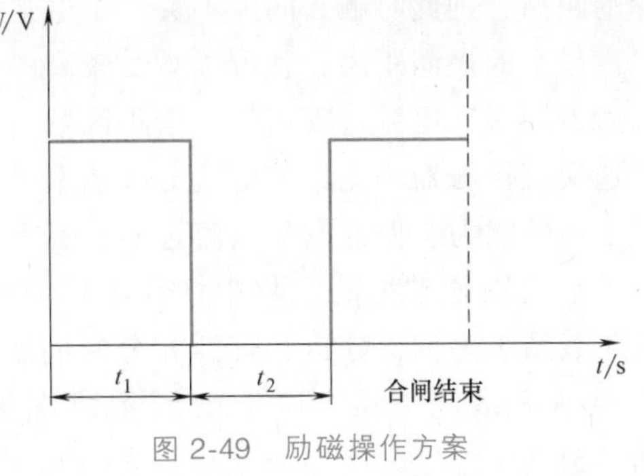

图 2-49　励磁操作方案

这种供电方式的电磁系统由智能控制器完成控制任务。其控制电路包括电压检测电路、吸合信号发生电路和保持信号发生电路。它能判别门槛吸合电压，当控制电源电压低于接触器门槛吸合电压时，不发出吸合信号，接触器不合闸，并有相应显示；当到达吸合电压时，对线圈通电，使铁心吸合，然后立即降低励磁电流，达到节能的目的。其智能交流接触器励磁电路结构示意图如图 2-50 所示。其中，单片机系统采集和分析现场信息，做出控制决策。

在起动过程中，单片机对电源电压进行实时采样，如果电源电压超过最低吸合电压，单片机系统根据电压值按照相应的程序（通过控制电路 1）控制可控元件（主控元件）定相、定时工作，保证接触器处于最佳起动状态。在吸合状态下，通过控制电路2由低压直流吸持电路提供该电器的吸持能量，实现节能无声运行。

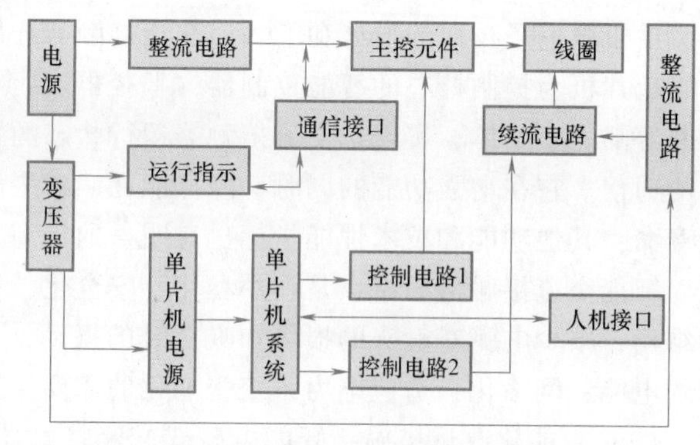

图 2-50　励磁控制电路

2）交流吸合、直流保持。这种方法是在交流接触器的每相触头上并联一个单相晶闸管。在起动过程中，首先由单片机使触发电路对晶闸管发出触发信号，导通晶闸管，再选一个合适的相角接通触发器主触头，即先接通晶闸管电路，后接通接触器触头。在闭合工作状态下，主电路电流经过交流接触器的主触头，此时晶闸管关断。当需要接触器产生分断动作时，导通晶闸管，使电路中的电流转入晶闸管，即先分断接触器主触头，再分断晶闸管电路，实现无弧分断。

由于先接通晶闸管电路，后接通接触器触头，所以实现了无弧接通、分断，而且实现了节能、节材、无声运行以及智能控制器与主控计算机的双向通信。该方式大幅度提高了交流接触器的电寿命与操作频率，提高了工作的可靠性。吸合之后低压直流保持，可达到节能效果。

抑制和减小电弧的措施如下：

① 零电流分断控制技术。零电流分断控制技术与智能断路器原理基本相同。交流电弧过零熄灭的原理是：触头间隙的介质恢复强度高于电压恢复强度。理想情况是：如果能使交流接触器的触头在电流过零瞬间分开，并在瞬间将触头拉开到足以承受恢复电压而不发生击穿的距离，则此时触头间隙不会产生电弧。同时，由于在电流过零瞬间弧隙处于介质状态，只需较小的极间距离，就可以承受较高的恢复电压。实际上，采用零电流分断控制技术是让接触器触头在电流过零前的一个小区域内分开，仍有一段电弧，但很快熄灭，不会重燃。与普通交流接触器相比，零电流分断技术可大幅度降低电弧的能量，从而提高触头间隙承受恢复电压的能力，保证电弧电流过零后不重燃。

下面以最常见的三相中性线不接地感性负载系统为例，分析其首开相分断问题。三相平衡系统电压、电流波形示意图如图 2-51 所示。

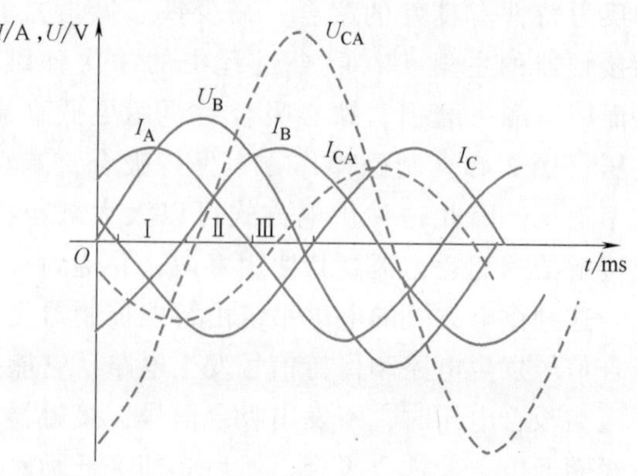

图 2-51　三相平衡系统电压、电流波形示意图

由图 2-51 可知，在三相平衡系统工作过程中，必有一相电流最先过零点。若接触器触头在图 2-51 中的第Ⅰ相角区打开，那么 B 相电流首先过零，B 相为首开相。如果 B 相触头电弧在电流过零点熄灭，电路中的电流变为线电流 I_{CA}，I_B 的零点正好对应 I_{CA} 的峰值，即再过 5ms 时间过零，故 A、C 两相燃弧时间等于 B 相燃弧时间加上 5ms。由于在分断过程中无法确定哪一相触头首先熄灭电弧，故在传统交流接触器中，触头系统的灭弧均按首开相的电弧来考虑其触头系

统的灭弧能力。

根据上述原理，采用新型的三相触头结构（图 2-52），首开相（如 B 相）触头的开距大于其余两相，在结构上实现非首开相触头的打开时刻，比首开相触头打开时刻滞后约 5ms。因而，只要单片机控制好首开相触头的打开时刻，就可以实现三相触头系统的零电流分段控制。

② 调节强励磁防止触头弹跳方式。传统接触器吸合时，由于动、静铁心互相撞击，引起触头接触时产生弹跳，从而造成连续短电弧对触头的磨损。欲消除弹跳，可采用调节线圈强励磁方式。通过以单片机为核心的智能控制系统，调节强励磁控制元件的导通和关断时间，从而改变吸合过程的速度，即可消除弹跳现象，这就是调节强励磁控制方案。

如图 2-53 所示，t_1 为合闸时间（选定的合闸相角），t_2 为强励磁回路导通的时间，t_3 为关断强励磁的时间，t_4 为重新触发强励磁回路导通的时间。到再次关断强励磁控制电路，接触器铁心依靠惯性完成吸合任务，将铁心之间的撞击能量降到最低，触头之间的二次弹跳便大大减少甚至完全消除。实验表明，采用上述控制方案后，在不同的电网电压下，吸合过程的动态吸力特性都可以与接触器的反力特性很好地配合，明显减少触头振动，提高接触器的机械寿命和电寿命。在运行过程中，采用智能控制可以减少接触器所消耗的功率，大幅度节能。

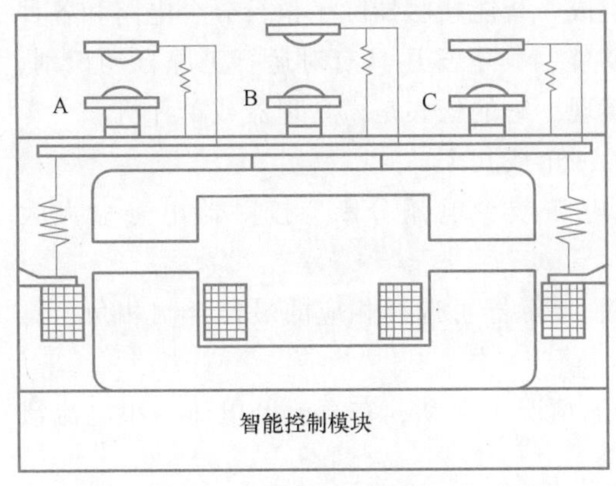

图 2-52　三相触头结构图

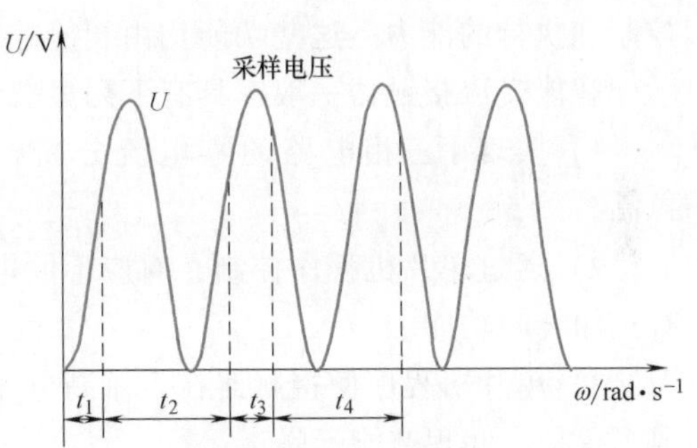

图 2-53　强励磁分段控制方案

③ 混合式通断技术。传统接触器采用晶闸管与主触头并联技术，可防止在接通时触头弹跳，实现无电弧开通，同时分断时也无电弧产生。如果线圈仍用交流励磁，铁心吸合后用交流保持，则称为混合式交流接触器，其电路如图 2-54 所示。接触器操作线圈接通之前，先依据负载功率因数选定晶闸管的触发延迟角，分别向三只晶闸管发出门极触发脉冲，使之导通。智能控制器检测晶闸管的工作状态，选择合适的时刻接通线圈，使主触头在晶闸管均处于导通状态时接通，便可实现零电压、零电流吸合，从而避免出现电弧，即无电弧接通，此

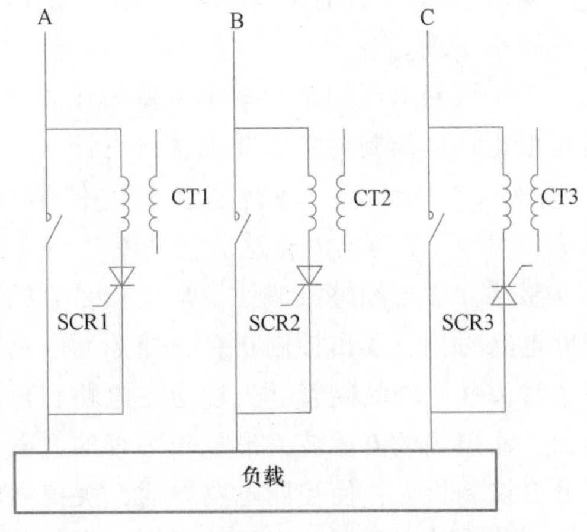

图 2-54　混合式交流接触器电路

时可使晶闸管关断，接通接触器主触头。

当主电路分断时，可参照吸合时相同的触发延迟角，接通线圈，使晶闸管同时导通，主触头可在零电压时分断，不产生电弧，然后关断晶闸管，实现无电弧分断。

智能型混合式交流接触器是综合了电力电子、计算机等技术的新电器。智能型混合式交流接触器在交流接触器的每相触头上并联一个单向晶闸管，不仅实现了无电弧接通、分断，而且可以与主控计算机双向通信。智能型混合式交流接触器的触头在图 2-51 中的第 I 相角区打开，那么 B 相电流首先过零，B 相为首开相。如果 B 相触头电弧在电流过零点熄灭，电路中的电流变为线电流 I_{CA}，I_B 的零点正好对应 I_{CA} 的峰值，即再过 5ms 时间过零，故 A、C 两相燃弧时间等于 B 相燃弧时间加上 5ms。由于在分断过程中无法确定哪一相触头首先熄灭电弧，故在传统交流接触器中，触头系统的灭弧均按首开相的电弧来考虑其灭弧能力，大幅度提高交流接触器的电寿命与操作频率，提高了工作的可靠性，是一个有效的方案。但它的缺点是：铁心吸合后，线圈保持交流供电，损耗很大。

智能型混合式交流接触器对吸合、保持和分断全过程进行动态最优控制。以 CJ20-100A 为试验样机进行的接触器 AC4 电寿命试验，试验电流为 600A，操作频率为 1200 次/h，共进行了 300000 次以上试验，整机情况良好。

（3）智能电磁式交流接触器的结构　智能电磁式交流接触器由传统电磁接触器、智能控制器、报警单元、显示单元和通信接口单元等组成。智能接触器除了执行分合电路和各种保护之外，还具有与数据总线和其他设备通信的功能，其本身还具有对运行工况自动识别、控制和执行的能力。这些功能均由智能控制器来实现，它的核心是微处理器或单片机。

智能交流接触器一般都具有下列显著特点中的一个或几个：

1）实现了三相电路的零电流分断控制，无电弧或少电弧分断，接触器电寿命大大提高。

2）通过单片机程序控制，对应不同电源电压，接触器可选择相应的最佳合闸相角，具有选相合闸功能。

3）单片机程序使接触器在直流高电压、大电流情况下起动，在直流低电压、小电流情况下保持，实现节能无噪声运行。

4）具有与主控计算机进行双向通信的功能。

5）电寿命、操作频率大大提高，工作的可靠性得到进一步改善，这些特点都由智能单元为主来实现。

由于线圈电压控制和减小电弧损耗方案很多，因此智能控制器的结构并不统一，设计人员可根据具体控制对象的要求进行设计。

图 2-55 所示为一种智能控制硬件结构，适用于调节强励磁防止触头弹跳方案。在图 2-55 中，CT 为电流互感器，交流电流经整流，再经信号调理进入微处理单元。PT1 为电压互感器，输出经整流滤波，形成较平直的电压用于强励磁。当要合闸时，处理单元在导通线圈电路时刻，发出控制指令，使控制电路导通，对线圈进行强励磁，减小弹跳；同时导通与主触头并联的晶闸管，先连通主电路，再连通主触头，实现无电弧合闸。PT2 亦为电压互感器，输出经整流滤波，形成较平直的低电压用于线圈保持吸合。当合闸完毕时，微处理单元发出控制指令，使控制电路导通，关掉强励磁电路，导通保持吸合电路，使触头保持吸合状态，减小功率消耗。当要分闸时，先切断励磁电路，线圈断电，并导通并联晶闸管，使电

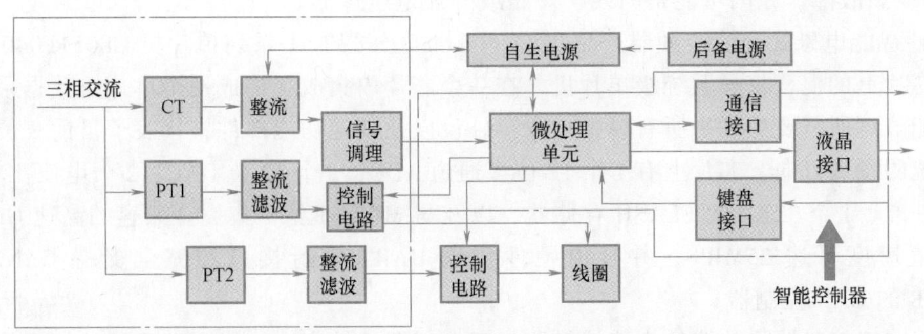

图 2-55 智能控制硬件结构

路中的电流转入晶闸管，即分断接触器主触头，分断晶闸管回路，实现无电弧分断。

在这种方案的吸合过程中，动态吸力特性可以与接触器的反力特性很好地配合，能明显减少触头振动，提高接触器的机械寿命和电寿命。在运行过程中采用智能控制器还可以减少接触器所消耗的功率，实现大幅度节能。

（4）抗干扰措施　智能接触器需要采用抗干扰措施，主要原因是智能控制器是电子装置，易于受到外界干扰，导致接触器不能按照原来设计的工作程序正常工作，可能造成接触器的误动作，打乱系统的正常工作。

外界干扰是多方面的，主要是电磁干扰。智能控制器常处于强磁场环境中，因而容易受到干扰，如电源不正常状态（过电压、欠电压、浪涌等带来的噪声）、线路布局不当传播干扰信号等，这些干扰会使单片机系统误动作。针对干扰源有效的抗干扰措施如下：

1）光电隔离：主要是防止电源的干扰。

2）接地技术：外壳接地，公共的电位参考点接地，使干扰信号不进入电子设备。

3）屏蔽技术：屏蔽层接地以解决电网干扰，可应对电磁波辐射干扰。

4）软件。

① 使用监视定时器，每隔一定时间清除计数器，而计数器按时钟脉冲做加法记数。

② 设置陷阱，引导程序片断，一旦程序落进这片区域，就将其引导到特定的处理程序上而使其恢复正常。

③ 数字滤波。单片机计算吸合电压、释放电压时采用数字滤波的方法，可以消除由于电磁干扰造成采样信号不正确导致的误动作。

（5）主要技术参数和常见故障　智能交流接触器的主要技术参数有额定绝缘电压、额定工作电流、线圈电压与频率、电寿命、机械寿命及通电持续率。它们的定义和要求与传统接触器相同，这里不再重复。

智能交流接触器的常见故障如下：

1）线圈断电后接触器不动作或动作不正常，触头打不开。原因可能是触头熔焊、反作用弹簧损坏、铁心剩磁增大或线圈未断电。

2）线圈通电后接触器不动作或动作不正常，触头不闭合。原因可能是线圈未得电、触头卡住、动铁心卡住或反作用弹簧太强。

3）电磁机构不动作，原因可能是线圈电压过低或动铁心卡住；吸合有噪声，原因可能是铁心没对准、铁心端面污垢太多或分磁环损坏。

4）线圈故障。原因可能是断线、短路或外加电压过低。

（6）智能电磁式交流接触器产品介绍　Cygnal 公司的 51 系列单片机 C8051F040 是集成在一块芯片上的混合信号系统级单片机，在一个芯片内集成了构成一个单片机数据采集或控制的智能节点所需要的几乎所有模拟、数字外设以及其他功能部件，代表了目前 8 位单片机控制系统的发展方向。芯片上有 1 个 12 位多通道 ADC、2 个 12 位 DAC、2 个电压比较器、1 个电压基准、1 个 32KB 的 FLASH 存储器，以及与 MCS-51 指令集完全兼容的高速 CIP-51 内核，峰值速度可达 25MIPS，并且由硬件实现 UART 串行接口和完全支持 CAN2.0S 和 CAN2.0B 的 CAN 控制器。

智能交流接触器将传统的交流接触器与智能仪器相结合，使线圈电压经过处理分析后再与标准数据进行对比，即可做出运行状态的判断。原理框图如图 2-56 所示。

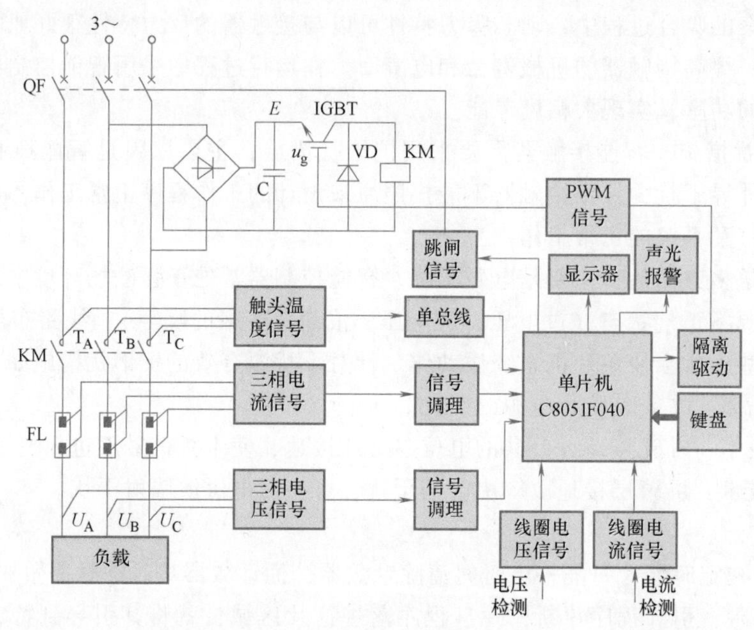

图 2-56　智能交流接触器原理框图

在图 2-56 中，QF 为低压断路器，用于分断交流电源；KM 为普通交流接触器；FL 为分流器。工频电正常时，相电压为 220V，线电压为 380V。通过对负载各相电压的监测判断，可知系统是否处于过电压、欠电压及断相运行（如某相电压为零），并做相应处理，可立即封锁 PWM 信号，使系统停止运行并给出故障信息。当系统处于欠电压状态时，可给出故障报警并显示实际电压，不立即停止系统运行，当欠电压超过允许的范围或欠电压时间超过允许的范围时再停止系统运行。通过对负载电流的监测判断，可知系统是否处于过载运行，如果过载，给出报警，若过载时间超过允许的时间，即可停止系统，并给出过载故障信息。通过对触头温度及负载端电压监测即可知道触头接触是否良好，接触电阻是否过大。若检测到负载端电压低于正常值并且触头温度过高，则给出触头接触故障报警，使工作人员在生产终止时能够进行及时检修。若系统已经发出线圈断开信号（即封锁 PWM 信号），依然能够检测到负载电流，说明主触头熔焊或者机械故障，应立即发出跳闸信号，切断前级低压断路器，防止产品报废，同时给出故障报警。

接触器线圈采用直流供电。交流电经过整流后，通过降压斩波电路加到线圈上，改变IGBT驱动信号 U_g 的脉冲宽度，即可改变线圈上的直流电压。线圈电压控制电路及其波形如图2-57所示。

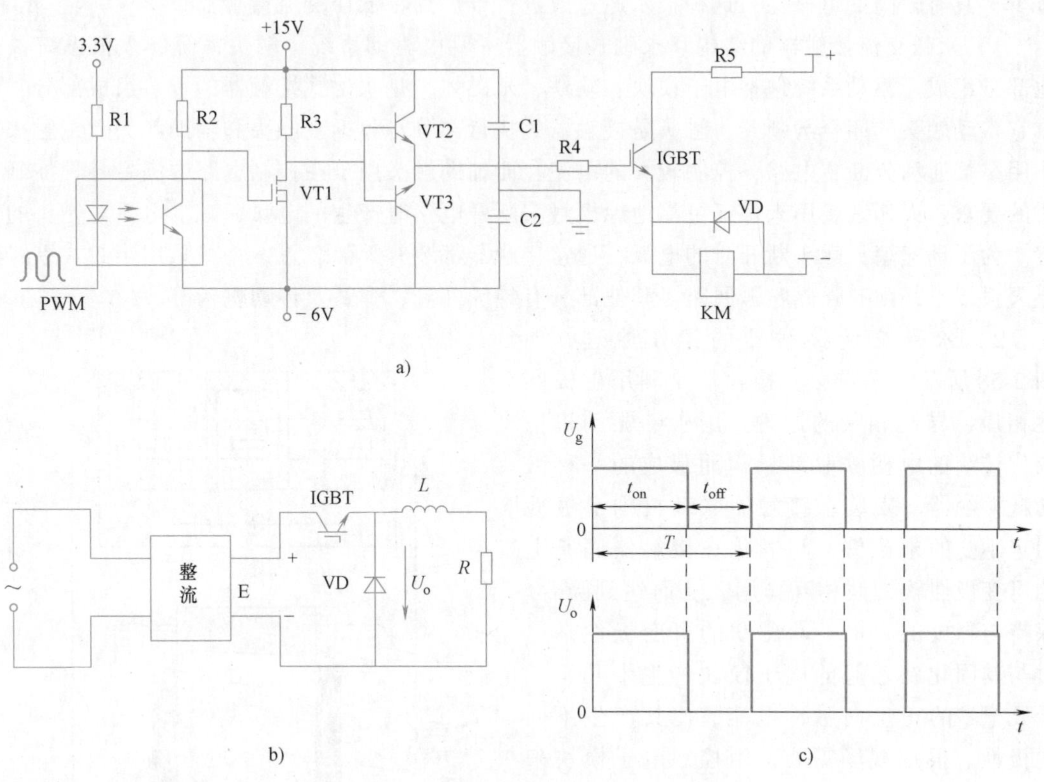

图2-57 线圈电压控制电路及其波形

a）IGBT驱动电路 b）降压斩波电路原理图 c）降压斩波电压波形图

测试成果：系统在实验室对一台CJ12-250型交流接触器进行改造试验，采用模拟试验的方式测试，相电压正常值设定为220V，当实际电压为200V时（采用DT9205型数字万用表测量），系统切断接触器，并给出欠电压故障指示，显示电压为199V；利用水温模拟触头温度，设定值为60℃，当水温达到60.5℃（采用水银温度计测量）时，系统给出声光报警，显示温度为60.0℃，故障显示为“触头接触不良”；利用小电流模拟分流器电流值，额定值设为100A，当电流达到0.11A时，系统给出过载报警，显示负载电流为105A，当继续运行时间达到10min时，系统封锁PWM信号，接触器断开，系统停止工作。经过多次测试，试验结果均与预期一致。

2. 智能永磁式接触器

（1）传统永磁式接触器　永磁式接触器是电磁式接触器的电磁操作机构被永磁机构取代得到的。永磁式交流接触器也属于一种新型接触器，具有很多优点。

20世纪80年代末，国外已经开始研究用永磁式机构取代原有的电磁机构。1997年，ABB公司研制出VM1型永磁机构的真空断路器。与传统的断路器操作机构相比，永磁机构采用了一种新的工作原理，将电磁机构与永久磁铁有机地结合起来，可以与真空灭弧室直接相连，使零部件数减到最少，无需任何机械能而通过永久磁铁产生的保持力就可使真空断路器保持在合、分闸位置上，省略了触头闭锁装置，避免合闸位置机械脱扣、锁扣给系统造成的不利因素。因而这种操作机构结构简单，零部件较弹簧机构减少了 60%，引起故障的环节少，具有较高的可靠性，这种技术通过改进，推广到了低压交流接触器。

1）永磁交流接触器的结构。永磁式接触器主要由驱动系统、触头系统、灭弧系统及其他部分组成。驱动系统包括电子模块、软铁、永磁体，是永磁式接触器的重要组成部分，依靠它带动触头的闭合与断开。触头是接触器的执行部分，包括主触头和辅助触头。主触头的作用是接通和分断主电路，控制较大的电流，而辅助触头用于在控制电路中满足各种控制方式的要求。灭弧装置用来保证可靠地熄灭触头断开电路时产生的电弧，减少电弧对触头的伤害。为了迅速熄灭触头断开时的电弧，通常接触器都装有灭弧装置，一般采用半封式纵缝陶土灭弧罩，并配有强磁吹弧回路。其他部分有绝缘外壳、弹簧及传动机构等。

2）永磁交流接触器的工作原理。如图 2-58 所示，永磁交流接触器是利用磁极同性相斥、异性相吸的原理，用永磁驱动机构取代传统的电磁铁驱动机构而形成的一种微功耗接触器。安装在接触器联动机构上极性固定不变的永磁铁，与固化在接触器底座上的可变极性软磁铁相互作用，从而达到吸合、保持与释放的目的。软磁铁的可变极性是通过与其固化在一起的电子模块产生十几至二十几毫秒的正反向脉冲电流，使其产生不同的极性。根据现场需要，用控制电子模块来控制设定的释放电压值，也可延迟一段时间再发出反向脉冲电流，达到低电压延时释放或断电延时释放的目的，使其控制的电动机免受电网晃电而跳停，从而保持生产系统的稳定。

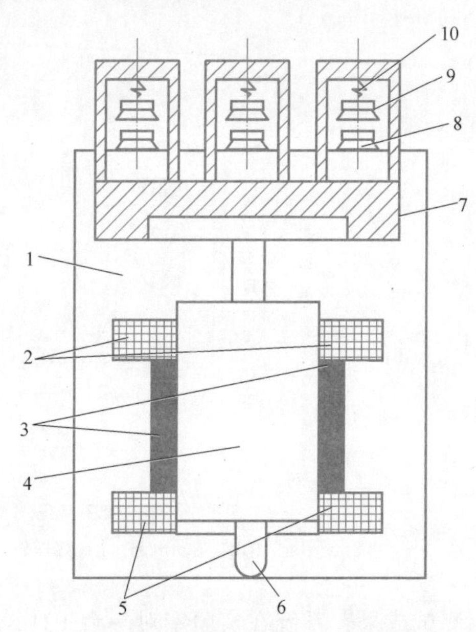

图 2-58 永磁交流接触器的结构

1—静铁心 2—分闸线圈 3—永久磁铁 4—动铁心 5—合闸线圈 6—驱动杆 7—可动骨架 8—静触头 9—动触头 10—触头弹簧

当接触器合闸时，合闸线圈通过合闸电流，产生感应磁场，该磁场对动铁心产生向上的吸引力，随着合闸电流的增大，该向上的吸引力由小变大；当合闸电流到达某一临界值时，动铁心受到的合力方向向上，开始向上运动。

当动铁心到达上部时，永久磁铁和合闸线圈两者产生的磁场将动铁心牢牢地吸附在上部。几秒钟后，合闸电流消失，永久磁铁产生的磁场将动铁心保持在上部位置。

当接触器分闸线圈得电时，分闸线圈通过分闸电流，产生感应磁场，该磁场对动铁心产生向下的吸引力，动铁心便向下运动。由于动铁心与下部的静铁心之间间隙较小，相对应的磁阻也小，而动铁心与上部的静铁心之间间隙较大，相对应的磁阻也大，所以永久磁铁形成的磁力线大部分集中在下部，从而产生很大的向下吸引力，将动铁心紧紧地吸附在下面，断电后由永久磁铁将它保持在分闸位置。

总之，因为吸合速度快（吸合时间小于 20ms），所以大大减少了触头吸合时的烧蚀；触头吸合是一次性动作；触头不振颤弹跳；接触器触头吸合后，电流控制模块将吸引线圈断电，依靠永磁力将触头保持在吸合状态，线圈不工作，因此不耗电。可见，永磁接触器优于传统电磁式交流接触器。

（2）永磁交流接触器的特点　永磁交流接触器的特点是：用永磁式驱动机构取代了电磁铁驱动机构，即利用永久磁铁与电子模块组成的控制装置，置换了电磁装置，运行中仅有电子模块微弱信号电流（0.8~1.5mA）。

1）节能。电磁接触器合闸保持是靠合闸线圈通电产生电磁力克服分闸弹簧实现的。接触器的合闸保持必须靠线圈持续不断的通电来维持。永磁交流接触器合闸保持依靠的是永磁力，不需要线圈通过电流产生电磁力，只有电子模块的 0.8~1.5mA 的工作电流，因此，可最大限度地节约电能，节电率高达 99.8%以上。

2）无噪声。电磁交流接触器合闸保持是靠线圈通电使硅钢片产生电磁力，使动、静硅钢片吸合，当电网电压不足或动、静硅钢片表面不平整或有灰尘、异物等时，就会有噪声产生。永磁交流接触器合闸保持是依靠永磁力来完成的，不会有噪声产生。

3）无温升。电磁接触器依靠线圈通电产生足够的电磁力保持吸合，线圈是由电阻和电感组成的，长期通电必然会发热；另一方面，铁心中磁通穿过也会产生热量，这些热量在接触器腔内共同作用，常使接触器线圈烧坏；同时，发热会降低主触头容量。永磁交流接触器是依靠永磁力来保持的，没有维持线圈，也没有温升。

4）触头不震颤。电磁交流接触器的吸合是靠线圈通电实现的，吸持力量跟电流、磁隙有关，当电压在合闸与分闸临界状态波动时，接触器处于似合似分的状态，会不断振动，造成触头熔焊或烧毁，烧坏电机。而永磁交流接触器的吸持完全依靠永磁力来实现，一次完成吸合，电压波动不会对永磁力产生影响，要么处于吸合状态，要么处于分闸状态，不会处于中间状态，所以不会因振颤而烧毁主触头，烧坏电机的可能性大大降低。

5）寿命长，可靠性高。接触器的寿命和可靠性主要是由线圈和触头的寿命决定的。由于电磁交流接触器在工作时线圈和铁心会发热，特别是电压、电流和磁隙增大，容易导致发热，将线圈烧毁。永磁交流接触器不存在烧毁线圈的可能，触头烧蚀主要是分闸、合闸时产生的电弧造成的。与电磁接触器相比，永磁交流接触器在合闸时，除同样有电磁力作用外，还具有永磁力的作用，因而合闸速度较电磁交流接触器快很多：经检测，永磁交流接触器合闸时间一般小于 20ms，而电磁接触器合闸时间一般在 60ms 左右。分闸时，永磁交流接触器除分闸弹簧的作用外，还具有磁极相斥力的作用，这两种作用使分闸的速度较电磁接触器快很多：经检测，永磁交流接触器分闸时间一般小于 25ms，而传统接触器分闸时间一般在 80ms 以上。此外，线圈和铁心的发热会降低主触头的容量，电压波动导致的吸力不够或震颤会使电磁接触器主触头发热、拉弧甚至熔焊。永磁交流接触器触头寿命与交流接触器触头相比，同等条件下寿命提高 3~5 倍。

6）防电磁干扰。永磁交流接触器使用的永磁体磁路是完全封闭的，在使用过程中不会受到外界电磁干扰，也不会对外界进行电磁干扰。

7）智能防晃电。控制电子模块设定的释放电压值可延迟一定时间再发出反向脉冲电流，以达到低电压延时或断电延时释放，使其控制的电机免受电网电压波动（晃电）而跳停，从而保持生产系统的稳定。尤其是装置型连续生产的企业，可减少放空和恢复生产的电、蒸汽、天然气消耗和人工费、设备损坏修理费等。

（3）智能型永磁式接触器与智能防晃　随着计算机控制技术的发展，20 世纪末开发的智能型永磁式接触器采用单片机智能控制系统制成智能控制器，配合储能电容器、电磁操动和永磁保持，实现了开关分合可靠地动作，还可实现检测、通信及显示等功能，具有结构简单、低能耗、无噪声、操动快以及智能控制等特点，使接触器又上一个新台阶。

智能型永磁式接触器分合闸主回路的开关器件使用 MOSFET 和 IGBT 等先进开关器件，交流电经整流滤波后，对电容器充电，以备分闸线圈提供所需励磁电流使用。用电阻分压的方法测量电容的电压值，当电容上的电压值低于规定值时，对电容供电。接触器的分合闸动作时间送 LED 显示，采用 RS232 异步串行通信的方式与上位机完成通信功能。

分合闸过程与一般电磁接触器相同。给吸引线圈通电，铁心产生磁场，使接触器触头从释放位置向吸合位置快速移动，达到快速吸合而无抖动，同时动触头释放储存能量向电容器充电。分闸时，电容器在吸合时储存的电能给线圈通反向电流，使动铁心与静铁心之间产生同极性磁场的相斥力，并与释放弹簧共同作用将接触器触头释放，此时释放能量大于传统电磁式交流接触器，释放速度是电磁式交流接触器 3~5 倍，有效地减少了释放触头间电弧的燃烧时间。与一般电磁接触器不同的是，其全部分合过程由智能控制系统控制，快速、准确、有效，加上检测、通信和显示等功能，应用越来越广泛。

1）智能型永磁式接触器的结构。智能型永磁式交流接触器的物理结构与传统永磁式接触器大部分相同，除驱动机构外，触头系统、灭弧系统均为传统机构。

智能型永磁式接触器的操动机构如图 2-59 所示。其操动机构分双稳态结构和单稳态结构，具有双线圈的称为双稳态结构，只具有单一线圈的称为单稳态结构。双稳态永磁机构的工作原理是：当电器处于合闸或分闸位置时，线圈无电流通过，永久磁铁利用动、静铁心提供的低阻通道将动铁心保持在上、下限位置，不需要机械联锁；当有动作信号时，合闸或分闸线圈中的电流产生磁动势，动、静铁心中的磁场由线圈产生的磁场与永久磁铁产生的磁场叠加合成，动铁心连同固定在上面的驱动杆在合成磁力的作用下，在规定的时间内以规定的

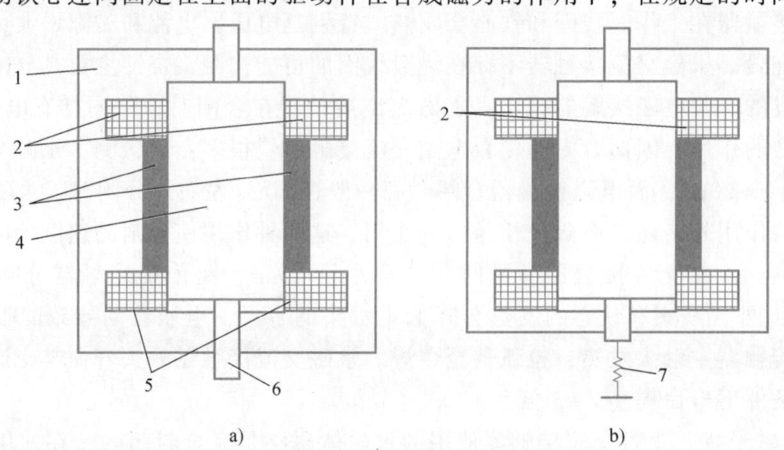

图 2-59　智能型永磁式接触器的操动机构

a）双稳态结构　b）单稳态结构

1—静铁心　2—分闸线圈　3—永久磁铁　4—动铁心　5—合闸线圈　6—驱动杆　7—分闸弹簧

速度驱动开关本体，完成分合任务。由于动铁心在行程终止的两个位置，不需要消耗任何能量就可以保持，所以称为双稳态。

单稳态和双稳态的不同在于：机构中是否设有分闸弹簧，采用单一线圈时，通过给线圈不同方向的电流来实现分合闸操作。

2）智能型永磁式接触器的基本功能。

① 较宽的工作电压范围：70%~115%。

② 合适的驱动执行机构：电力电子器件。

③ 定相分合闸。

④ 良好的吸力与反力配合。

⑤ 必要的保护和报警。

⑥ 状态可显示，参数可调（动作时间）。

3）智能型永磁式接触器的优点。智能型永磁式交流接触器的优点包括可靠性高、寿命长、节电率高、不受电网电压波动影响、无温升、无噪声以及防电磁干扰等。另外，智能型永磁式交流接触器还有防晃电功能，一般永磁式接触器没有。

防晃电功能分智能型断电延时、智能型电压跌落延时、智能型延时速断以及减压起动等。

① 智能型断电延时。智能型永磁式交流接触器在每次失电时都在设定时间范围内处于保持闭合状态，设定的时间到，工作电压不能恢复，接触器立即释放。在设定时间内，工作电压恢复到正常吸合电压值，则接触器不释放，继续保持闭合状态。

② 智能型电压跌落延时。智能型永磁式交流接触器在额定工作电压条件下工作，因为各种不同条件的影响，工作电压突然跌落到某一个电压范围时，接触器的延时控制程序开始启动。在设定的延时时间范围内，接触器处于闭合保持状态，当设定时间完成后，工作电压不能恢复，接触器立即释放。在设定时间内，工作电压恢复到正常吸合电压值，则接触器不释放。一般情况是在工作电压突然跌落到额定电压的30%时延时3s释放。

智能型跌落延时释放接触器JNYC-3F/2F（185A，220V）不管受到任何条件影响，只要工作电压突然跌落到66（1±10%）V时，接触器开始起动延时释放功能，在3s内，若工作电压不能恢复，则3s后接触器立即释放；若3s内工作电压恢复到正常吸合电压值，则接触器不释放，继续保持闭合状态。

③ 智能型延时速断。因受各种不同的条件影响，导致电压跌落或失电情况发生，使接触器跳闸，但在现场实际工作中有些生产流程既不能停电，又必须在电压正常条件下停止接触器，根据用户的要求研发了智能型延时速断永磁式交流接触器。

技术要求：在额定工作电压发生特殊情况产生失电时（非正常操作），需要接触器延时5s释放；在常规工作电压情况下要求停止接触器，则接触器立即断开。

国内生产的智能永磁式交流接触器有YDC1系列、JNYC系列、NSFC系列和ZJHC-2系列等，主要用于在交流50Hz（或60Hz）、额定电压380V（或660V）、电流至800A的电力系统中接通、分断电路和电动机控制，基本使用类别为AC-3、AC-4。这类产品特别适用于操作较频繁、寿命长、通断能力强、无声节能、无弧或少弧的场所；具有新型动作机构（电磁系统），能实现对刚分速度、弧根停滞时间、触头弹跳、电弧等离子体输运过程、电极材料侵蚀等一系列电弧参数的干预及控制。永磁式交流接触器具有成本低、结构新、寿命长、操作频繁、通断能力强，实现与主计算机双向通信等功能，具有过电压、欠电压保护功能，产品技术性达到当代国际同类产品先进水平。

任务 2-3 交流电动机连续运行

任务导入

某泵站安装有水泵一台，电动机参数如下：额定功率为 18.5kW，额定电压为交流 380V，额定电流为 35A，额定转速为 1440r/min，功率因数为 0.85。

工作任务：用控制箱实现对水泵电动机的连续运行控制。

具体内容：控制箱安装于配电室内，操作地采用水泵附近就地操作，水泵运转过程无人值守；需要实现的保护功能是：短路保护、过载保护、欠电压（失电压）保护。要求画出电气原理图及安装图，并在训练网孔板上完成电器安装。

任务分析

电动机的连续运行控制是一种最常见的控制方式，在工业现场，大部分电动机都采用这种控制方式。这种控制方式的特点是：原理简单、实用，是其他控制方式的基础。

连续运行控制是指按下起动按钮，电动机就运转；松开起动按钮后，电动机仍然保持运转的控制方式。由于它是连续工作的，为避免过载或断相烧毁电动机，必须采用过载保护。

本任务学习的内容是最基本的继电接触器控制系统，即通过继电接触器的硬导线连接逻辑来实现相应的控制。由此，要建立主电路和控制电路的概念，建立电气控制逻辑的概念，并逐步掌握控制逻辑动作过程的分析方法及基本原则。另外，对现场设备所需要的保护以及各种保护方法的目的和实现方案进行初步了解与掌握。

任务实施

一、基本方案

1）任务要求：控制对象为一台电动机，电动机可以连续运转。经分析可以看出：电气基本控制电路应采用起停控制方式及远程控制。另外，需提供主电路和控制电路的短路保护、电动机过载保护和电路失电压（欠电压）保护。

2）基本控制方式确定：以接触器为核心构成连续控制电路。

3）主令电器：起动按钮（常开）、停止按钮（常闭）各 1 只。

4）控制电器：主电路短路保护熔断器 3 只，控制电路短路保护熔断器 2 只，主电路开合断路器 1 只，交流接触器 1 只，过载保护热继电器 1 只，主电路接线端子 1 组，控制电路接线端子 1 组。

二、相关知识

（一）热继电器

1. 继电器的基本知识

（1）继电器的定义　继电器是一种根据外界输入信号（电信号或非电信号）来控制电路接通或断开的自动电器，主要用于电路的控制、保护或信号的转换等。常见的继电器外形如图 2-60 所示。

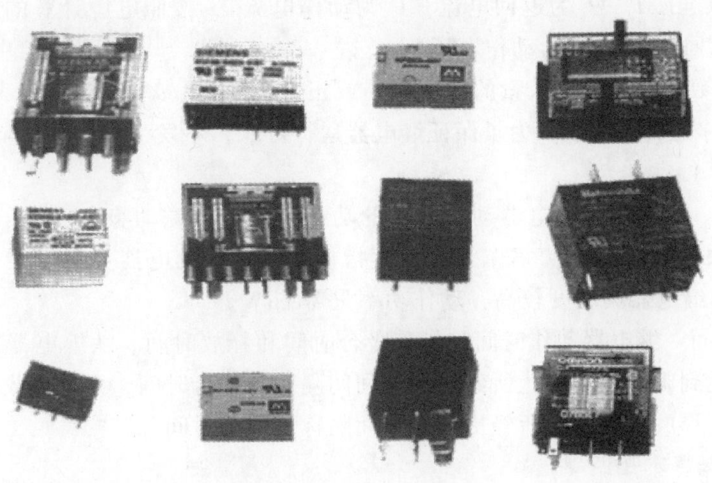

图 2-60　继电器外形

继电器是一种电气控制器件，它具有输入电路（通常由感应元件组成）和输出电路（通常指执行元件），当感应元件中的输入信号电量（如电压、电流等）或非电量（温度、时间、速度、压力等）的变化达到某一规（整）定值时继电器动作，执行元件便接通或断开小电流（一般小于 5A）控制电路的自动控制电器。它是用较小的电流去控制较大电流的一种“自动开关”，因其通断的电流小，所以继电器不安装灭弧装置，触头结构简单。继电器主要在电路中起自动调节、安全保护和转换电路的作用，故在电力系统和自动控制系统中得到了广泛应用。继电特性如图 2-61 所示。

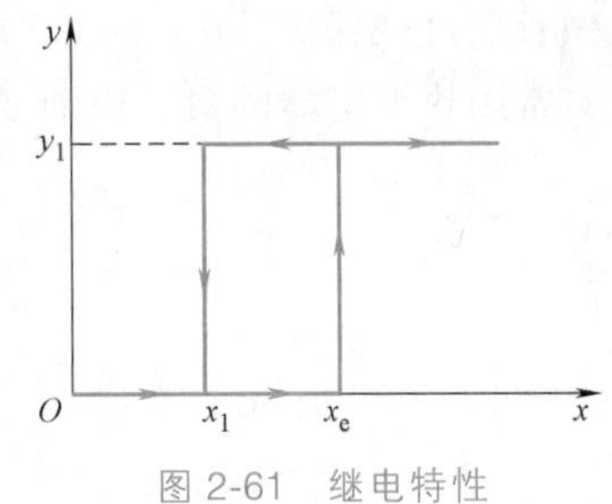

图 2-61　继电特性

（2）继电器的分类　继电器种类繁多，应用广泛。具体分类如下：

1）按用途不同，分为控制继电器和保护继电器。

2）按输入信号不同，分为电气量继电器（如电流继电器、电压继电器等）及非电气量继电器（如时间继电器、热继电器、温度继电器、压力继电器及速度继电器等）两大类。

3）按工作原理，分为电磁式继电器、感应式继电器、热继电器、机械式继电器、电动式继电器和电子式继电器等。

4）按动作时间，分为瞬时继电器（动作时间小于 0. 05s）和延时继电器（动作时间大于 0. 15s）。

5）按输出形式的不同，分为有触头继电器和无触头继电器。

（3）技术参数

1）额定参数。它是指输入量的额定值、触头的额定电压和额定电流、额定工作制、触头的通断能力、继电器的机械和电寿命等，与接触器基本相同。

2）运动参数与整定参数。输入量的动作值和返回值统称为动作参数，如吸合电压（电流）和释放电压（电流）、动作温度和返回温度等。可以调整的动作参数则称为整定参数。

返回系数 K_f 是指继电器的返回值 X_f 与动作值 X_e 的比值，即 $K_f = X_f/X_e$。按照电流计算的返回系数为 $K_f = I_f/I_e$（I_f 为返回电流，I_e 为动作电流），按照电压计算的返回系数为 $K_f = U_f/U_e$（U_f 为返回电压，U_e 为动作电压）。

3）储备系数。继电器输入量的额定值（或正常工作量）X_n 与动作值 X_e 的比值称为储备系数 K_s，亦称为安全系数。为了保证继电器运行可靠，不发生误动作，储备系数 K_s 必须大于 1，一般为 1.5~4。

4）灵敏度。它是指使继电器动作所需的功率（或线圈磁动势）。为了便于比较，有时以每对常开触头所需的动作功率作为灵敏度指标。电磁式继电器灵敏度较低，动作功率达 0.01W；半导体继电器灵敏度较高，动作功率只需 1μW。

5）动作时间。继电器动作时间是指其吸合时间和释放时间。从继电器接收控制信号起到所有触头都达到工作状态为止所经历的时间间隔称为吸合时间，而从接收控制信号起到所有触头都恢复到释放状态为止所经历的时间间隔称为释放时间。

2. 热继电器基本知识

热继电器是利用电流通过发热元件时所产生的热量使双金属片受热弯曲而推动触头动作的保护电器，它主要应用于电动机的过载保护、断相保护以及电流不平衡运行保护，也可用于其他电气设备的发热状态控制中。

热继电器的使用是将热元件串联到主电路中以检测主电路电流，然后用其触头去控制接触器的线圈。热继电器的保护是靠热积累效应完成的，因而其动作时间必须有延迟，所以只能做长期过载保护。

常用热继电器的命名规则如图 2-62 所示。

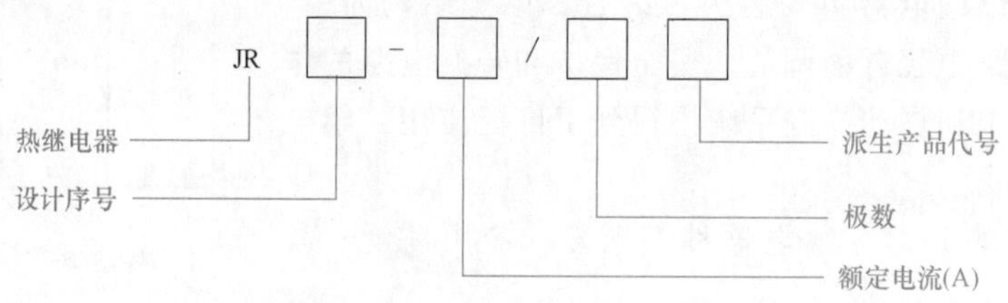

图 2-62　热继电器的命名规则

常用热继电器的外观如图 2-63 所示。

3. 热继电器的结构和工作原理

（1）热继电器的结构　热继电器的结构由发热元件、双金属片、触头系统和传动机构等部分组成，有两相结构和三相结构之分。三相结构热继电器又可分为带断相保护和不带断相保护两种。图 2-64 所示为热继电器的结构示意图（图中热继电器无断相保护功能）。

1）发热元件。发热元件由电阻丝制成，使用时它与主电路串联（或通过电流互感器）；

图 2-63 常用热继电器的外观

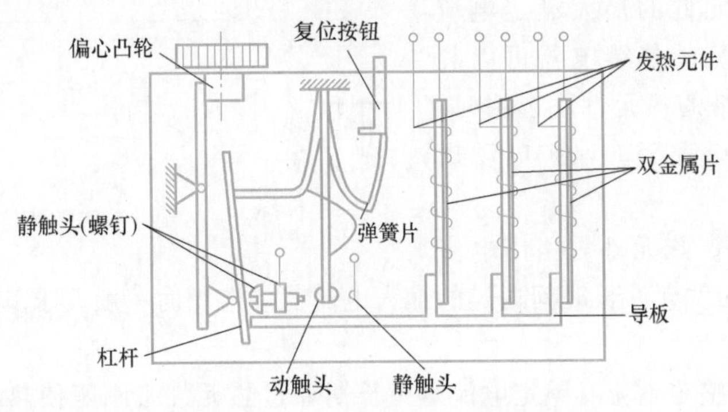

图 2-64 热继电器的结构示意图

当电流通过热元件时，热元件对双金属片进行加热，使双金属片受热弯曲。

2）双金属片。双金属片是热继电器的核心部件，由两种热膨胀系数不同的合金材料辗压而成，当它受热膨胀时，会因膨胀系数不同而向膨胀系数小的一侧弯曲。

3）传动机构和触头。传动机构的作用是提高热继电器触头动作的灵敏性，并完成信号的输出。由热继电器的结构可以看出，发热元件弯曲变形推动导板，当导板移动到一定程度时会使弹簧片构成的机械机构快速动作，带动触头动作，避免了小的机械位移无限迫近状态的出现。

（2）热继电器的工作原理　电动机工作时，其工作电流（或经电流互感器变换后的二次电流）将流过热继电器的热元件。当电动机电流未超过额定电流时，双金属片自由端弯曲的程度（位移）不足以触及动作机构，因此热继电器不会工作；当电流超过额定电流时，双金属片自由端弯曲的位移将随着时间的积累而增加，最终触及动作机构而使热继电器动作。双金属片弯曲的速度与电流大小有关，电流越大，弯曲的速度越快，动作时间就越短，反之，时间就越长，这种特性称为反时限特性。只要热继电器的整定位置调整恰当，就可以使电动机在温度超过允许值之前停止运转，避免因温度过高而造成损坏。

具有断相保护功能的热继电器在机械机构中采用了差分放大机构，使电动机在断相运行时可以在更小的电流下使机械机构动作，其结构如图 2-64 所示。

差分放大机构的工作原理如图 2-65 所示，当电动机正常运行时，三相双金属片均匀加热，使整个差动放大机构向左移动，动作不能被放大；当电动机断相运行时，由于内导板被未加热的双金属片卡住而不能移动，外导板在另两相双金属片的驱动下向左移动，使杠杆绕支点转动，将移动信号放大，热继电器动作加速，动作电流更小。

4. 热继电器的参数及选用

(1) 热继电器的参数　热继电器的主要参数有额定电压、额定电流、相数和热元件编号等。

1) 额定电压。热继电器的额定电压是指触头的电压值，选用时要求额定电压大于或等于触头所在电路的额定电压。

2) 额定电流。热继电器的额定电流是指允许装入的热元件的最大额定电流值。每一种额定电流的热继电器可以装入几种不同电流规格的热元件。选用时，要求额定电流大于或等于被保护电动机的额定电流。

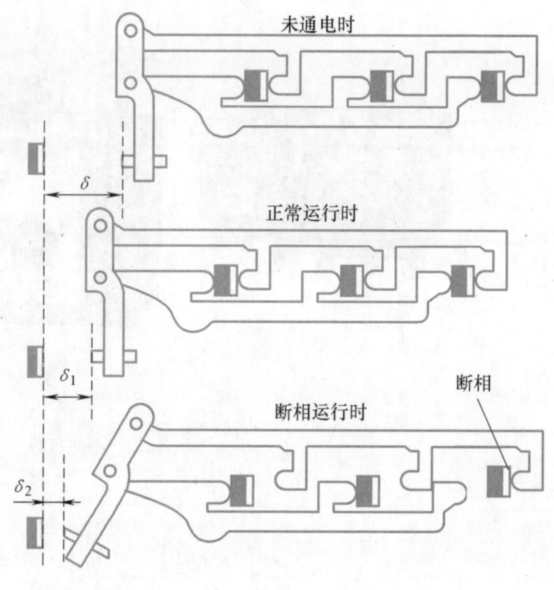

图 2-65　差分放大机构的工作原理

3) 热元件规格。热元件规格用电流值表示，它是指热元件允许长时间通过的最大电流值。选用时一般要求其电流规格小于或等于热继电器的额定电流。

4) 热继电器的整定电流。整定电流是指长期通过热元件又刚好使热继电器不动作的最大电流值。热继电器的整定电流要根据电动机的额定电流、工作方式等情况调整而定。一般情况下可按电动机额定电流值整定。

(2) 热继电器的选用　热继电器的选用需要考虑技术参数及结构形式等方面的问题。首先需要按照所保护电动机的工作状态及额定参数确定热继电器的额定电流和热元件的保护电流，根据以上参数，结合热继电器与接触器的连接方式确定热继电器的类型。需要注意的是，在电动机星形联结时，可选用两相或三相热元件的热继电器；在三角形联结时，则最好选用带差动保护的三相热继电器。

5. 热继电器的使用与维护

(1) 安装前检查

1) 额定电压应与线路电压一致。

2) 检查铭牌数据，确认热继电器的整定电流是否符合要求。

3) 检查热继电器的可动部分，要求动作灵活可靠。

4) 清除部件表面污垢。

(2) 运行中检查

1) 检查负载电流是否与热元件的额定值相配合，整定位是否合适。加热时电器动作是否正确。

2) 检查热继电器与外部的连接点处有无过热现象，连接导线是否满足载流要求。

3) 检查热继电器的运行环境温度有无变化，是否超出允许温度范围（-30~40℃）。

4) 检查热继电器上的绝缘盖板是否损坏，是否完整和盖好，保证有合理的温度而且动作准确。

5）检查热元件的发热丝外观是否完好，继电器内的辅助触头有无烧毛、熔接现象，机构各部件是否完好，动作是否灵活可靠。

6）在使用过程中，应定期通电校验。此外，在设备发生事故并产生巨大短路电流后，应检查热元件和双金属片有无显著的变形。若已变形，则需通电试验。因双金属片变形或其他原因致使动作不准确时，只能调整其可调部件，绝不能弯折双金属片。

7）检查热元件是否良好时，只可打开盖子从旁边察看，不得将热元件卸下。

8）热继电器的接线螺钉应拧紧，触头必须接触良好，盖板应盖好。

9）热继电器在使用中应定期用布擦净尘埃和污垢，双金属片要保持原有光泽，如果上面有锈迹，可用布蘸汽油清洗擦除，但不得用砂纸磨光。

10）检查与热继电器连接的导线的截面积是否满足电流要求，是否因发热影响热元件的正常工作。

（3）维护使用

1）热继电器安装的方向应与规定方向相同，一般倾斜度不得超过5°。与其他电器装在一起时，应尽可能装在其他电器下面，以免受其他电器发热的影响。

2）安装接线时，应检查接线是否正确，与热继电器连接的导线截面积应满足负载要求。安装螺钉不得松动，防止因发热影响元件正常动作。

3）不能自行变动热元件的安装位置，以保证动作间隙的正确性。

4）动作机构应正常可靠，脱扣按钮应灵活，调整部件不得松动。若有松动，应重新进行调整试验并紧固，对于机械调整的热继电器，应检查其刻度是否对准需要的刻度值。

5）检查热元件是否良好，只能打开盖子从旁边察看，不得将热元件卸下。若必须卸下，装好后应重新通电试验。

6）检查热继电器热元件的额定电流值或刻度盘上的刻度是否与电动机的额定电流值相符。若不相符，应更换热元件，并进行调整试验，或转动刻度盘的刻度达到符合要求。

7）由于热继电器具有很大的热惯性，因此不能作为线路的短路保护，短路保护必须另装熔断器。

8）使用保护性能完善的新系列热继电器作电动机的过载保护，不仅具有一般热继电器的保护特性，还具有当三相电动机发生一相断线或三相电流严重不平衡时，可及时对电动机进行断相保护的功能。

9）使用中应定期用布擦净尘埃和污垢，双金属片要保持原有金属光泽。若上面有锈迹，用布蘸汽油轻轻擦除，不得用砂纸磨光。

10）在使用过程中，每年应进行一次通电校验，当设备发生事故并产生巨大短路电流后，应检查热元件和金属片有无显著的变形；若已产生变形，或怀疑可能有变形而又不能准确判断时，必须进行通电试验。若因双金属片变形或其他原因使动作不准确时，应更换部件。

6. 故障分析与处理

运行中的热继电器故障现象多种多样，可根据运行情况进行判断。

（1）热继电器接入后主电路或控制电路不通。

1）热元件烧断或热元件进出线头脱焊。热继电器接入后主电路不通，可用万用表电阻档进行测量，也可打开盖子检查，但不得随意卸下热元件。可对脱焊的线头重新焊牢，若热元件烧断，应更换同样规格的热元件。

2）转动电流调节凸轮（或调节螺钉）转不到合适的位置上使常开触头断开。可打开盖子，观察动作机构，调节凸轮并将其调到合适的位置上。若常开触头烧坏或脱扣弹簧、支持杆弹簧弹性消失，也会使常开触头不能接通，造成热继电器接入后控制电路不通，应更换触头及相应的弹簧。

3）热继电器的主电路或控制电路中接线螺钉松动，运行过程中可能出现松脱，也会造成电路不通。可检查接线螺钉，紧固即可。

（2）热继电器误动作　热继电器误动作指的是电动机还未过载就动作，使电动机不能正常运行。其原因有电动机起动频繁，热元件频繁地受到起动电流的冲击，造成热继电器误动作。解决方式可采用限制电动机的频繁起动或改用热敏电阻温度继电器。

1）电动机起动时间过长使热元件长时间通过起动电流，造成热继电器误动作。可按电动机起动时间的要求，从控制电路上采取措施，如采用在起动过程中短接热继电器，起动运行后再接入的方法。

2）热继电器电流调节刻度有误差（偏小）造成的误动作。应合理调整，方法是：将调节电流凸轮调向大电流方向，起动电动机，正常运行 1h 后，将调节电流凸轮向小电流方向缓慢调节至热继电器动作，再把调节凸轮向大电流方向稍做适当旋转即可。

3）电动机负载剧增，使过大的电流通过热元件。应排除电动机负载剧增导致的故障。

4）热继电器调整部件松动，使热元件整定电流变小，也会造成热继电器误动作。应拆开后盖，检查动作机构及部件并紧固，再重新调整。

5）热继电器安装处的环境温度与电动机所处的环境温度相差过大。应加强安装处的通风散热，使运行环境温度符合要求。

6）连接导线过细，接线端接触不良使触头发热，导致热继电器误动作。应合理选择导线，保证接触良好。

（3）热继电器不动作导致电动机损坏

1）热继电器尚未动作。热继电器调节刻度有误差（偏大），或者调整部件松动引起整定电流偏大。当电动机过载运行时，负载电流虽能使热元件温度升高，双金属片弯曲，但不足以推动导板和温度补偿双金属片，使电动机长时间过载运行而烧毁。应进行修复及调整。

2）动作机构卡住，导板脱出。应打开盖子，检查动作机构，放入导板，并使动作机构动作灵活。热元件通过短路电流后，双金属片会产生永久性变形，当电动机过载时，热继电器无法动作，导致电动机烧坏。应更换双金属片并重新进行调整。

3）热继电器经修理后，将双金属片反向安装，或双金属片及热元件用错，使过电流通过热元件后，双金属片不能推动导板，电动机因过载运行而烧坏。应检查双金属片的安装方向，或更换合适的双金属片及热元件。

三、交流电动机连续运行设计

（一）基本控制电路

1. 接触器自锁正转控制电路

起保停控制的控制电路如图 2-66 所示。当按下按钮 SB1 时，SB1 常开触头接通，因按钮 SB2 常闭触头导通，接触器 KM 线圈得电，接触器 KM 主触头动作闭合，接通主电路，其辅助触头 KM 闭合实现自锁；按钮 SB1 释放后，因辅助触头 KM 自锁维持其线圈的得电状态，接触器 KM 继续保持通电动作状态，负载继续运行；按下按钮 SB2，SB2 常闭触头断开，接触器 KM 线圈回路断电，接触器 KM 主触头释放，负载停止运行。按钮 SB2 释放后，因按钮 SB1 与接触器 KM 辅助触头均处于断开状态，接触器 KM 不会自行得电。

在这种控制逻辑中，接触器的工作状态的维持是通过其自身常开辅助触头实现的，这种方式称为接触器自锁，这种控制逻辑又称起保停控制。

接触器自锁控制电路不但能使电动机连续运转，还具有欠电压和失电压（或零电压）保护作用。

2. 具有过载保护的接触器自锁控制电路

具有过载保护的接触器自锁控制电路图如图 2-67 所示，请读者自行分析。

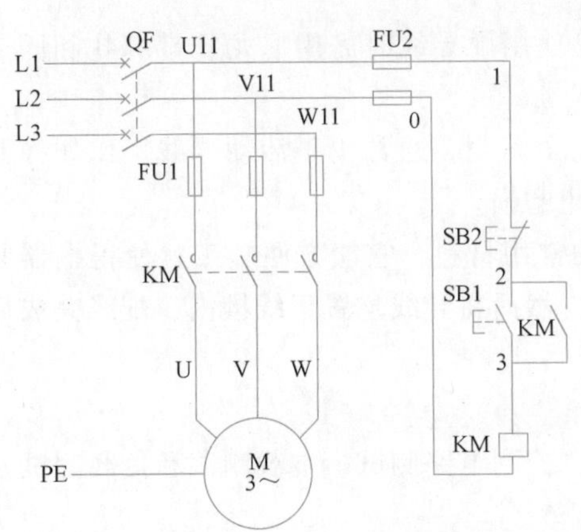

图 2-66 起保停控制电路图

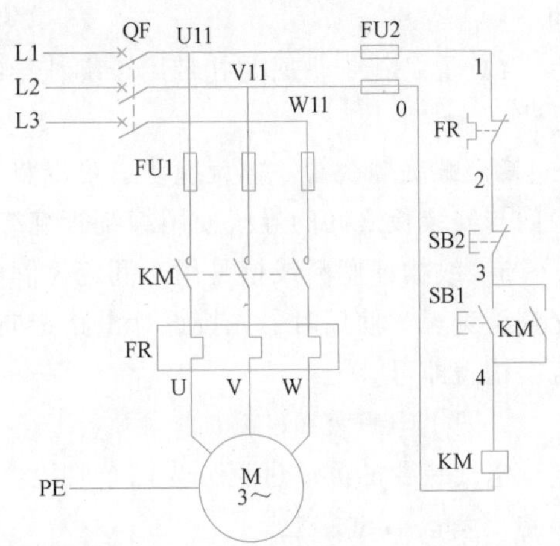

图 2-67 具有过载保护的接触器自锁控制电路图

（二）控制电路配线知识

电气控制系统的控制电路部分的特点是容量小、线路复杂，因而，在安装和布线中是尤其需要注意的地方。

1. 导线的选择

控制电路导线用于传输信号，而不是功率，因而其载流量要求不高，通常情况下，选用 $1\sim1.5mm^2$ 的硬铜线或软铜线即可。使用硬铜线或软铜线的基本原则是：固定的明装线尽量选用硬铜线，使用线槽或线路极其复杂时使用软铜线，活动的导线一定使用软铜线。对不同分类的线可以用不同颜色区分，如相线用红色、中性线用黑色等。

2. 配线注意事项

与主电路比较，控制电路功率小但复杂，因而在配线中除要遵守基本配线规则外，还应注意以下几点：

1）控制电路的接线点往往强度较小，故需选用合适的工具对导线压紧，并注意力度要适当，以防损坏元器件的接线端。

2）使用软导线时必须使用压接端头，防止导线松脱。

3）导线要理顺规整，不能绞结，为将来的设备检查和故障处理提供方便。

4）活动导线需使用软导线且通过端子过渡，如控制柜柜门与控制板之间的导线。

5）注意导线的连接点分配，减少导线的往复。

3. 配线技巧

控制电路的配线更能反映施工人员的工作能力。在没有进行布线图设计直接配线的操作中，更需注意配线的顺序和技巧。

1）配线前须认真分析电气原理图，对电器的工作原理了然于胸。

2）认真核对元器件的安装位置与原理图的对应关系。

3）配线前基本确定电路的走向，确定每条导线的起始点。

4）按原理图顺序配线，防止遗漏。

4. 配线辅助材料

控制电路导线数量较大，通常需要对其进行整理，以确保美观和可靠。常用的辅助材料如下：

1）尼龙扎带。尼龙扎带用于绑扎导线，尤其是使用硬导线时需用尼龙扎带绑扎和固定导线。

2）螺旋缠绕管。螺旋缠绕管可以将一组导线完全缠绕，通常用于活动导线。比如控制柜门与安装板之间的导线使用缠绕管缠绕后可以防止磨损。

3）线槽。塑料线槽是用于固定控制电路配线的常用材料，它能方便施工且使得电器装配整洁美观。使用时，先按设计电路走向安装线槽，然后将导线均置于线槽内，配线完成后盖上槽盖即可。

（三）电气装置的测试

电气装置的测试过程分为四个阶段：静态测试、控制电路测试、空载测试和负载测试。

1. 静态测试

静态测试在主电路和控制电路均不送电的条件下进行，主要检查配线的正确性及牢固性。需要进行的工作如下：

1）目测检查线路是否有线端压接松动或接触不良。

2）用万用表电阻档检查各连接点是否正确。按照电路原理图的顺序，用万用表电阻档检查每条接线的两端，看是否有接线错误或导线断开等。

3）用万用表电阻档检查基本电路逻辑。逻辑测量的基础是对电路原理图的正确理解。只有在理解正确的基础上，才能决定采用什么样的操作来检查电路以及正确的结果应当是什么。常用的检查方法如下：

① 用万用表电阻档测量控制电路电源进线之间的电阻，在没有接通的情况下应为无穷大，否则就应检查。实际测量状态需根据电路的实际判断，要从原理上分析清楚每次测量的正确结果应该是怎样的。

② 按下起动按钮，测量控制电路电阻。正常时应该为线圈的直流电阻值，若为零，则控制电路中存在短路点；若仍为无穷大，则控制电路中存在开路点。

③ 确定按下起动按钮正确后，再按下停止按钮，则万用表测量阻值应恢复无穷大。

④ 按下接触器触头使接触器的辅助触头动作，可以测试自锁回路是否正常。

2. 控制电路测试

在静态测试正常后，可进行控制电路测试，主要检查控制电路电器动作的可靠性，同时检查电路逻辑设计是否正确。基本步骤如下：

1）断开主电路电源，接通控制电路电源。

2）按照原理图操作相应的主令电器，观察电器动作是否与设计动作一致。

3）动作不一致时先检查接线是否错误，再进一步分析是否有电路逻辑设计错误。

3. 空载测试

空载测试的目的是测试电器主电路接线的可靠性，防止电源断相等对负载有较大危害的故障存在。

接通主电路和控制电路电源，去除负载。操作相关主令电器使电器动作，用万用表电压档检查各出线点电压是否正常。

4. 负载测试

接上负载，接通电源。操作电器装置动作，检查负载电流、负载电压等。

（四）带过载保护的接触器自锁控制电路及其元器件选型

电动机额定电流为 35A，据此选择元件型号如下：

1）QF：主电路断路器 DZ5-20/330，380V，20A，整定 10A。

2）KM：接触器 CJ20-40，线圈电压，交流 380V。

3）FR：热继电器 JR36-63，热元件，45A。

4）SB1：起动按钮 LA19-11，绿色。

5）SB2：停止按钮 LA19-11，红色。

6）XT1：主电路端子。

7）XT2：控制电路端子。

电路原理图如图 2-67 所示。

（五）布置图和接线图

接线图如图 2-68 所示，元器件布置图如图 2-69 所示。

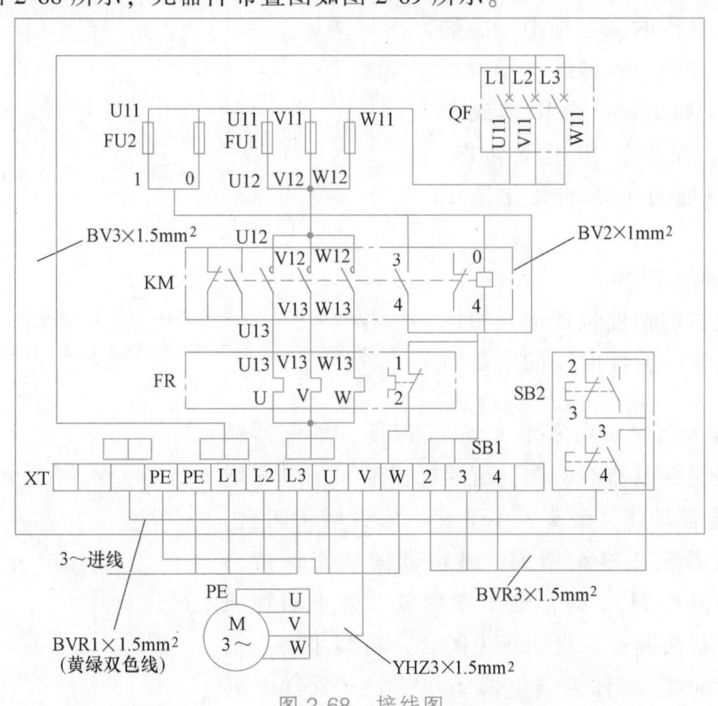

图 2-68 接线图

（六）安装及布线

主电路导线采用 BV1.5mm²，控制电路导线采用 BV1mm² 或 BVR1mm²。

因电路较简单，控制电路可采用硬导线布线，用尼龙扎带绑扎固定；也可用软导线布线，使用线槽板。

外接按钮也可选用组合按钮。

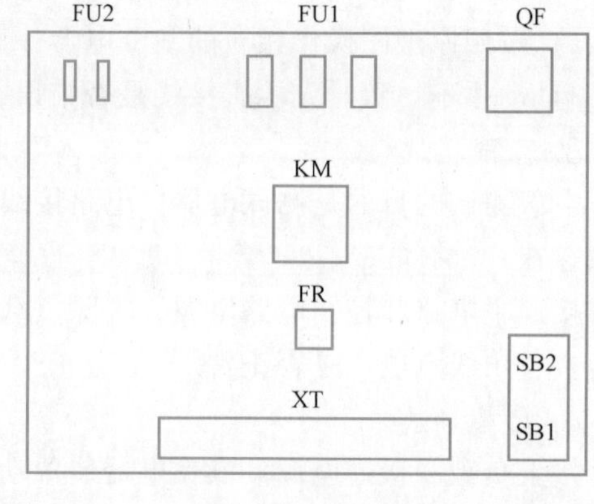

图 2-69 元器件布置图

一、电磁式继电器

1. 电磁式继电器的结构

电磁式继电器由铁心、衔铁、线圈、反力弹簧和触头等部件组成，如图 2-70 所示。在该电磁系统中，铁心和铁轭为一体，减少了非工作气隙；极靴为一圆环，套在铁心端部；衔铁制成板状，绕棱角（或转轴）转动；线圈不通电时，衔铁靠反力弹簧的作用打开；衔铁上垫有非磁性垫片。常用的电磁式继电器有交流和直流之分，它们是在上述继电器的铁心上装设不同线圈构成的。而直流电磁式继电器再加装铜套可构成电磁式时间继电器，且只能直流断电延时动作。结构的差异决定了其性能特征和用途的不同。继电器的触头额定电流小于 5A 时，一般用于控制小电流的控制电路中，可不加灭弧装置；而接触器主触头的额定电流大于 5A 时，一般用于控制大电流的主电路中，需加灭弧装置。另一方面，各种继电器可以在对应的电量（如电流、电压）或非电量（如速度、温度）作用下动作，而接触器一般只能对电压的变化做出反应。

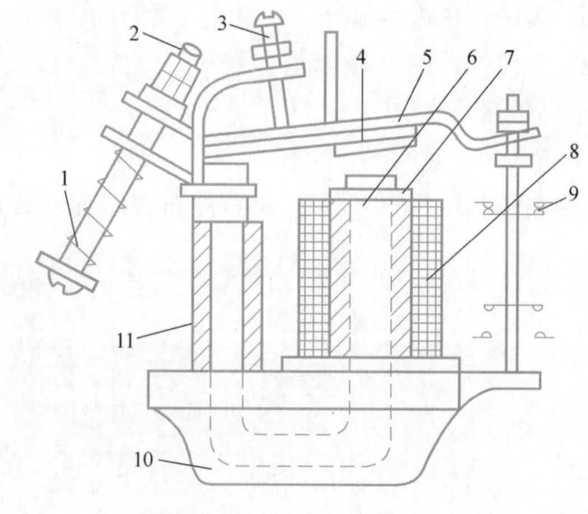

图 2-70 电磁式继电器的典型结构

1—反力弹簧 2、3—调整螺钉 4—非磁性垫片 5—衔铁 6—铁心 7—极靴 8—电磁线圈 9—触头系统 10—底座 11—铜套

2. 电磁式继电器的特性

电磁式继电器的特性包括输入特性和输出特性，具体的特性曲线如图 2-71 所示。

当继电器输入信号 x 由零增大到 x_2 以前，继电器输出为零，也就是说继电器不动作；当继电器输入信号 x 增大到 x_2 时，继电器动作，触头发生变化，常开触头闭合，常闭触头断开；若输入继续增大，继电器的状态保持不变。当输入信号减小到 x_1 时，继电器释放，触头回到原始状态，即常开触头断开，常闭触头闭合，再减小输入信号至零保持。此时把 x_2 称为继电器动作值，又称继电器

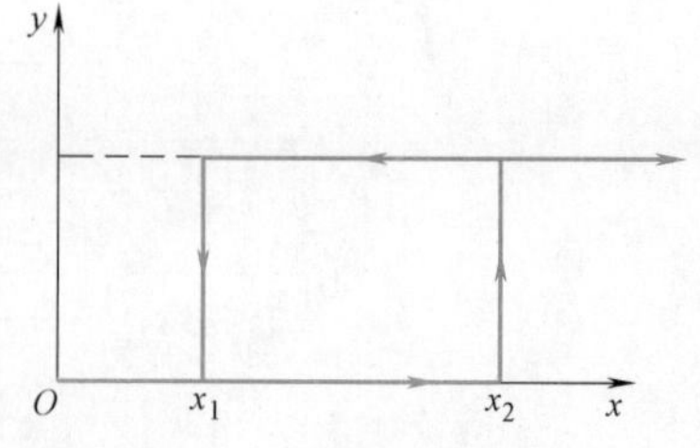

图 2-71 电磁式继电器的输入特性和输出特性曲线

吸合值，x_1 称为返回值，又称继电器释放值。一般情况下，$x_1<x_2$，把 $k=x_1/x_2$ 称为继电器的返回系数，是继电器的一个重要参数。

造成动作值和返回值不等的原因是铁磁性材料在反复磁化的过程中存在磁滞的问题，即磁感应强度和磁场强度不同步的问题，在磁化时存在剩磁和矫顽力，结果使 x_1 和 x_2 不等。

返回系数的调整方法有如下几种：

1）通过调节弹簧的松紧程度，拧紧时 k 值增大，放松时 k 值减小。

2）改变铁心与衔铁之间的距离。

3）改变铁心与衔铁间非磁性垫片的厚度。

4）改变线圈的匝数或者改变线圈的连接方式。

总之，改变继电器的动作值的方法很多，对继电器来说主要是通过磁路的欧姆定律来实现的。磁路的欧姆定律为 $\phi=\frac{IN}{R_m}$，磁通等于磁动势与磁阻之比，即通过改变磁阻和磁动势来实现。改变磁阻的方法有改变磁路的长度和磁导率，一般常用改变气隙的大小和导磁垫片的厚度的方法；改变磁动势的方法一般为改变线圈的匝数和串并联关系。

对于 k 的调整，要看不同的场合和用途，一般继电器要求 k 值较低，数值可设为 0.1~0.4，这样在输入信号波动时不至于使继电器误动作，提高抗干扰性能；对于欠电压继电器，则要求有较高的返回系数，可设在 0.6 以上。

继电器的另两个参数是吸合时间和释放时间。吸合时间是指线圈接收输入信号到衔铁完全吸合所需的时间，释放时间是指线圈输入信号消失后衔铁完全释放所需的时间。

一般继电器的吸合与释放时间为 0.05~0.15s，快速继电器为 0.005~0.05s，其大小影响继电器的操作频率。

电磁式继电器根据电气量又分为电磁式电流继电器和电磁式电压继电器，如图 2-72 所示。

a)　　b)　　c)

图 2-72　电磁式继电器

a）过电流继电器　b）欠电流继电器　c）电压继电器

3. 电磁式电流继电器

根据线圈电流大小而动作的继电器称为电流继电器。这种继电器线圈的导线粗，匝数少，与被测量的电路串联，按用途可分为过电流继电器和欠电流继电器。

（1）过电流继电器　过电流继电器是指线圈电流高于某一整定值时动作的继电器。过电流继电器的常闭触头串联在接触器的线圈电路中，常开触头一般用作过电流继电器的自锁和接通指示灯电路。过电流继电器在电路正常工作时衔铁不吸合，只有当电流超过某一整定值时衔铁才吸合（动作），于是它的常闭触头断开，切断接触器线圈电路，使接触器的常开主触头断开所控制的主电路，进而使所控制的设备脱离电源，起过电流保护作用。同时，过电流继电器的常开触头闭合以实现自锁或接通指示灯电路，指示产生过电流。瞬动型过电流继电器常用于电动机的短路保护，延时动作型过电流继电器常用于过载兼具有短路保护。有的过电流继电器带有手动复位机构，当产生过电流时，继电器衔铁动作后不能自动复位，只有当操作人员检查并排除故障后，通过手动松掉锁扣机构，衔铁才能在复位弹簧的作用下返回。过电流继电器整定值的整定范围为 1.1~3.5 倍额定电流。

(2) 欠电流继电器　欠电流继电器是指线圈电流低于某一整定值时动作的继电器。欠电流继电器的常开触头串联在接触器的线圈电路中。欠电流继电器的吸引电流为线圈额定电流的 30%~65%，释放电流为线圈额定电流的 10%~20%。

当电路正常工作时，衔铁是吸合的，只有当电流降低到某一整定值时，继电器释放，输出信号控制接触器断电，从而使所控制的设备脱离电源，起到欠电流保护作用。欠电流继电器主要用于直流电动机和电磁吸盘的失磁保护。

(3) 电流继电器的选用原则

1) 过电流继电器线圈的额定电流一般可按电动机长期工作的额定电流来选择，对于频繁起动的电动机，考虑起动电流在继电器中的热效应，额定电流可选大一级。

2) 过电流继电器的整定值一般为电动机额定电流的 1.7~2 倍，频繁起动场合可取 2.25~2.5 倍。

(4) 电流继电器的使用注意事项

1) 安装前先检查额定电流及整定值是否与实际要求相符。

2) 安装后应在触头不通电的情况下，使吸引线圈通电操作几次，检查继电器动作是否可靠。

3) 定期检查各部件有无松动或损坏现象，并保持触头的清洁和可靠。

4. 电磁式电压继电器

根据线圈电压大小而动作的继电器称为电压继电器。这种继电器线圈的导线细，匝数多，与被测量的电路并联。电压继电器按用途可分为过电压继电器、欠电压继电器和零电压继电器。

(1) 过电压继电器　过电压继电器是指线圈的电压高于额定电压，达到某一整定值时继电器动作，衔铁吸合，同时使常闭触头断开、常开触头闭合的一种继电器。一般动作电压为（105%~120%）U_N 以上时，对电路进行过电压保护。过电压继电器的特点是：正常工作时，线圈的电压为额定电压，继电器不动作，即衔铁不吸合。直流电路一般不会产生过电压，因此只有交流过电压继电器用于过电压保护。

(2) 欠电压继电器　在额定电压时，欠电压继电器的衔铁处于吸合状态；当吸引线圈的电压降低到某一整定值时，欠电压继电器动作（即衔铁释放），当吸引线圈的电压上升后，欠电压继电器返回到衔铁吸合状态。欠电压继电器在线圈电压为额定电压的 40%~70% 时动作，对电路实现欠电压保护。欠电压继电器常用于电力电路的欠电压和失电压保护。

(3) 零电压继电器　在线圈电压降至额定电压的 10%~35%时动作，对电路实现零电压保护。

(4) 电压继电器的选用原则　电压继电器线圈的额定电压一般可按其所在电路的额定电压来选择。

(5) 电压继电器的使用注意事项

1) 安装前先检查额定电压是否与实际要求相符。

2) 安装后应在触头不通电的情况下，使吸引线圈通电操作几次，检查继电器动作是否可靠。

3) 定期检查各部件有无松动或损坏现象，并保持触头的清洁和可靠。

5. 电磁式继电器的整定方法

继电器在使用前，应预先将它们的吸合值和释放值整定为控制系统所需要的值。电磁式继电器的整定方法如下：

1) 调节调整螺钉 2（图 2-70）上的螺母可以改变反力弹簧 1 的松紧度，从而调节吸合电流（或电压）。反力弹簧调得越紧，吸合电流（或电压）就越大。

2) 调节调整螺钉 3 可以改变初始气隙的大小，从而调节吸合电流（或电压）。气隙越大，吸合电流（或电压）就越大。

3) 非磁性垫片的厚度可以调节释放电流（或电压）。非磁性垫片越厚，衔铁吸合后磁路的气隙和磁阻就越大，释放电流（或电压）就越大，反之越小。

电磁式继电器在选用时应使继电器线圈电压或电流满足控制电路的要求，同时还应根据控制要求来区别选择过电流继电器、欠电流继电器、过电压继电器、欠电压继电器和中间继电器等，同时要注意交流与直流之分。

6. 常用电磁式继电器的图形符号、文字符号及命令原则

电磁式继电器的一般图形符号和文字符号如图 2-73 所示。电流继电器的文字符号为 KA，线圈方格中用 $I>$（或 $I<$）表示过电流（或欠电流）继电器。电压继电器的文字符号为 KV，线圈方格中用 $U<$、$U>$（或 $U=0$）表示欠电压、过电压（或零电压）继电器。

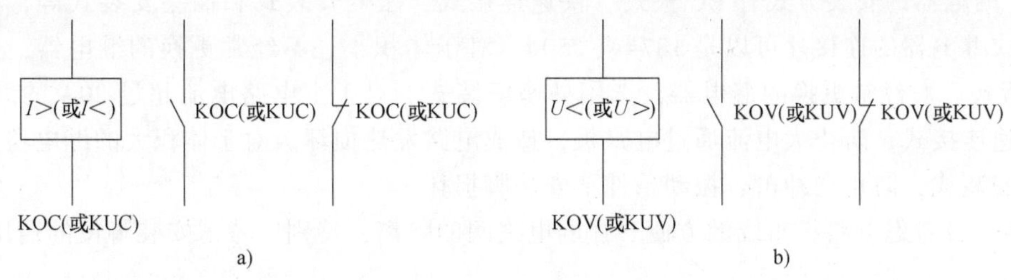

图 2-73 电磁式继电器的图形符号、文字符号

a) 过电流（或欠电流）继电器 b) 过电压（或欠电压）继电器

电流继电器的命名原则如图 2-74 所示。

电压继电器的命名原则如图 2-75 所示。

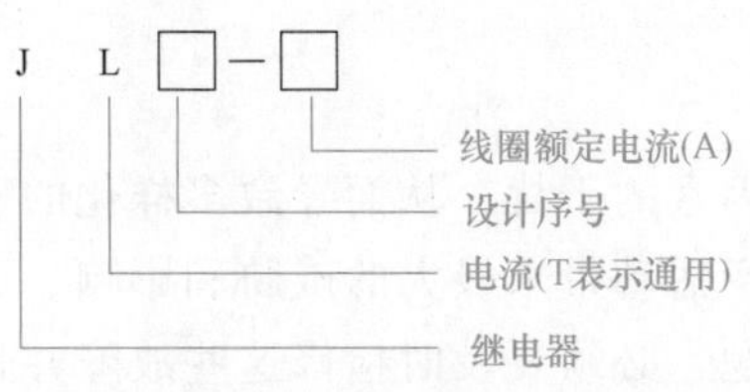

图 2-74 电流继电器的命名原则

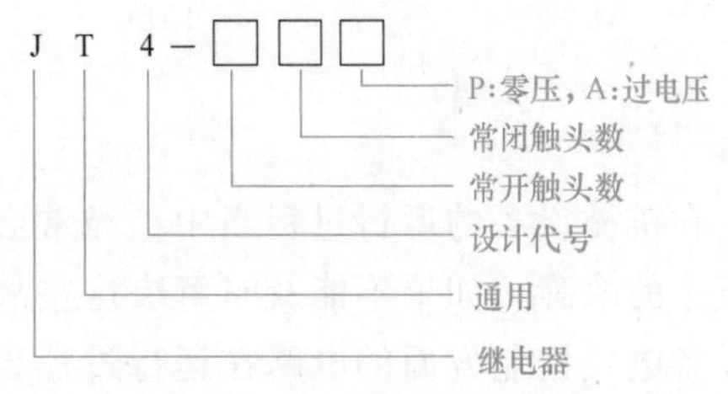

图 2-75 电压继电器的命名原则

常用的电磁式继电器有 JZC1 系列、DJ-100 系列电压继电器，J12 系列过电流延时继电器，J14 系列电流继电器以及用作直流电压、时间、欠电流和中间继电器的 JT3 系列等。

7. 电磁式继电器的主要技术参数

1）额定工作电压：指继电器正常工作时线圈所需要的电压。根据继电器的型号不同，交流电压和直流电压都可以。

2）直流电阻：指继电器中线圈的直流电阻，可以通过万用表测量。

3）吸合电流：指继电器能够产生吸合动作的最小电流。在正常使用时，给定的电流必须略大于吸合电流，以保证继电器能够稳定地工作。而对于线圈所加的工作电压，一般不能超过额定工作电压的 1.5 倍，否则会产生较大的电流而烧毁线圈。

4）释放电流：指继电器产生释放动作的最大电流。当继电器吸合状态的电流减小到一定程度时，继电器就会恢复到未通电的释放状态。这时的电流远远小于吸合电流。

5）触头切换电压和电流：指继电器允许加载的电压和电流。它决定了继电器能控制电压和电流的大小，使用时不能超过此值，否则很容易损坏继电器的触头。

8. 继电器的选用原则

继电器的外形、安装方式和安装脚位形式很多，运用时必须按整机的具体要求，考虑继电器的高度、安装面积、安装方式和安装脚位等。这是选择继电器首先要考虑的问题，一般采用以下原则：

1）满足同样负载要求的产品具有不同的外形尺寸，根据允许的安装空间，可选用高度低或安装面积小的产品。但体积小的产品有时在触头负载能力、灵敏度方面会受到一定限制。

2）继电器的安装方式有 PC 板式、快速连接式、法兰安装式和插座安装式等，其中快速连接式继电器的连接片可以是 187#或 250#。对于体积小、不经常更换的继电器，一般选用 PC 板式。对经常更换的继电器，选用插座安装式。对于主电路电流超过 20A 的继电器，选用快速连接式，防止大电流通过电路板，造成电路发热损坏。对于体积大的继电器，可选用法兰安装式，防止在冲击、振动条件下安装脚损坏。

3）一般考虑电路板布线的方便、强弱电之间的隔离，特别应考虑安装脚位的通用性。

任务 2-4　C6140 型卧式车床电气控制电路分析

任务导入

在机械设备的运行过程当中，经常会受到各种各样因素的干扰，从而导致多样化的、错综复杂的故障，如果不能及时解决这些故障，就会给生产活动带来极大的威胁和影响。而车床设备电气控制方面的电路在运行过程当中经常出现问题，必须要及时检修这些故障并且防范其再次出现。本任务通过 C6140 型车床电气控制电路原理分析、故障出现原因的分析，介绍其电气控制线路，读者应掌握电路的故障判断、检测和维修方法。

任务分析

卧式车床是一种应用极为广泛的金属切削机床，主要用来车削外圆、内圆、端面、螺纹和成形表面，并可通过尾座进行钻孔、铰孔和攻螺纹等加工。

车床的运动形式有切削运动和辅助运动，切削运动包括工件的旋转运动（主运动）和刀具的直线进给运动（进给运动），除此之外的其他运动皆为辅助运动。

1. 主运动

主运动是指主轴通过卡盘带动工件旋转，主轴的旋转是由主轴电动机经传动机构拖动实现的。根据工件材料性质、车刀材料及几何形状、工件直径、加工方式及冷却条件的不同，要求主轴有不同的切削速度。另外，为了加工螺纹，还要求主轴能够正反转。

主轴的变速是由主轴电动机经V带传递到主轴箱实现的，C6140型卧式车床的主轴正转速度有24种（10~1400r/min），反转速度有12种（14~1580r/min）。

2. 进给运动

车床的进给运动是指刀架带动刀具纵向或横向直线运动，溜板箱把丝杠或光杠的转动传递给刀架部分，变换溜板箱外的手柄位置，经刀架部分使车刀做纵向或横向进给。刀架的进给运动也是由主轴电动机拖动的，其运动方式有手动和自动两种。

3. 辅助运动

辅助运动指刀架的快速移动、尾座的移动以及工件的夹紧与放松等。

另外在车削加工中，为了防止刀具和工件的温度过高，延长刀具寿命，提高加工质量，车床附有一台冷却泵电动机，并要求有局部照明和必要的电气保护。

车床的这些控制是如何实现的？这需要对车床的电气控制原理图进行详细分析。

任务实施

一、车床的结构和控制方案

（一）机床的结构

C6140型卧式车床的结构如图2-76所示，主要由床身、主轴箱、进给箱、溜板箱、刀架、丝杠、光杠及尾座等部分组成。

（二）C6140型车床电力拖动的特点及控制方案

1）主轴电动机一般选用三相笼型异步电动机。为满足螺纹的加工要求，主运动和进给运动采用同一台电动机拖动。为满足调速要求，只用机械调速，不进行电气调速。

2）主轴要能够正反转，以满足螺纹的加工要求。C6140型卧式车床是采用机械方法实现反转的。

3）主轴电动机的起动、停止采用按钮操作。

4）溜板箱的快速移动应由单独的快速移动电动机来拖动，并采用点动控制。

5）为防止切削过程中刀具和工件温度过高，需要用切削液进行冷却，因此要配有冷却泵。

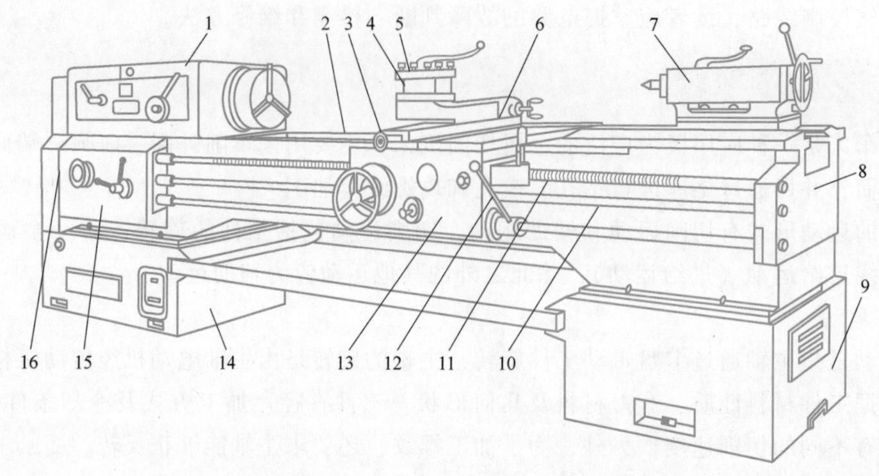

图 2-76　C6140 型卧式车床结构示意图

1—主轴箱　2—纵溜板　3—横溜板　4—转盘　5—刀架　6—小溜板　7—尾座　8—床身　9—右床座
10—光杠　11—丝杠　12—操纵手柄　13—溜板箱　14—左床座　15—进给箱　16—交换齿轮箱

二、C6140 型卧式车床电气控制电路与故障分析

（一）C6140 型卧式车床的电气控制电路分析

C6140 型卧式车床电气控制系统原理图如图 2-77 所示。

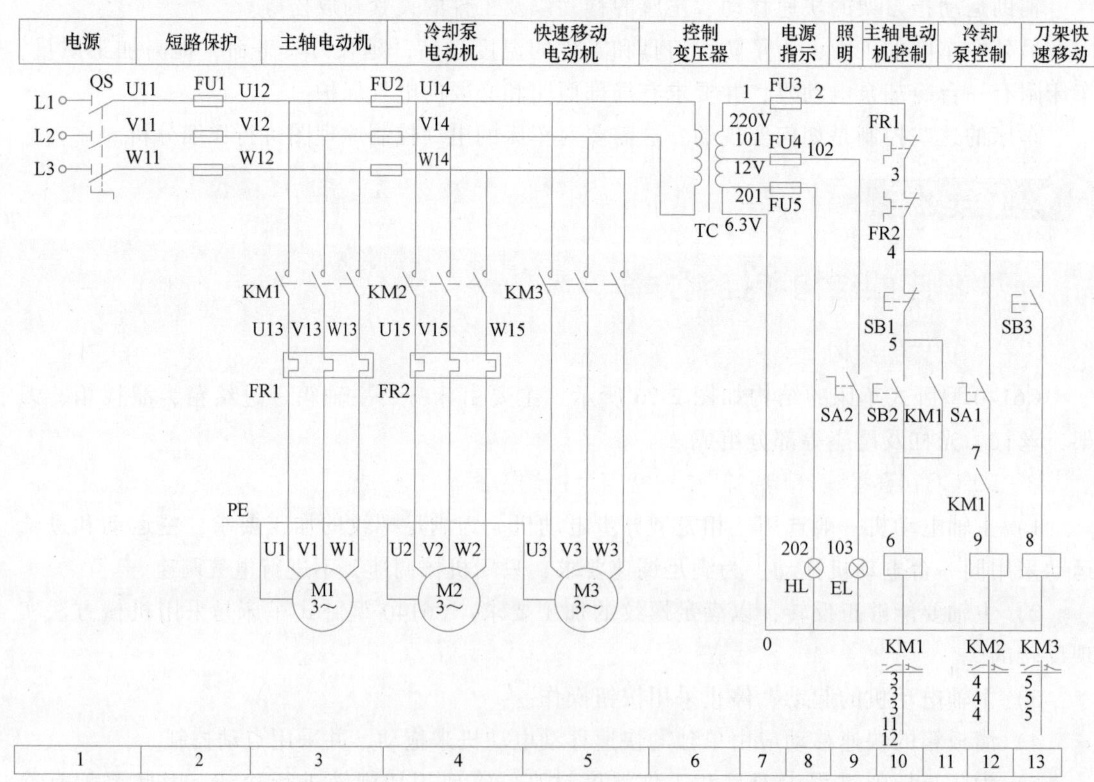

图 2-77　C6140 型卧式车床电气控制系统原理图

主电路中的 M1 为主轴电动机，按下起动按钮 SB2，KM1 得电吸合，辅助触头 KM1（5-6）闭合自锁，KM1 主触头闭合，主轴电动机 M1 起动，同时辅助触头 KM1（7-9）闭合，为冷却泵起动做好准备。主电路中的 M2 为冷却泵电动机。在主轴电动机起动后，KM1（7-9）闭合，将开关 SA1 闭合，KM2 吸合，冷却泵电动机起动，将 SA1 断开，冷却泵停止，将主轴电动机停止，冷却泵也自动停止。

刀架快速移动电动机 M3 采用点动控制，按下 SB3，KM3 吸合，其主触头闭合，快速移动电动机 M3 起动；松开 SB3，KM3 释放，电动机 M3 停止。

接通电源，控制变压器输出电压，HL 直接得电发光，作为电源信号灯。EL 为照明灯，将开关 SA2 闭合，EL 亮；将 SA2 断开，EL 灭。

（二）C6140 型卧式车床电气控制电路常见故障分析

（1）主轴电动机不能起动

1）检查接触器 KM1 是否吸合，如果接触器 KM1 不吸合，首先观察电源指示是否亮，若电源指示亮，然后检查 KM3 是否能吸合：若 KM3 能吸合，则说明 KM1 和 KM3 的公共电路部分（1-2-3-4）正常，故障范围在 4-5-6-0 内；若 KM3 不能吸合，则要检查 FU3 有没有熔断，热继电器 FR1 和 FR2 是否动作，控制变压器的输出电压是否正常，线路 1-2-3-4 之间有没有开路的地方。

2）若 KM1 能吸合，则判断故障在主电路上。KM1 能吸合，说明 U 和 V 相正常（若 U 和 V 相不正常，控制变压器输出就不正常，则 KM1 无法正常吸合）；测量 U、W 之间和 V、W 之间有无 380V 电压，如果没有，则可能是 FU1 的 W 相熔断或连线开路。

（2）主轴电动机起动后不能自锁　当按下起动按钮 SB2 后，主轴电动机能够起动，但松开 SB2 后，主轴电动机也随之停止。造成这种故障的原因是 KM 的自锁触点（5-6）接触不良或连线松动脱落。

（3）主轴电动机在运行过程中突然停止　这种故障主要是由于热继电器动作造成的，原因可能是三相电源不平衡、电源电压过低或负载过重等。

（4）刀架快速移动电动机不能起动　首先检查主轴电动机能否起动，如果主轴电动机能够起动，则有可能是 SB3 接触不良或导线松动脱落造成 4-8 间电路不通。

C6140 型卧式车床的常见故障图如图 2-78、表 2-15 所示。

知识拓展

1. 多地控制

多地控制是用多组起动按钮和停止按钮来进行的控制，这些按钮连接的原则是：各起动按钮的常开触头并联，各停止按钮的常闭触头串联。在任何处按起动按钮，接触器都能通电，使电动机起动运行；在任何一处按下停止按钮，接触器线圈都断电释放，使电动机停止运行。

图 2-79 所示为两地控制电动机单向连续运行电路，SB11、SB12 为甲地控制的起停按钮，SB21、SB22 为乙地控制的起停按钮。将甲、乙两组按钮安装在两地，即可实现两地控制。对于三地或多地控制，只要将各地按钮的常开触头并联、常闭触头串联即可实现。

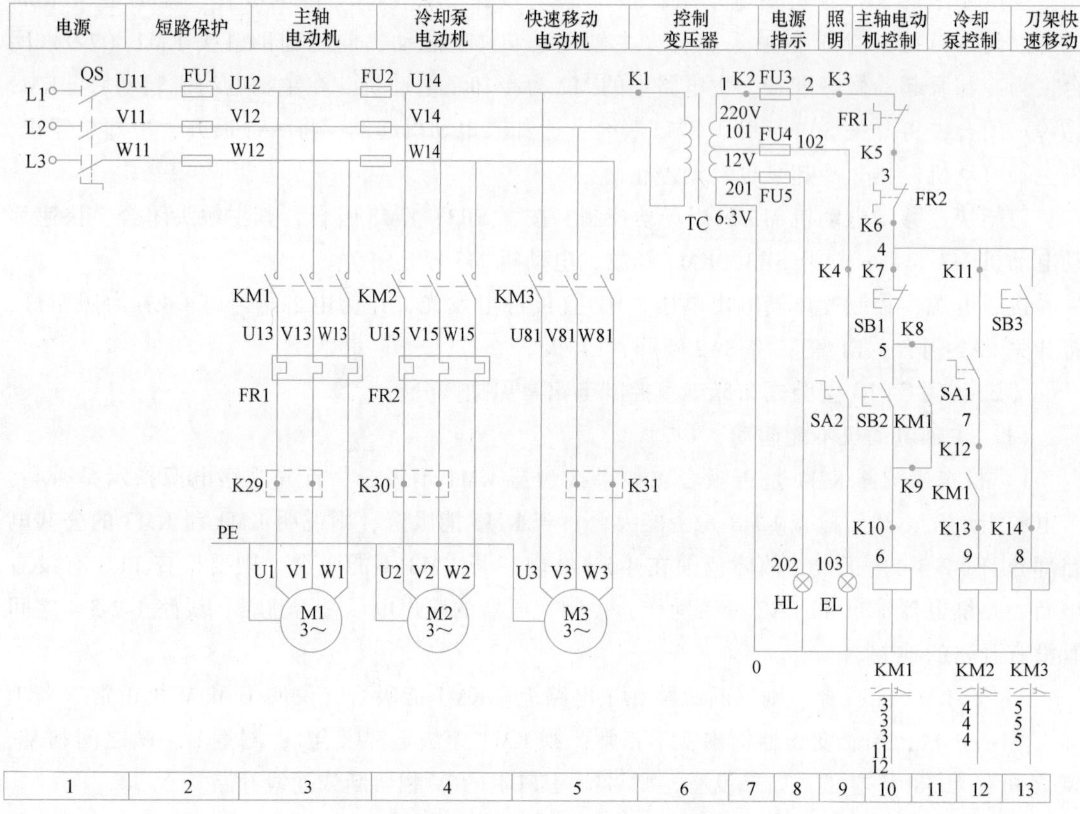

图 2-78　C6140 型卧式车床的常见故障图

表 2-15　C6140 型卧式车床的常见故障

故障编号	故障现象	备注
K1	机床无法起动	TC 到 U14 连线开路，TC 一次侧没有电压，二次侧没有电压输出，机床不能起动，照明灯不亮
K2	机床无法起动	FU3 到变压器连线开路，机床不能起动，照明灯正常
K3	机床无法起动	FR1 与 FU3 之间连线开路，机床不能起动，照明灯正常
K4	照明灯不亮	照明灯不亮，其他控制正常
K5	机床无法起动	FR1 与 FR2 触头之间连线 3 号线开路
K6	机床无法起动	FR2 到 4 号线连线开路，机床不能起动，照明灯正常
K7	主轴、冷却泵电动机不能起动	SB1 到 4 号线连线开路，KM1 无法吸合
K8	主轴电动机控制不能自锁	KM1 自锁触头到 5 号线连线开路，KM1 不能自锁
K9	主轴电动机控制不能自锁	KM1 自锁触头到 6 号线连线开路，KM1 不能自锁
K10	主轴、冷却泵电动机不能起动	KM1 线圈到 6 号线连线开路，KM1 无法吸合
K11	冷却泵不能起动	SA1 到 4 号线连线开路，KM2 不能吸合
K12	冷却泵不能起动	SA1、KM1 触头 KM1(7-9)之间连线 7 号线开路，KM2 不能吸合
K13	冷却泵不能起动	KM2 线圈到 9 号线连线开路，KM2 不能吸合
K14	刀架不能快速移动	SB3 和 KM3 线圈之间连线 8 号线开路

（续）

故障编号	故障现象	备注
K29	主轴不工作	主轴电动机两相电源开路，按下主轴起动按钮 SB2，KM1 吸合，但主轴电动机不转
K30	冷却泵不工作	冷却泵电动机两相电源开路，合上冷却泵控制开关 SA2，KM2 吸合，但冷却泵不工作
K31	不能快速移动	快速移动电动机两相电源开路，按下快速移动控制按钮 SB3，KM3 吸合，但快速移动电动机不转

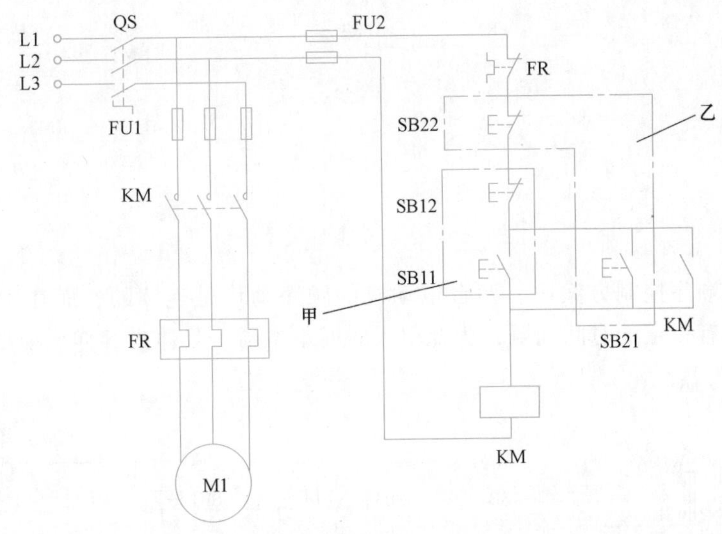

图 2-79 两地控制电动机单向连续运行电路

2. 顺序控制

图 2-80 所示为通过主电路实现顺序控制功能的电路图，当接触器 KM1 吸合后，也就是电动机 M1 起动后，电动机 M2 才能起动，M2 不能单独运行。M1 如果停车，则 M2 必须停车。该电路虽然可以实现顺序控制，但 KM1 负荷压力太大，容易烧坏。

图 2-81 所示为通过控制电路实现顺序控制功能的电路图，图 2-81a 所示为顺序控制电路的主电路。图 2-81b 所示的顺序控制电路中，将主轴电动机接触器 KM1 的常开触头串在电动机接触器 KM2 的线圈电路中。分析其工作原理可知，起动时必须是 KM1 线圈得电后，KM2 线圈才会得电，即只有 M1 起动后，M2 才能起动，M1 和 M2 可以同时停车。这就是两台电动机实现顺序起动的控制电路。

在图 2-81c 所示的电路中，将 KM2 的自锁常开触头并接在 KM1 常开触头的外面，当 KM2 得电并自锁后，将不再受 KM1 的控制，即实现了 M1 起动后 M2 才能起动，但 M1 和 M2 可单独由 SB1 和 SB3 断电。

从上面的分析可以看出：主电路实现的顺序控制的设计技巧是：用交流接触器主触头控制电动机。控制电路实现的顺序控制的设计技巧是：将交流接触器的常开辅助触头串接在后一个起动的线圈支路中。顺序停车是利用交流接触器的常开辅助触头与后一个停车线圈支路的停止按钮并联来实现的。

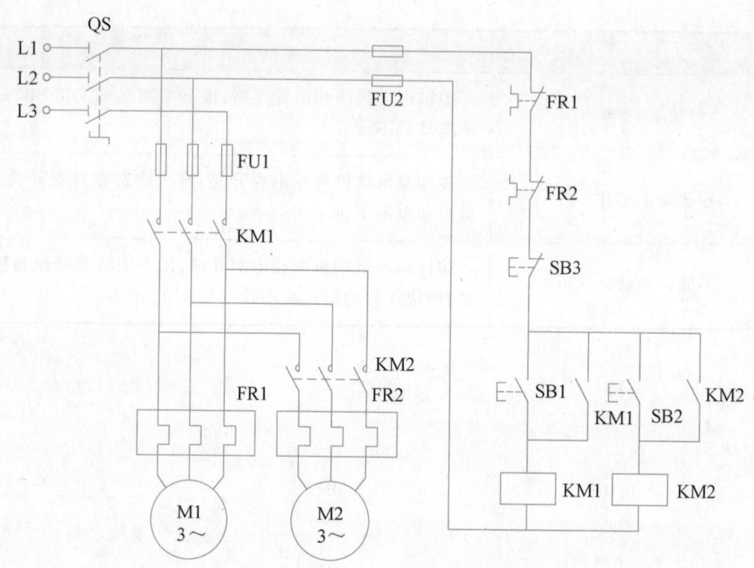

图 2-80 主电路实现顺序控制

上面的几种顺序控制方案中，两台电动机的顺序动作是连续的，而在实际的生产过程中，往往要求要有一定的时间间隔，为此引入时间继电器。具体内容详见项目 4。

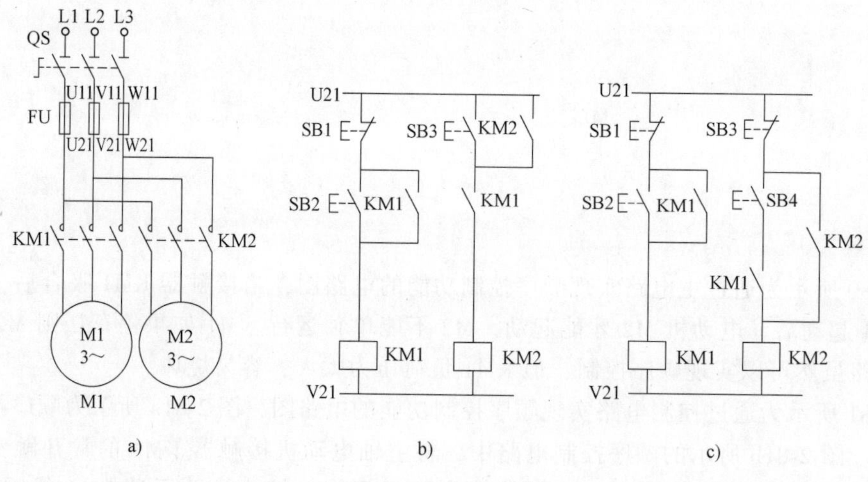

图 2-81 顺序控制电路

思考与练习题

1. 简述低压断路器具备的保护特性及作用。
2. 简述熔断器选择的理论依据。
3. 简述热继器的常见故障及原因。
4. 交流接触器的常见故障及原因有哪些？
5. 试分析 C6140 型卧式车床中主轴电动机不能起动的原因。

项目3 CHAPTER 3 钻床、磨床的电气控制电路

学习目标

本项目主要介绍电动机正反转运行的控制，Z3050 型摇臂钻床电气控制电路分析，M7120 型平面磨床电气控制电路分析。通过学习，读者应掌握电动机正反转的工作原理，掌握典型机床电气控制系统中常见故障的诊断与排除方法，具备识读复杂电气控制电路图的能力、诊断机床常见故障和排除故障的能力。

任务 3-1 电动机正反转运行控制

任务导入

生产机械在运行中往往需要有正、反两个方向的运动，如机床工作台的前进与后退、万能铣床主轴的正转与反转、起重机的上升与下降等，要求电动机能够实现正反转控制。本任务主要介绍电动机正反转的工作原理、种类及常见故障分析。

任务分析

对于三相交流电动机，改变电动机电源的相序，其旋转方向就会跟着改变。采用两个接触器分别给电动机送入正序和负序的电源，即对换两根电源线位置，电动机就能够分别正转和反转。

许多生产机械对多台电动机的起动和停止有一定的要求，必须按预先设计好的次序先后起停。比如，具有多台电动机拖动的机床，在操作时，为保证设备的安全运行和工艺过程的顺利进行，电动机的起动、停止必须按一定顺序来控制，称为电动机的联锁控制或顺序控制。这种情况在机床电路控制中经常用到，如油泵电动机要先于主轴电动机起动，主轴电动机要先于切削液泵电动机起动等。

任务实施

一、交流电动机可逆运行的主电路

交流电动机可逆运行的主电路如图 3-1 所示，由主电路可以很容易地分析其工作原理：当接触器 KM1 吸合接通时，三相的对应关系为 L11—L12、L21—L22、L31—L32；当接触器 KM2 吸合接通时，三相的对应关系为 L11—L32、L21—L22、L31—L12。可以看出，两个接触器的交替接通，可以实现 L11、L31 两相的互换。也就是说，当不同接触器吸合接通时，加在电动机定子的电源相序是不同的，从而电动机的转向也是相反的。如果 KM1 接通时电动机正转，则 KM2 接通时电动机反转，实现了电动机可逆运行的要求。

如果两个接触器同时吸合，将会造成电源直接短路，这是不允许的。为此，需要设计相应的保护来杜绝这种情况发生。

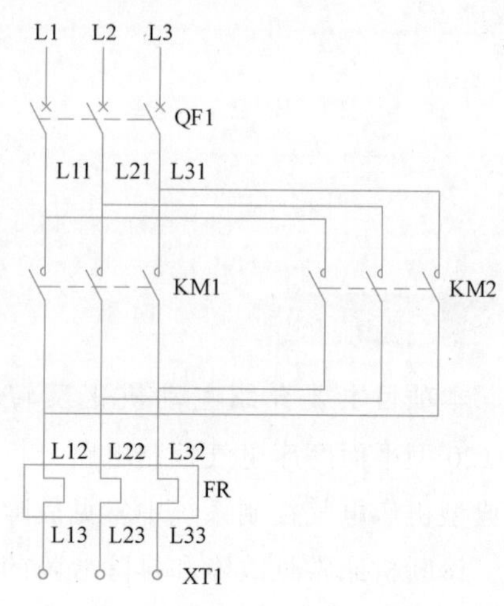

图 3-1 交流电动机可逆运行的主电路

二、正反转控制电路

为防止主电路两个接触器同时吸合，造成电源短路，在控制电路（图 3-2a）正转接触器 KM1 的线圈电路中串联了一个反转接触器 KM2 的常闭触头，反转接触器 KM2 的线圈电路中串联了一个正转接触器 KM1 的常闭触头。每一个接触器线圈电路是否能被接通，将取

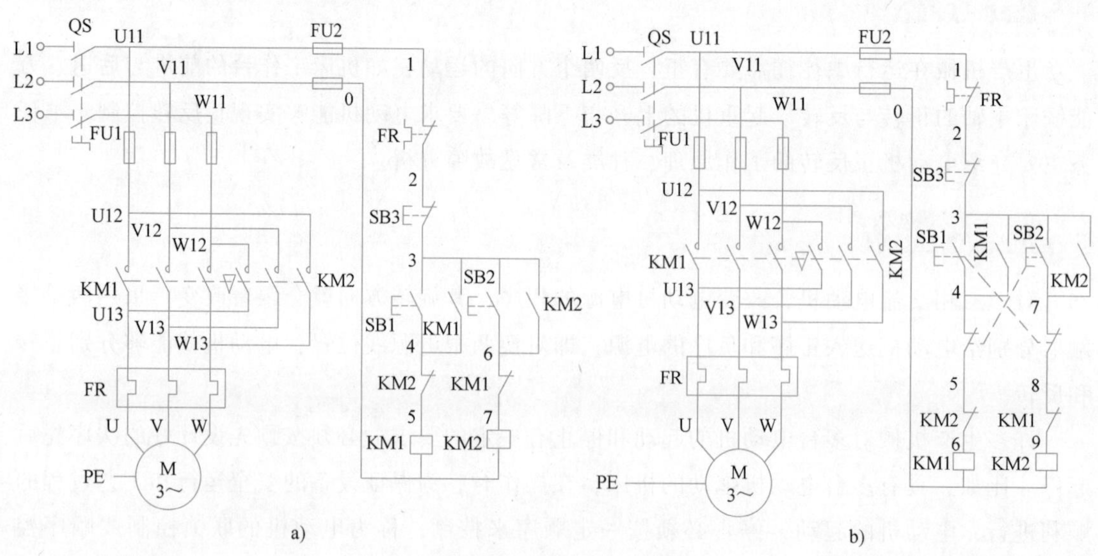

图 3-2 正反转控制电路图

a）接触器互锁电路 b）双重互锁电路

决于另一接触器是否处于释放状态。例如，当 KM1 线圈已经接通电源，它的常闭触头将会断开，切断了 KM2 的线圈电路，即可实现两个接触器之间的电气联锁，确保电源不会短路。通常把这两个常闭触头称为互锁触头，或联锁触头。

工作原理：合上电源开关 QS，按下正转起动按钮 SB1，此时 KM2 线圈的辅助常闭触头没有动作，因此 KM1 线圈得电，并进行自锁，其辅助常闭触头断开，起到互锁作用。同时，KM1 主触头接通主电路，输入电源的相序为 L1、L2、L3，使电动机正转。要使电动机反转时，先按下停止按钮 SB3，使接触器 KM1 线圈失电，相应的主触头断开，电动机停转；辅助常闭触头复位，为反转做准备。然后再按下反转起动按钮 SB2，KM2 线圈得电，触头的相应动作同样起自锁、互锁和接通主电路的作用，输入电源的相序变成了 L3、L2、L1，电动机反转。正反转控制电路的控制时序如图 3-3 所示。

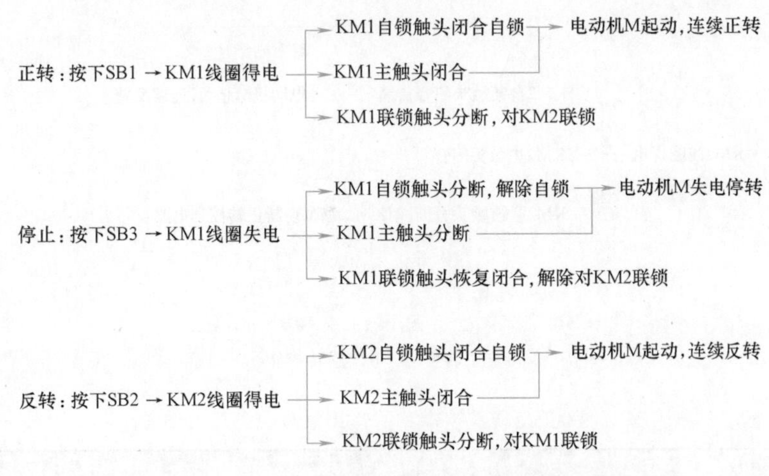

图 3-3　正反转控制电路的控制时序

图 3-2a 所示为电动机实现正反转控制的一种典型电路。其主要缺点是：需改变电动机转向时，必须先按下停止按钮，然后再按反向起动按钮。这种电路在要求频繁改变电动机旋转方向的场合操作很不方便。

图 3-2b 所示的电路在接触器互锁的基础上，又增加了复合按钮互锁，它是将正反转起动按钮的常闭触头串接在对方的接触器线圈电路中，这种互锁称为按钮互锁或机械互锁，这种电路是具有双重互锁的正反转控制电路。这种电路既能实现直接正反转起动的控制要求，又能保证电路可靠工作，且要使电动机改变转向，只要直接按反转按钮就可以了，不必先按停止按钮，简化了操作，因此得到了广泛使用。在实际应用中，通常将正反转电路中的两个接触器与一个热继电器用金属外壳封装成一体，称为可逆磁力起动器。起动电动机前，先合上开关 QS，具体的工作原理如图 3-4 所示。

若要停止，按下 SB3，整个控制电路失电，主触头分断，电动机 M 失电停转。

三、正反转控制电路的常见故障现象及故障点

正反转控制电路的常见故障现象及故障点见表 3-1。

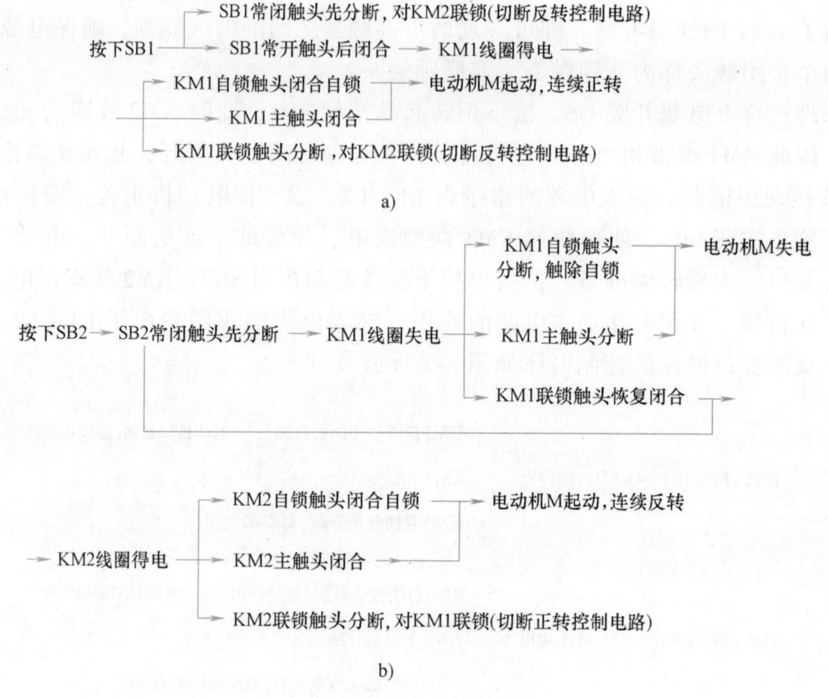

图 3-4　双重互锁正反转控制电路工作原理

a）正转控制　b）反转控制

表 3-1　正反转控制电路的常见故障现象及故障点

故障现象	故障点
按下 SB2，电动机不转；按下 SB3，电动机正常运转	KM1 线圈断路或 SB2 损坏产生断路
按下 SB2 电动机正常运转，按下 SB3 后电动机不反转	KM2 线圈断路或 SB3 损坏产生断路
按下 SB1 电动机不停转	SB1 熔焊
合上 QS 后，熔断器 FU2 熔断	KM1 或 KM2 线圈、触头短路
合上 QS 后，熔断器 FU1 熔断	KM1 或 KM2 短路，电动机相间短路，正反转主电路换相线接错
按下 SB2，电动机正常运行，再按下 SB3，FU1 即熔断	正反转主电路换相线接错

四、行程控制

在实际生产过程中，一些生产机械运动部件的行程或位置需要受到限制，或需要其运动部件在一定范围内自动往返循环运动。要实现这种控制，通常采用限位开关来控制其行程，就是用运动部件上的挡铁碰撞行程开关，使其触头动作，以接通或断开电源，控制机械行程结束或实现加工过程的自动往返。行程控制的特点是：电路简单，不受各种参数影响，只反映运动部件的位置。

行程开关又称限位开关，它可以完成行程控制或限位保护。如工厂里的小车，在行程的两个终端各安装一个限位开关，并将这两个限位开关的常闭触头串接在控制电路中，就可实现终端限位保护了。

图 3-5 所示为小车限位控制电路图。它的工作原理是：先合上电源开关 QS，按下向前按钮 SB1，KM1 线圈通电吸合，电动机正转，小车向前运行。当小车运行到终端位置时，由于小车上的挡铁碰撞行程开关 SQ1，使 SQ1 的常闭触头断开，KM1 线圈失电，电动机切断电源，小车停止前进。此时，即使再按下向前按钮 SB1，KM1 线圈也不会得电，保证了小车不会超出 SQ1 所限的位置。当按下向后按钮 SB2 时，线圈 KM2 得电，电动机反转，小车向后运行，行程开关 SQ1 复位，常闭触头闭合。当小车运行到另一终端时，行程开关 SQ2 的常闭触头被撞开，KM2 线圈失电，电动机切断电源，小车停止运行。

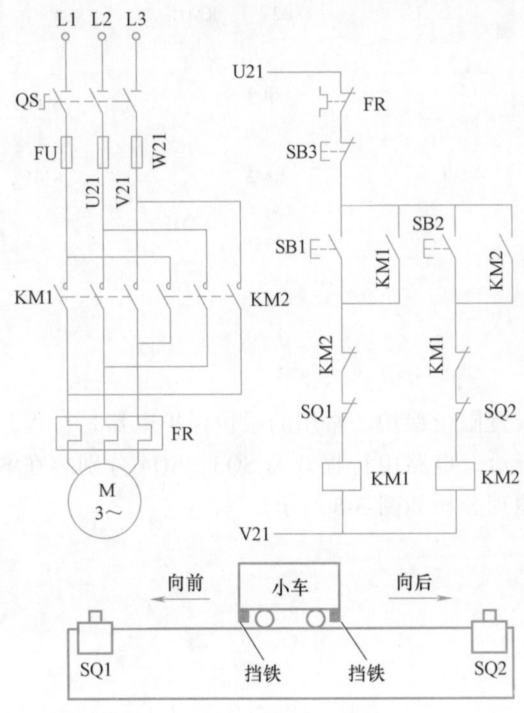

图 3-5　小车限位控制电路图

请思考：根据以上限位控制原理，若要实现小车自动往返，电路应如何修改？

一、自动往返控制电路

自动往返控制电路如图 3-6 所示，该电路一般用在导轨磨床、龙门刨床上，工作过程请读者自行分析。

二、有限位保护的自动往返控制电路

由图 3-6 所示的电路可知，实现行程控制可以用 SQ1、SQ2 自动换接电动机正反转控制电路，实现工作台的自动往返行程控制。在实际的行程控制中，为防止工作台越过限定位置

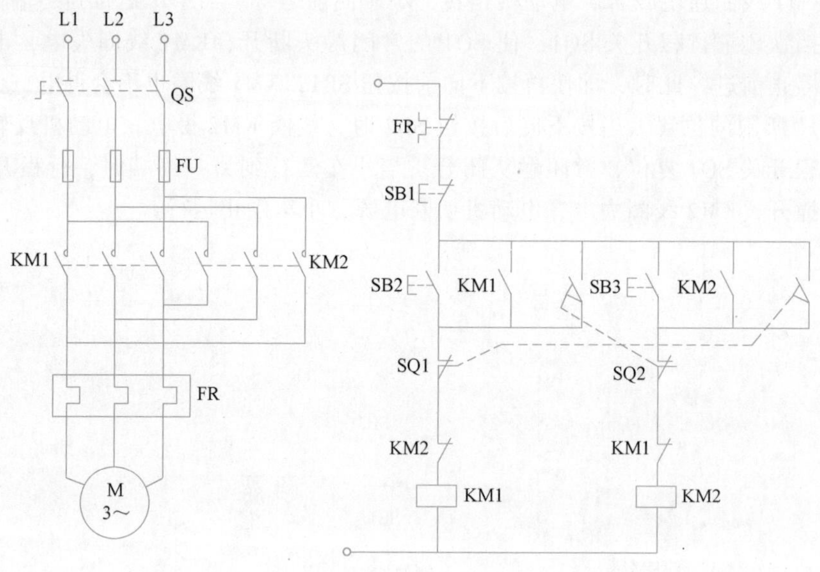

图 3-6　自动往返控制电路

而造成事故，经常需要设置限位保护。常用的限位保护电器是行程开关。有限位保护的自动往返控制电路如图 3-7 所示。电路中行程开关 SQ3、SQ4 分别装在 SQ1、SQ2 后面，起限位保护作用。电路的工作原理分析如图 3-8 所示。

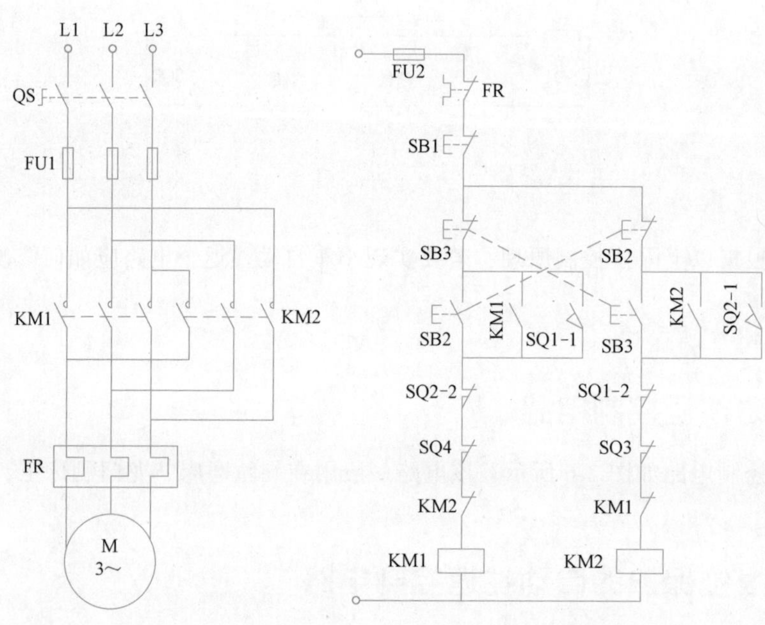

图 3-7　有限位保护的自动往返控制电路

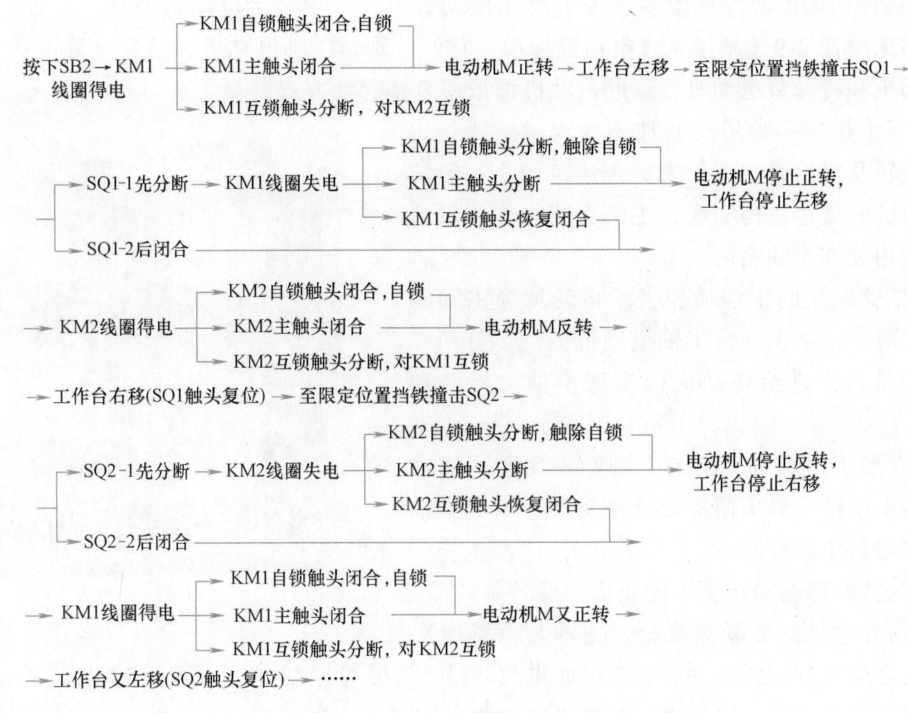

图 3-8 有限位保护的自动往返控制电路工作原理分析

任务 3-2 Z3050 型摇臂钻床的电气控制电路分析

任务导入

机械加工是指通过一种机械设备对工件的外形尺寸或性能进行改变的过程。按加工方式的不同可分为切削加工和压力加工。机械加工必不可少的就是机床。普通机床在金属加工生产过程中占有十分重要地位，电气系统是机床的重要组成部分。本任务结合原理图对 Z3050 型摇臂钻床电气系统的主电路、控制电路进行剖析，分析电路的组成、电气元器件的工作过程及控制原理，可为以后对设备的维护和检修打下基础。

任务分析

钻床主要用于孔的加工，可以完成钻、扩、铰、镗及攻螺纹等工艺。按用途和结构分类，钻床可以分为立式钻床、台式钻床、多孔钻床、摇臂钻床及其他专用钻床等。在各类钻床中，摇臂钻床操作方便、灵活，适用范围广，具有典型性，特别适用于单件或批量生产带有多孔的大型零件的孔加工，是一般机械加工车间常见的机床。

摇臂钻床的拖动要求如下：

1）摇臂钻床运动部件较多，为了简化传动装置，采用多台电动机拖动。例如，Z3050型摇臂钻床（图3-9）采用4台电动机拖动，它们分别是主轴电动机、摇臂升降电动机、液压泵电动机和冷却泵电动机，这些电动机都采用直接起动方式。

2）为了适应多种形式的加工要求，摇臂钻床主轴的旋转及进给运动有较大的调速范围，一般情况下多由机械变速机构实现。主轴变速机构与进给变速机构均装在主轴箱内。

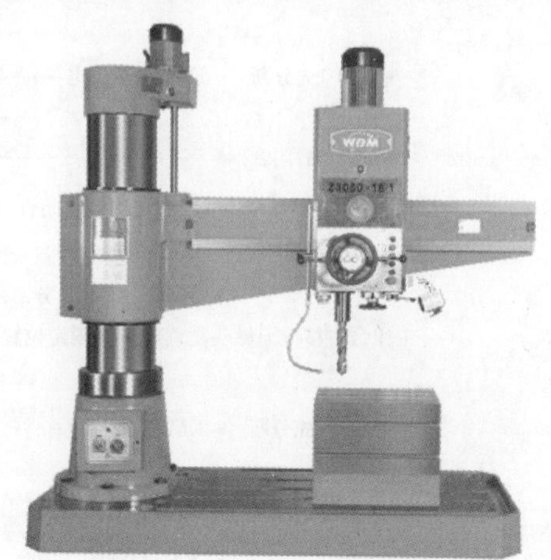

图3-9 Z3050型摇臂钻床

3）摇臂钻床的主运动和进给运动均为主轴的运动，这两个运动由一台主轴电动机拖动，分别经主轴传动机构、进给传动机构实现主轴的旋转和进给。

4）在加工螺纹时，要求主轴能正反转。摇臂钻床主轴正反转一般采用机械方法实现，因此主轴电动机仅需要单向旋转。

5）摇臂升降电动机要求能正反向旋转。

6）内外主轴的夹紧与放松、主轴与摇臂的夹紧与放松可用电气-机械、电气-液压或电气-液压-机械等控制方法实现。若采用液压装置，则备有液压泵电动机，拖动液压泵提供压力油来实现，液压泵电动机要求能正反向旋转，并根据要求采用点动控制。

7）摇臂的移动严格按照摇臂松开→移动→摇臂夹紧的程序进行，因此摇臂的夹紧与摇臂升降按自动控制进行。

8）冷却泵电动机带动切削泵提供切削液，只要求单向旋转。

9）具有联锁与保护环节以及安全照明、信号指示电路。

摇臂钻床的上述控制要求是如何实现的？这需要对Z3050型摇臂钻床的结构和电气控制原理进行详细的学习。

任务实施

一、摇臂钻床的结构和运动分析

Z3050型摇臂钻床的结构如图3-10所示，主要由底座、内外立柱、主轴箱、摇臂、主轴、工作台和摇臂升降丝杠等构成。

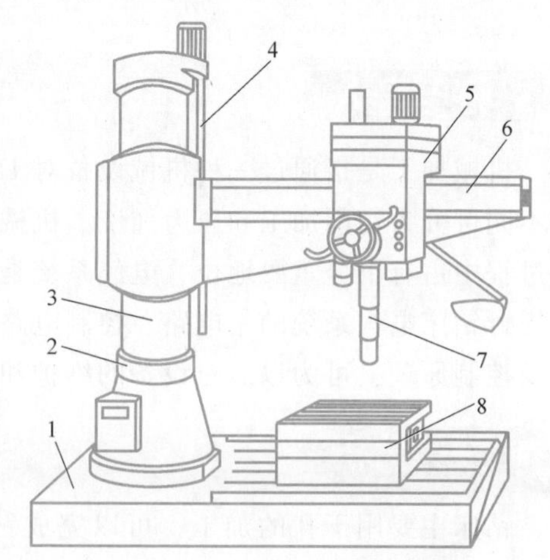

图3-10 摇臂钻床结构示意图

1—底座 2—外立柱 3—内立柱 4—摇臂升降丝杠 5—主轴箱 6—摇臂 7—主轴 8—工作台

内立柱固定在底座的一端，外面套有外立柱，外立柱可绕内立柱旋转360°，摇臂的一端为套筒，它套装在外立柱上并借助摇臂升降丝杠的正反转可绕外立柱上下移动。但由于摇臂升降丝杠与外立柱连成一体，且升降螺母固定在摇臂上，所以摇臂不能绕外立柱转动，但是摇臂与外立柱一起可绕内立柱转动。主轴箱是一个复合部件，它由主传动电动机、主轴和主轴传动机构、进给和进给变速机构、机床的操作机构等组成。主轴箱安装在摇臂上，通过手轮操作可使其在水平导轨上移动。进行加工时，可利用特殊的夹紧机构将外立柱紧固在内立柱上，摇臂紧固在外立柱上，主轴箱紧固在摇臂导轨上，然后进行钻削加工。

二、Z3050 型摇臂钻床的运动分析和控制要求

（1）主运动　主运动为主轴带着钻头的旋转运动。

（2）进给运动　进给运动为主轴带着钻头的纵向运动。

（3）辅助运动　辅助运动是摇臂连同外立柱围绕着内立柱的回转运动、摇臂在外立柱上的升降运动以及主轴箱在摇臂上的左右运动等。摇臂的回转和主轴箱的左右移动采用手动，立柱的夹紧放松由一台电动机拖动一台齿轮泵来供给夹紧装置所用的压力油来实现，同时通过电气联锁来实现主轴箱的夹紧与放松。

（4）对机床控制系统的控制要求

1）刀具主轴的正反转控制，以实现螺纹的加工及退刀。

2）刀具主轴旋转及垂直进给速度的控制，以满足不同的工艺要求。

3）外立柱、摇臂和主轴箱等部件位置的调整运动。

4）为确保加工过程中刀具的径向位置不会发生变化，外立柱、摇臂和主轴箱等部件必须有夹紧与松开控制。

5）冷却泵及液压泵电动机的起停控制。

6）必要的保护环节及照明指示电路。

7）摇臂钻床的主轴旋转与摇臂的升降不允许同时进行，它们之间应互锁，以确保安全。

三、Z3050 型摇臂钻床的电气控制系统分析

Z3050 型摇臂钻床的电气原理图如图 3-11 所示。

1. 主电路分析

Z3050 型摇臂钻床共有 4 台电动机，除冷却泵电动机采用断路器直接起动外，其余 3 台异步电动机均采用接触器直接起动。

M1 是主轴电动机，由交流接触器 KM1 控制，只要求单方向旋转，主轴的正反转由机械手柄操作。M1 装于主轴箱顶部，拖动主轴及进给传动系统运转。热继电器 FR1 作为电动机 M1 的过载及断相保护，短路保护由断路器 QF1 中的电磁脱扣装置完成。

M2 是摇臂升降电动机，装于立柱顶部，由接触器 KM2 和 KM3 控制其正反转。由于电动机 M2 是间歇性工作，所以不设过载保护。

M3 是液压泵电动机，由接触器 KM4 和 KM5 控制其正反转，由热继电器 FR2 作为过载及断相保护。该电动机的主要作用是拖动液压泵为液压装置供给压力油，以实现摇臂、立柱以及主轴箱的松开和夹紧。

摇臂升降电动机 M2 和液压泵电动机 M3 共用断路器 QF3 中的电磁脱扣器作为短路保护。

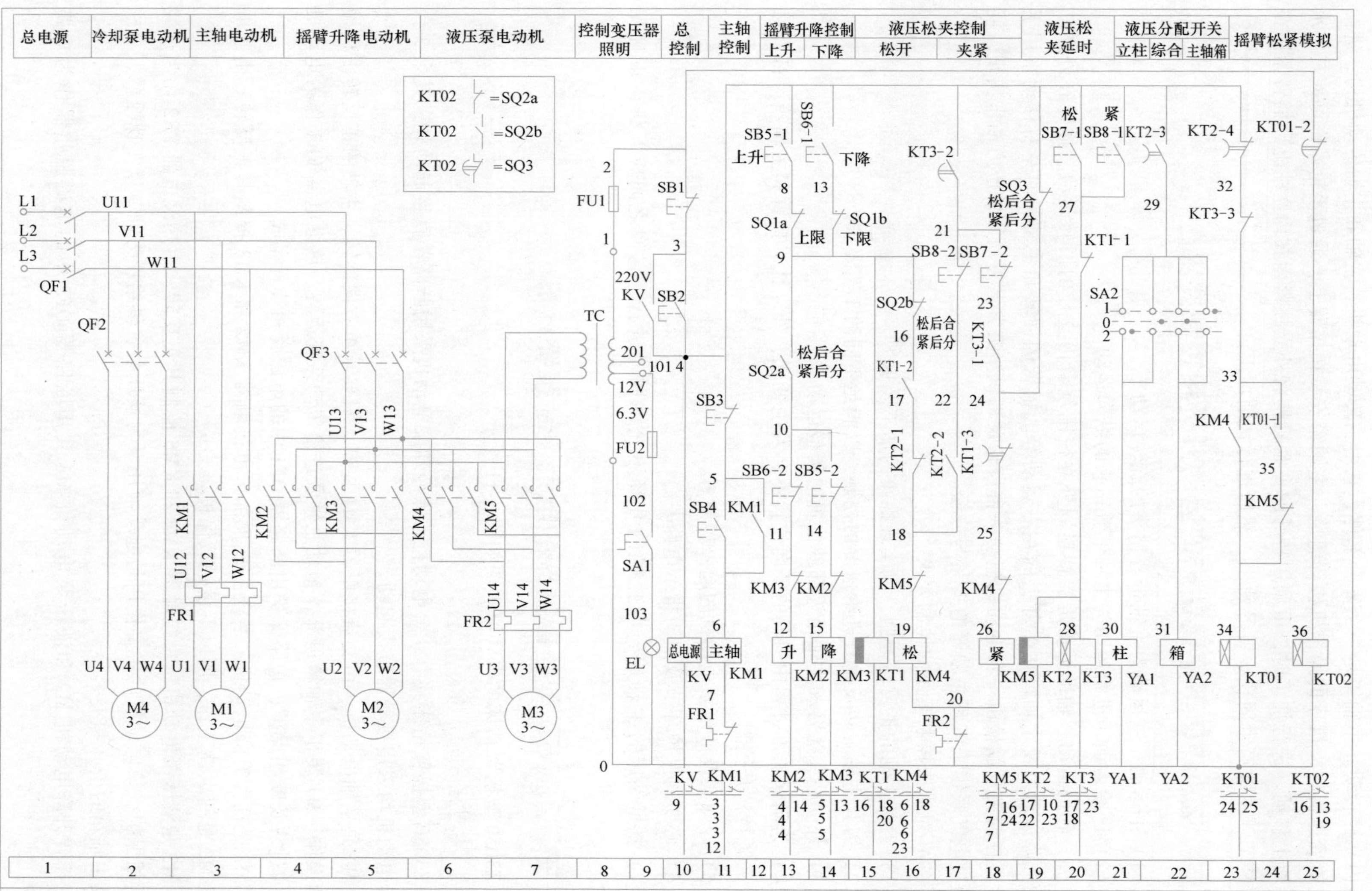

图 3-11 Z3050 型摇臂钻床电气原理图

M4是冷却泵电动机，由断路器QF2直接控制，并实现短路、过载及断相保护。电源配电盘位于立柱前下部。冷却泵电动机M4装于靠近立柱的底座上，升降电动机M2装于立柱顶部，其余电气设备置于主轴箱或摇臂上。由于Z3050型钻床内、外柱间未装设汇流环，故在使用时不要沿一个方向连续转动摇臂，以免发生事故。

主电路电源电压为交流380V，断路器QF1为电源引入开关。

2. 控制电路分析

控制电路电源由控制变压器TC降压后供给110V电压（本装置控制电压为220V），熔断器FU1作为短路保护装置。

（1）准备工作　合上QF3及总电源开关QF1，按下按钮SB2，KV吸合并自锁，“总起”指示灯亮，表示控制电路已经带电，为操作做好了准备。

（2）主轴电动机M1的控制　按下起动按钮SB4，接触器KM1吸合并自锁，主轴电动机M1起动运行，同时“主轴起动”指示灯亮。按下停止按钮SB3，接触器KM1释放，主轴电动机M1停止旋转，同时“主轴起动”指示灯熄灭。

（3）摇臂升降控制　按下上升按钮SB5（或下降按钮SB6），时间继电器KT1通电吸合，其瞬时闭合的常开触头（16区）闭合，接触器KM4线圈（16区）通电，液压泵电动机M3起动，正向旋转，供给压力油。压力油经分配阀体进入摇臂的“松开油腔”，推动活塞移动，活塞推动菱形块，将摇臂松开。同时，活塞杆通过弹簧片压下位置开关SQ2，使其常闭触头SQ2b（16区）断开，常开触头SQ2a（13区）闭合。前者切断了接触器KM4的线圈电路，KM4主触头（6区）断开，液压泵电动机M3停止工作；后者使交流接触器KM2（或KM3）的线圈通电，KM2（或KM3）的主触头（4区或5区）接通摇臂升降电动机M2的电源，摇臂升降电动机M2起动旋转，带动摇臂上升（或下降）。如果此时摇臂尚未松开，则位置开关SQ2的常开触头则不能闭合，接触器KM2（或KM3）的线圈失电，摇臂不能上升（或下降）。

当摇臂上升（或下降）到所需位置时，松开按钮SB5（或SB6），则接触器KM2（或KM3）和时间继电器KT1同时断电释放，摇臂升降电动机M2停止工作，随之摇臂停止上升（或下降）。

由于时间继电器KT1断电释放，经3s的延时后，其延时闭合的常闭触头KT1-3（18区）闭合，使接触器KM5（18区）吸合，液压泵电动机M3反向旋转，随之泵内压力油经分配阀体进入摇臂的“夹紧油腔”，使摇臂夹紧。摇臂夹紧后，活塞杆推动弹簧片压下位置开关SQ3，其常闭触头（19区）断开，KM5断电释放，M3最终停止工作，完成了摇臂的松开→上升（或下降）→夹紧的整套动作。

组合开关SQ1a（13区）和SQ1b（14区）为摇臂升降的超程限位保护装置。当摇臂上升到极限位置时，压下SQ1a使其断开，接触器KM2断电释放，M2停止工作，摇臂停止上升；当摇臂下降到极限位置时，压下SQ1b使其断开，接触器KM3断电释放，M2停止工作，摇臂停止下降。

摇臂的自动夹紧由位置开关SQ3控制。如果液压夹紧系统出现故障，不能自动夹紧摇臂，或者由于SQ3调整不当，在摇臂夹紧后不能使SQ3的常闭触头断开，都会使液压泵电动机M3因长期过载运行而损坏。因此电路中设有热继电器FR2，其整定值应根据电动机M3的额定电流进行整定。

摇臂升降电动机 M2 的正反转接触器 KM2 和 KM3 不允许同时得电动作，以防止电源相间短路。为避免因操作失误、主触头熔焊等原因而造成短路事故，在摇臂上升和下降的控制电路中采用了接触器联锁和复合按钮联锁，以确保电路安全工作。

（4）立柱和主轴箱的夹紧与放松控制　立柱和主轴箱的夹紧（或放松）既可以同时进行，也可以单独进行，由转换开关 SA2 和复合按钮 SB7（或 SB8）进行控制。SA2 有三个位置，扳到中间位置时，立柱和主轴箱的夹紧（或放松）同时进行；扳到左边位置时，立柱夹紧（或放松）；扳到右边位置时，主轴箱夹紧（或放松）。复合按钮 SB7 是松开控制按钮，SB8 是夹紧控制按钮。

（5）立柱和主轴箱同时松开、夹紧　将转换开关 SA2 扳到中间位置，然后按下松开按钮 SB7，时间继电器 KT2 和 KT3 线圈同时得电。KT2 延时断开的常开触头 KT2-3（22 区）瞬时闭合，电磁铁 YA1 和 YA2 得电吸合。而 KT3 延时闭合的常开触头 KT3-2（17 区）经 1~3s 延时后闭合，使接触器 KM4 得电吸合，液压泵电动机 M3 正转，供给的压力油进入立柱和主轴箱的松开油腔，使立柱和主轴箱同时松开。

松开 SB7，时间继电器 KT2 和 KT3 的线圈断电释放，KT3 延时闭合的常开触头 KT3-2（17 区）瞬时分断，接触器 KM4 断电释放，液压泵电动机 M3 停转。KT2 延时断开的常开触头 KT2-3（22 区）经 1~3s 延时后断开，电磁铁 YA1 和 YA2 线圈断电释放，立柱和主轴箱同时松开的操作结束。

立柱和主轴箱同时夹紧的工作原理与松开相似，只要按下 SB8，使接触器 KM5 获电吸合，液压泵电动机 M3 反转即可。

（6）立柱和主轴箱单独松开、夹紧　如果希望单独控制主轴箱，可将转换开关 SA2 扳到右边位置。按下松开按钮 SB7（或夹紧按钮 SB8），时间继电器 KT2 和 KT3 的线圈同时得电，这时只有电磁铁 YA2 单独通电吸合，从而实现主轴箱的单独松开（或夹紧）。

松开复合按钮 SB7（或 SB8），时间继电器 KT2 和 KT3 的线圈断电释放，KT3 通电延时闭合的常开触头 KT3-2（17 区）瞬时断开，接触器 KM4（或 KM5）的线圈断电释放，液压泵电动机 M3 停转。经 1~3s 延时后，KT2 延时断开的常开触头 KT2-3（22 区）断开，电磁铁 YA2 的线圈断电释放，主轴箱松开（或夹紧）的操作结束。

同理，将转换开关 SA2 扳到左边位置，则使立柱单独松开或夹紧。

因为立柱和主轴箱的松开与夹紧是短时间的调整工作，所以采用点动控制。

（7）冷却泵电动机 M4 的控制　合上或分断断路器 QF2，就可以接通或切断电源，操纵冷却泵电动机 M4 工作或停止。

3. 照明、指示电路分析

照明、指示电路的电源也由控制变压器 TC 降压后提供 12V 或 6.3V 的电压，由熔断器 FU2 作短路保护，EL 是照明灯。

四、Z3050 型摇臂钻床的故障分析

1. 主轴电动机不能起动

检查熔断器 FU1，若熔断器 FU1 的熔丝熔断，应更换熔丝；起动按钮或停止按钮损坏或接触不良；如果接触器 KM1 会动作，电动机仍不起动，应检查接触器主触头的接线是否松脱、接触是否良好，检查电源电压是否过低。

2. 主轴电动机不能停转

这类故障一般是由于接触器的主触头熔焊在一起造成的，更换熔焊的主触头即可排除故障。

3. 摇臂升降松开夹紧故障

若摇臂升降后不能完全夹紧，一般是由于 SQ2a 或 SQ2b 过早分断，使摇臂未夹紧就停止了夹紧动作，应将 SQ2 的动触头 SQ2a 和 SQ2b 调到适当的位置，故障便可消除。若摇臂升降后不能按需要停止，这是因为检修时误将触头 SQ2a 和 SQ2b 的接线互换了。发生此类故障应立即切断总电源开关。

4. 立柱松开与夹紧电路故障

若立柱松开电动机不能起动，则故障的原因可能为按钮 SB7 或 SB8 接触不良，接触器 KM4 和 KM5 的常闭触头或主触头接触不良。

若立柱夹紧电动机工作后不能停止，这是由于 KM4 和 KM5 的主触头熔焊造成的，应立即切断总电源，更换主触头，防止电动机过载而烧毁。

5. Z3050 型摇臂钻床的常见故障与分析

Z3050 型摇臂钻床的常见故障与分析见表 3-2。

表 3-2 Z3050 型摇臂钻床的常见故障现象与分析

故障编号	现　　象	备　　注
K1	机床不能起动	FU1 到 2 号线连线开路，按下 SB2 后 KV 不能吸合
K2	机床不能起动	SB1 到 3 号线连线开路，按下 SB2 后 KV 不能吸合
K3	机床不能起动	SB2 到 3 号线连线开路，按下 SB2 后 KV 不能吸合
K4	主轴不能起动	SB3 到 4 号线连线开路，按下 SB4 后 KM1 不能吸合
K5	主轴不能起动	SB4 到 6 号线连线开路，按下 SB4 后 KM1 不能吸合
K6	主轴起动不正常	KM1 自锁触头到 5 号线连线开路，KM1 不能自锁，按下 SB4，KM1 吸合，松开 SB4，KM1 释放
K7	摇臂不能升降	SQ2a 到 10 号线连线开路，按下上升（或下降）按钮 SB5（或 SB6），摇臂松开（KM4 吸合后断开，表示摇臂松开完成），但不能上升（或下降）
K8	摇臂不能上升	SB6 和 KM3 触头间 11 号线连线开路，摇臂松开后（KM4 吸合后断开，表示摇臂松开完成）KM2 不能吸合，摇臂下降正常
K9	摇臂不能下降	SB5 和 KM2 触头间 14 号线连线开路，摇臂松开后（KM4 吸合后断开，表示摇臂松开完成）KM3 不能吸合，摇臂上升正常
K10	摇臂不能松开，不能升降	KT1 线圈到 9 号线连线开路，KT 不能通电，导致摇臂不能松开、不能升降
K11	摇臂不能松开，不能升降	SQ2b 和 KT1 触头间 16 号线连线开路，导致 KT 通电动作后摇臂不能松开、不能升降
K12	摇臂不能松开，不能升降；立柱及主轴箱不能松开	KM5 常闭触头到 18 号线连线开路，KM4 不能吸合
K13	立柱、主轴箱不能松开	KT3 到 21 号线连线开路，按下 SB7，KT3 动作后 KM4 不能吸合
K14	立柱、主轴箱不能松开	SB8 和 KT2-2 之间 22 号线连线开路
K15	摇臂、立柱、主轴箱均不能夹紧	KT1 和 KM4 常闭触头间 25 号线连线开路，KM5 不能吸合

（续）

故障编号	现象	备注
K16	摇臂不能夹紧	SQ3 到 4 号线连线开路
K17	摇臂不能松开、夹紧及升降；立柱、主轴箱不能松开、夹紧	FR2 到 20 号线连线开路，KM4 和 KM5 不能吸合
K18	立柱、主轴箱不能松开	SB7 到 4 号线连线开路，按下 SB7，KT2 和 KT3 不能通电
K19	立柱、主轴箱不能松开、夹紧	KT1 到 27 号线连线开路，按下 SB7 或 SB8，KT2 和 KT3 不能通电
K20	立柱、主轴箱不能松开、夹紧	KT2 到 29 号线连线开路，按下 SB7 或 SB8，液压夹紧电动机能起动，但 YA1 和 YA2 不能通电，立柱、主轴箱不能松开、夹紧
K21	主轴箱不能松开、夹紧	YA2 线圈到 31 号线连线开路，按下 SB7 或 SB8，液压夹紧电动机能起动，但 YA2 不能通电，主轴箱不能松开或夹紧
K22	机床不能起动	控制变压器一次侧到 U13 连线开路，二次侧无控制电压输出
K23	冷却泵电动机不转	U4 和 V4 开路，合上 QF2，冷却泵电动机不能转动
K24	主轴电动机不转	KM1 能吸合，U1 和 V1 开路，主轴电动机不能转动
K25	摇臂升降电动机不转	摇臂升降电动机 M2 到 U2 和 V2 连线开路

知识拓展

下面介绍摇臂钻床电气系统的安装与操作。

一、准备工作

1）查看各电气元器件上的接线是否牢固，各熔断器是否安装良好。

2）独立安装好接地线，设备下方垫好绝缘垫，将各开关置于分断位置。

3）插上三相电源。

二、主电源的控制

1）接通电源：将装置左侧的开关合上，通过三相指示灯观察三相电网电压是否正常。

2）起动、停止操作：按下起动按钮，接通电源，为机床供电；按下停止按钮，切断对机床的供电，排除故障的时候可以在按下停止按钮后对机床进行不带电测量。

3）急停按钮的操作：按下急停按钮，再按下起动按钮，将不能起动电源；若电源已起动，在按下急停按钮后会自动切断电源，且不能按下起动按钮重新进行起动，将急停按钮顺时针方向旋转，使按钮自动弹出后才可以重新起动电源。

三、运行操作

1. 操作前的准备

将 SA1 置于“关”位置，将 SQ1 置于“正常”位置。

2. 照明灯的控制

将照明控制开关 SA1 旋到“开”位置，“照明”指示灯亮；将开关旋到“关”位置，指示灯灭。

3. 总起

按下按钮 SB2，KV 吸合，“总起”指示灯亮，为以后操作做好准备。按下 SB1，KV 断电释放。

4. 主轴电动机的控制

参见本任务 Z3050 型摇臂钻床的电气控制系统分析。

5. 摇臂升降的控制

参见本任务 Z3050 型摇臂钻床的电气控制系统分析。

6. 立柱和主轴箱的夹紧与放松控制

参见本任务 Z3050 型摇臂钻床的电气控制系统分析。

7. 冷却泵电动机的控制

合上或分断断路器 QF2，就可以接通或切断电源，操纵冷却泵电动机 M4 开始工作或停止。

任务 3-3　M7120 型卧轴矩台平面磨床的电气控制电路分析

任务导入

平面磨床是机械加工企业普遍使用的机床，在金属加工生产过程中占有十分重要地位。平面磨床为了将工件固定在机床的工作台上，便于进行磨削加工，一般采用电磁吸盘，电磁吸盘是平面磨床电气系统的重要组成部分。本任务结合原理图对 M7120 型卧轴矩台平面磨床电气系统的主电路、控制电路进行剖析，分析电路的组成、电气元器件的工作过程及控制原理，为以后对设备的维护和检修打下基础。

任务分析

磨床是用砂轮的周边或端面对工件进行磨削加工的精加工机床。磨床种类很多，有平面磨床、外圆磨床、内圆磨床、无心磨床及一些专用磨床（如螺纹磨床、齿轮磨床、球面磨床、花键磨床、轨道磨床和无心磨床等），其中，以平面磨床应用最为普遍。平面磨床可分为立轴矩台平面磨床、卧轴矩台平面磨床、立轴圆台平面磨床和卧轴圆台平面磨床。

磨床中的电磁吸盘是用来吸持工件的。电磁吸盘要有退磁电路，同时，为防止在磨削加工时因电磁吸盘吸力不足而造成工件飞出，还要求有弱磁保护环节。下面以 M7120 型卧轴矩台平面磨床（图 3-12）为例进行介绍。

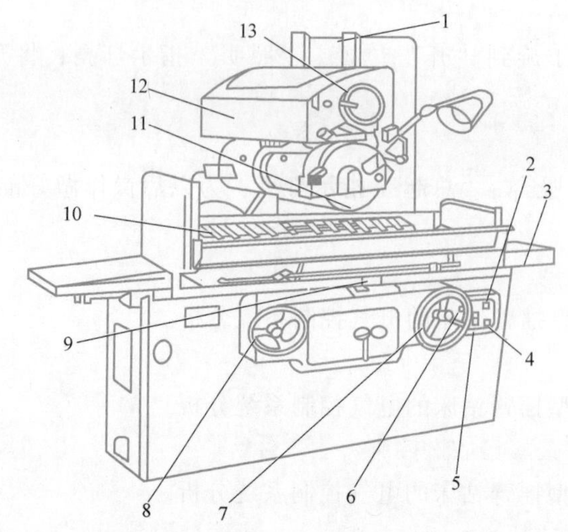

图 3-12　M7120 型卧轴矩台平面磨床

1—立柱导轨　2—砂轮起动按钮　3—工作台　4—停止按钮　5—电磁吸盘按钮
6—液压泵电动机起停按钮　7—砂轮垂直进给手轮　8—工作台移动手轮
9—液压换向开关　10—电磁吸盘　11—砂轮　12—砂轮箱　13—砂轮纵向进给手柄

一、M7120 型卧轴矩台平面磨床的电气控制线路

M7120 型卧轴矩台平面磨床的电气控制线路如图 3-13 所示。

M7120 型卧轴矩台平面磨床的主线路有 4 台电动机，M1 为液压泵电动机，它在工作中带动工作台往复运动；M2 为砂轮电动机，可带动砂轮旋转进行磨削加工；M3 是冷却泵电动机，为电动机做辅助工作，为砂轮磨削进行冷却；M4 为砂轮升降电动机，用于调整砂轮与工件的位置。M1、M2 及 M3 电动机在工作中只要求正转；要求冷却泵电动机在砂轮电动机起动后再起动，否则没有意义；要求砂轮升降电动机正反方向均能旋转。

控制电路对 M1、M2、M3 电动机有过载保护和欠电压保护能力，由热继电器 FR1、FR2、FR3 和欠电压继电器完成保护，4 台电动机由 FU1 做短路保护。电磁工作台控制电路首先由变压器 TC 进行变压，再经整流提供 110V 的直流电压，供电磁工作台用，它的保护线路是由欠电压继电器、放电电容和电阻组成的。

线路中的照明灯电路是由变压器提供 36V 电压，由低压灯泡进行照明。另外，还有 5 个指示灯：HL1 亮证明工作台通入电源，HL2 亮表示液压泵电动机已运行，HL3 亮表示砂轮电动机及冷却泵电动机已工作，HL4 亮表示砂轮升降电动机工作，HL5 亮表示电磁吸盘工作，EL 亮表示照明灯开。

M7120 型卧轴矩台平面磨床的工作原理是：当电源 380V 正常通入磨床后，电路无故障时，欠电压继电器动作，其常开触头 KA 闭合，为 KM1、KM2 接触器吸合做好准备；按下 SB2 按钮后，接触器 KM1 的线圈得电吸合，液压泵电动机开始运转，由于接触器 KM1 的吸合，自锁点自锁使电动机 M1 在松开按钮后继续运行，工作完毕按下停止按钮 SB1，KM1 失

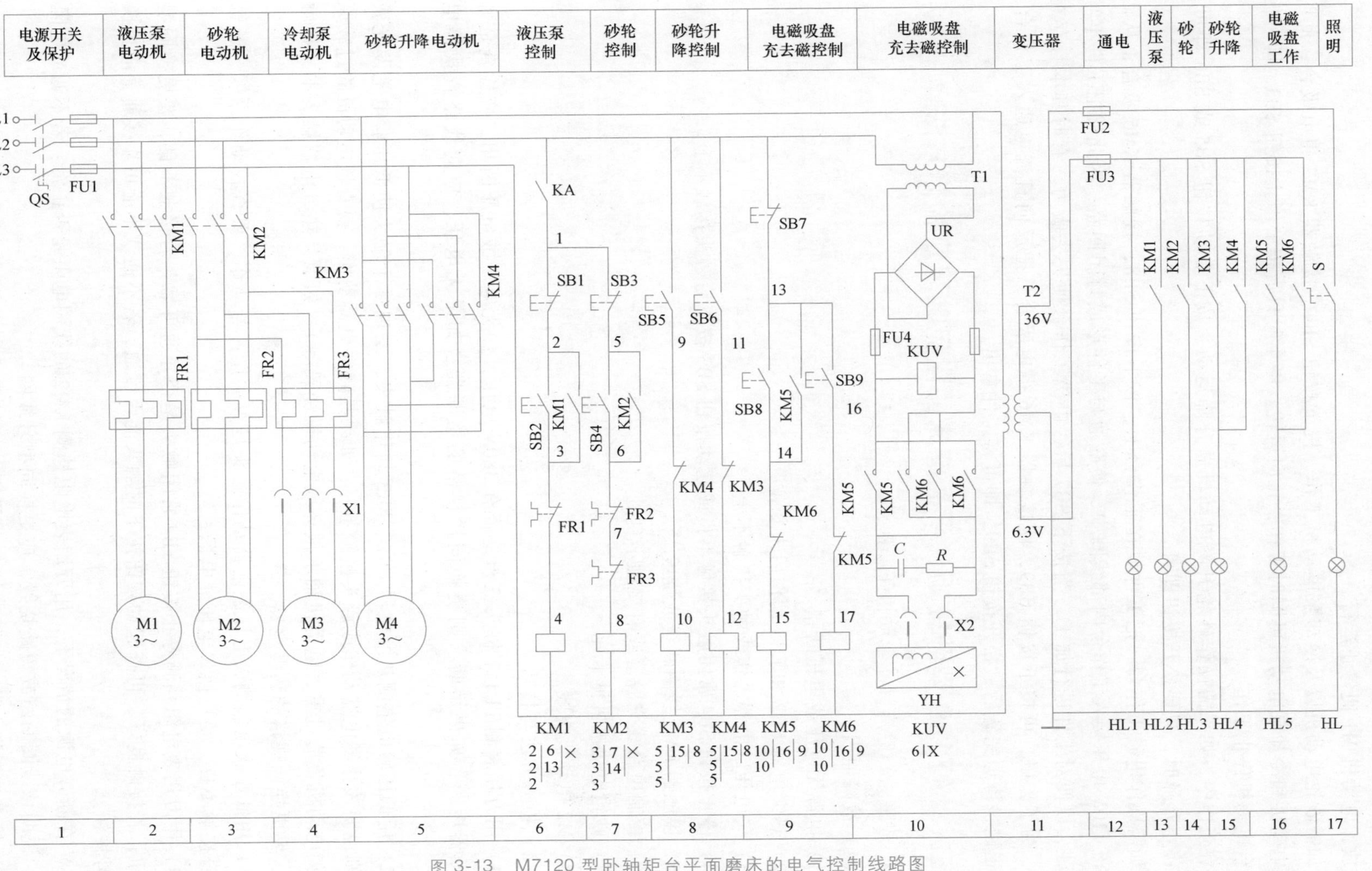

图 3-13 M7120 型卧轴矩台平面磨床的电气控制线路图

电释放，电动机 M1 便停止运行。

如需砂轮电动机以及冷却泵电动机工作，按下按钮 SB4，接触器 KM2 得电吸合，此时砂轮电动机和冷却泵电动机可同时工作，正向运转。停车时只需按下停止按钮 SB3，即可使这两台电动机停止工作。

在工作中，如果需操作砂轮升降电动机做升降运动，按下点动按钮 SB5 或 SB6 即可；需要停止升降时，只要松开按钮即可。

如需操作电磁工作台，把工件放在工作台上，按下按钮 SB8，接触器 KM5 吸合，从而把直流 110V 电压接入工作台内部线圈中，使磁通与工件形成封闭回路，因此就把工件牢牢地吸住，以便对工件进行加工。当按下 SB7 后，电磁工作台便失去吸力。有时其本身存在剩磁，为了去磁，可按下按钮 SB9，使接触器 KM6 得电吸合，把反向直流电通入工作台，进行退磁，待退完磁后，松开按钮 SB9，即可将工件拿出。

二、M7120 型卧轴矩台平面磨床的常见故障及检修方法

1. 故障一：磨床砂轮电动机不能起动

（1）故障原因

1）电源无电压或电压断相。

2）热继电器 FR2 和 FR3 动作后未复位。

3）欠电压继电器动作或触头接触不上。

4）停止按钮 SB4 常闭触头接触不良或起动按钮 SB3 按下后触头接触不上。

5）接触器 KM2 线圈断线或烧毁。

6）控制电路线头脱落或有接触不良处。

7）砂轮电动机机械卡死。

8）M2 电动机烧毁。

（2）检修方法与技巧

1）用万用表测 FU1 下桩头三相是否有 380V 电压，如无电压或电压断相，应检查是哪个熔断器熔断：如果熔断，则更换同样规格的熔断器；如果无电压，应向线路查找停电原因。

2）用低压验电笔测热继电器 FR2、FR3 动作触头，发现哪个触头使低压验电笔发光微弱，则说明该热继电器动作或触头接触不好；如果是热继电器动作，要查该电动机的过载原因（如电动机负荷过重、电动机轴承损坏或电动机烧毁等）。如果是热继电器触头本身接触不良，要更换同规格的热继电器。

3）用低压验电笔测欠电压继电器动作触头是否动作：若动作，要查找动作原因；若触头本身接触不良，要更换欠电压继电器。

4）用万用表电阻档测停止按钮 SB4 常闭触头是否导通可靠：若接触不良，要更换同型号按钮；若接触良好，再查起动按钮按下时触头能否接通，若不通或不能可靠接通，应更换同型号按钮。

5）在断开电源的情况下，用万用表电阻档测 KM2 的线圈电阻是否正常：若不通或电阻过小，说明该线圈断路或短路烧毁，应更换同型号线圈。

6）检查按钮到电源、按钮到接触器线圈、接触器线圈到热继电器常闭触头 FR2、FR3

以及热继电器常闭触头 FR3 到欠电压继电器 KUV 常开触头之间有无断线、线路有无接触不良处，接触不良处要重新接好线路。

7）用手先转一下电动机风叶，检查电动机是否卡死：如果是电动机轴承损坏卡死，要从更换电动机轴承着手；如果是机械负栽太重而卡死，要检修机械部分。

8）用 500 V 兆欧表测量电动机 M2 线圈是否有断路、短路或接地等故障，若查出电动机烧毁，要更换电动机线包。

2. 故障二：磨床砂轮电动机在运转后，冷却泵电动机不起动

（1）故障原因

1）冷却泵电动机引入线插座接触不良或断线。

2）冷却泵电动机线圈烧断。

（2）检修方法与技巧

1）断开电源，检查插座 X1 与插头的接触处：太松要重新夹紧插座；若插座与插头中间有氧化物，要清除氧化物并重新连接好。

2）用 500V 兆欧表测冷却泵电动机线圈：如果断路，要打开电动机，检查线包；如果线头烧断，要重新焊接，并加强绝缘处理；如果电动机烧毁，要重新绕制电动机线包。

3. 故障三：砂轮升降电动机不能工作运转

（1）故障原因

1）控制回路有线头脱落或断线处。

2）升降电动机卡死。

3）升降电动机线圈烧断。

（2）检修方法与技巧

1）检查控制回路各个连接线头是否有松脱断线处，查出后要重新接好控制电路。

2）检查砂轮升降电动机是否机械卡死：若转不动或机械卡死，要清除障碍物，或从机械方面着手修复。

3）用 500V 兆欧表对砂轮升降电动机绕组进行测量：如果线圈烧断或接地，要打开电动机检查损坏情况，能局部修复的要局部修复；若线包烧毁，则要重新绕制线包。

4. 故障四：升降电动机只能上升而不能下降，或只能下降而不能上升

（1）故障原因

1）点动按钮 SB5 或 SB6 按下后触头接触不良。

2）接触器 KM3 或 KM4 互锁辅助触头接触不良或未复位。

3）接触器 KM3 或 KM4 线圈断路或烧毁。

（2）检修方法与技巧

1）用万用表电阻档在断开磨床电源的情况下，测 SB5 或 SB6 按钮按下后是否通路并接触可靠，若损坏或接触不良，要更换按钮 SB5 或者 SB6。

2）检查升降电动机的接触器，是否两个接触器都能在不工作时复位，若一个接触器机械卡死或触头发生轻微熔焊而不能复位，则对方互锁常闭触头就不能闭合，从而使电动机无法做反方向运转。要用低压验电笔测对方的互锁常闭触头是否接通，如果查出不通，要找出原因；若发生熔焊，要分开触头；若机械机构不灵活，要更换同型号的接触器；若互锁触头接触不良，可用两根导线并接该接触器的另一组常闭触头，使其接触可靠。

3）检查接触器 KM3 或 KM4 线圈接线：若线头脱落，要重新接好；若线路完好，要在断开电源的情况下，用万用表测接触器 KM3 或 KM4 的线圈是否断路或短路烧毁，测出线圈损坏时更换线圈或接触器。

5. 故障五：磨床液压泵电动机不能起动

（1）故障原因

1）电源无电压或熔断器 FU1 熔断断相。

2）欠电压继电器 KUV 触头接触不良。

3）热继电器 FR1 动作或接触不良。

4）控制按钮 SB1 或 SB2 接触不良或控制电路断线。

5）接触器 KM1 线圈烧毁或接触器动作机构不灵活、卡死。

6）液压泵电动机负载卡死。

7）液压泵电动机线圈烧断。

（2）检修方法与技巧

1）用低压验电笔测熔断器 FU1 下桩头有无电压：若无电压，应向线路查找原因；若一相有电压或两相有电压，要更换熔断器 FU1 的熔体。

2）检查欠电压继电器 KUV 触头是否接触不良，可用试电笔在控制回路通入电源的情况下，测两接点发亮效果是否一样，若不一样，则说明 KUV 接触不良，应更换 KUV。

3）用低压验电笔测热继电器 FR1 动作触头是否动作或接触不良：若已动作，要从电动机过载查起，然后再复位；若接触不良，要更换热继电器。

4）用万用表测 SB2 起动按钮常开触头或 SB1 停止按钮常闭触头是否接触可靠：若接触不良，应更换按钮或把起动按钮做停止按钮使用；若按钮无接触不良处，需从控制电路查起，找出断线或接触不良处并加以处理，重新连接好控制电路。

5）在磨床断电的情况下用万用表测接触器线圈：若线圈电阻阻值过小或不通，要更换线圈；如果线圈完好，要查接触器动作机构是否卡死不灵活，这时可在断开电源的情况下打开接触器灭弧盖，用螺钉旋具柄人为使接触器闭合几次，若查出动作机构不灵活，要更换新接触器。

6）用手转动一下该电动机风叶，若查出机械卡死，要解决机械方面问题。

7）用 500 V 兆欧表测液压泵电动机线圈对地以及三相是否短路接地，若线圈烧断，要更换电动机。

6. 故障六：磨床电磁工作台操作后不工作，接触器不吸合

（1）故障原因

1）起动按钮 SB8 和停止按钮 SB7 触头接触不良。

2）控制电路有断线处或接头有松脱现象。

3）接触器 KM5 线圈断线或烧断，接触器动作不灵活。

4）互锁辅助触头 KM6 常闭触头未闭合好或接触不良。

（2）检修方法与技巧

1）在断开磨床电源的情况下，用万用表测停止按钮 SB7 两接点能否在常规下可靠接通，若不通，要更换按钮。另外，也可在按下 SB8 后测该按钮两接点是否能可靠接通，如不通，要更换起动按钮。

2）检查L2、L3电源控制电路，SB8、SB7、KM6辅助互锁触头以及KM5线圈各接头是否松动脱落，若松动脱落，要重新接好。

3）在断开控制电源的情况下，用万用表测KM5接触器线圈电阻，判断是否断路或短路烧坏，若有断路或短路，要更换同型号线圈；若无备用线圈，可更换KM5接触器。如果线圈正常，应检查接触器主接点是否完好，并检查动作机构是否灵活，如卡死或不灵活，需更换新接触器。

4）在断电的情况下用万用表测与KM5接触器线圈串接的KM6接触器的辅助常闭触头，若触头不通，应检查KM6接触器是否触头熔焊不能释放，或辅助触头太脏里面有杂质导致接触不良。若接触器释放不到位，要更换KM6接触器；若接触器辅助触头KM6常闭互锁触头太脏导致接触不良，可并接另一组KM6常闭互锁触头来解决。

7. 故障七：磨床电磁工作台无直流电压输出

（1）故障原因

1）控制变压器TC接线端接线松脱或烧断。

2）控制变压器TC一次绕组或二次绕组烧毁。

3）桥式整流二极管击穿或烧断损坏。

4）熔断器FU4熔断或接触不良。

5）放电电容短路或电阻损坏。

（2）检修方法与技巧

1）检查控制变压器TC接线头有无松动烧毁，所接电源是否正常；若线头有松动烧断，要断开电源重新接好。

2）如果用万用表测控制变压器输入为380V，输出无电压，或变压器通入工作电压烧毁冒烟（注意负载不能短路），表明控制变压器已烧坏，要更换变压器。

3）用万用表测桥式整流电路的各个二极管的正反向电阻，若电阻为零或无穷大或无明显的正反向电阻差异，可判断二极管损坏，要更换同型号的整流二极管。

4）检查FU4是否熔断：若已熔断，要首先检查负荷端有无短路故障（如接触器换接正负极时短路、电容损坏、线路和电磁铁线圈短路），短路时更换损坏器件，然后换FU4熔断器。

5）用万用表在断开电源的情况下测量电容和电阻：若出现短路、断路或损坏等情况，要更换同型号、同功率的电阻或同耐压同容量的电容。

8. 故障八：磨床电磁工作台工作，但不能退磁

（1）故障原因

1）按钮SB9按下后不能闭合。

2）接触器KM6线圈的互锁触头、KM5常闭触头未闭合。

3）接触器KM6线圈断路烧断或机械卡死。

（2）检修方法与技巧

1）在断开磨床电源的情况下用万用表测按钮SB9常开触头，按下按钮观察能否接通，若接点接不通电路，应更换按钮SB9。

2）用万用表测接触器KM5互锁触头是否通路：若不通，应检查接触器KM5机械上是否完全复位，不复位时应查触头是否熔焊或机械动作不灵活，根据具体情况修复或更换接触

器 KM5。如果是 KM5 互锁触头接触不良，也可采取擦磨小辅助触头方法解决接触不良问题；若有多余的 KM5 常闭辅助触头，可采取并接方法增加触头接触的可靠性。

3）用万用表测接触器 KM6 线圈是否短路或烧断：若线圈损断，要更换同型号线圈；若线圈完好，要检查 KM6 接触器主触头以及动作机构，若不灵活，要更换接触器 KM6。

9. 故障九：工作台有直流电压输出，但电磁吸盘不工作

（1）故障原因

1）电磁工作台插座 X2 线路断线，插座接触不良或松脱。

2）电磁工作台线圈烧毁。

（2）检修方法与技巧

1）用万用表直流电压档测工作台插座 X2 电压是否正常：若正常，说明前端工作线路能工作，故障主要在后端。再检查插头与插座是否接触不良，修整插头与插座的接触：若插头、插座接触良好，要查线路是否断线，有断线处要接好。

2）用万用表测插座 X2：若有正常的直流电压，插头插座接触良好无断线处，那么应查电磁工作台线圈是否断路或匝间短路烧毁。用万用表测电磁吸盘线圈：若有断路或阻值比正常小，说明电磁工作台线圈烧断，要更换同型号的电磁工作台线圈。

10. 故障十：磨床低压照明灯不亮

（1）故障原因

1）照明变压器 T2 一次或二次绕组断路或匝间短路烧毁。

2）照明变压器二次侧 FU2 熔断。

3）开关 S 接触不良或不能接通。

4）照明灯座线脱落断线或灯座舌头接触不上灯泡。

5）照明低压灯泡烧毁。

（2）检修方法与技巧

1）在断开磨床电源情况下，用万用表电阻档测照明变压器 T2 一次与二次绕组的电阻，若有断路或电阻很小，说明绕组已断路或匝间短路，要更换照明变压器 T2。

2）检查照明变压器的 FU2 是否熔断：若熔断，要更换同型号的熔断器。同时，要查明是否二次电路到灯泡各处有短路点，如果有，应首先处理短路点故障，再通电工作。

3）修理照明开关 S，若损坏严重，要更换开关。

4）重点检查变压器输出端到照明灯泡各处线路有无断线点，如灯座接线和灯座铜舌头是否未与灯泡接触等，若断线，要接通断线，或者用小电笔尖把灯座舌头向外勾出些，使灯座与灯泡接触可靠。

5）把低压照明灯泡取下，用万用表电阻档测灯丝是否断路：若灯丝断路，要更换灯泡；若灯泡冒白烟，也需要更新低压照明灯泡。

11. 故障十一：磨床指示灯不亮成某指示灯不亮

（1）故障原因

1）照明变压器二次侧烧断或有匝间短路点。

2）熔断器 FU3 烧断。

3）指示灯泡 EL、HL1、HL2、HL3、HL4 中某灯泡烧坏。

4）接触器 KM1、KM2、KM3、KM4、KM5、KM6 中某辅助常开触头不能接通相对应的指示灯。

（2）检修方法与技巧

1）用万用表测照明变压器二次绕组是否断路或匝间短路。也可以通过测量电压来判定，若一次电压正常，二次侧无输出电压，则说明变压器损坏，要及时更换。

2）检查 FU3 是否烧断，若烧断，应更换，并着重检查是否二次电路有短路现象，若查出短路点，要先进行处理，再通电工作。

3）用万用表电阻档测不亮的指示灯泡是否烧断，若灯丝烧断，要更换灯泡。

4）若某指示灯泡不亮但灯泡完好，要查它本身对应的控制辅助常开触头，查接触器 KM1、KM2、KM3、KM4、KM5 或 KM6 等辅助触头，查出接触不良时，要进行修复。

磨床安全操作、维护保养规程

1. 工作前的例行检查

检查电动机运转是否正常，通风是否良好，裸露在外的电线有无破损，接触是否可靠。

1）检查油孔、油管，油路要畅通，油管接头要牢固，无漏水、漏油，油窗要明亮，检查油标油位，按设备润滑图表进行定期注油润滑。

2）检查各手柄转动是否灵活，档位是否在所需位置，开关、旋钮是否灵敏，安全装置是否有效。

3）检查除尘设施的气动装置，滑轨是否通畅，挡帘是否到位，开关及电磁阀是否灵敏，喷嘴位置是否正确。

4）吹气枪限在本台设备上使用，不得拉伸到其他机器上使用，以防损坏，用完后立即放回原处，以免乱挂被机器夹坏或者气管被切屑扎漏。

5）检查工作台电磁吸盘的磁力是否正常（将一块 50mm×200mm 铁板放入，此时用手无法移除工件）。

6）检查冷却水泵运转是否正常，冷却管道是否畅通，过滤网及切削液有无杂物、铁屑。

7）机床前、后、左、右、上、下各方向移动、滑动是否正常。

2. 基本操作

1）加工前应起动设备进行预热 5min 以上。

2）新砂轮平衡前要检查砂轮是否有裂纹、缺口，首次使用的砂轮至少要空转 5min，之后每次使用砂轮之前至少要空转 2min。安装砂轮时应注意砂轮内孔与法兰盘之间的间隙，紧固螺钉时应用专用扳手对称、分次、逐渐拧紧，严禁使用补充工具接长或敲打。

3）用干净布将工作台上的防锈油擦净。

4）根据工件材质及加工工序，装上已平衡好的、所需规格的砂轮。

5）把砂轮升高，再次将工作台擦拭干净。

6）工件装夹时，必须提前去除毛刺，所选择的垫块要适当，防止工件飞出，工件轻置于工作台上，并利用侧面挡板和垫块准确将工件定位，并上磁固定，确认工件吸牢后，才可开始加工。

7）磨削对刀时，需要在容易接触工件的表面上（工件最高点）涂上颜色，对刀时以砂轮擦掉该颜色为准，进给量要均匀，且只有当砂轮离开工件时方可进刀。

8）开动砂轮前，应将液压传动手柄放在“停止”位置，调整速度手柄放在“最低”位置，砂轮快速移动手柄放在“后退”位置，以防开机时突然撞击。

9）第一次进刀时，要缓慢进给，根据工件长度调整并固定好往复限位挡铁。

3. 磨削用量的选择

1）精磨时，纵向进给量要小，无进给量的空行程次数要足够多，禁止留下砂轮走刀的痕迹。

2）测量工件时，砂轮要退出磨削区域并停稳，保证有一定的安全距离；拆卸工件及擦拭工作台时，工作台要移动到右下角，工件或垫块从工作台右边取出。

4. 注意事项

1）禁止私自调节防尘设施气缸上的限位开关位置，不得在挡帘到位时仍按开关，以免挡帘超位或限位开关失灵。

2）修整砂轮或磨削工件前，一定要首先确认工作台是否上磁，以防修刀或工件飞出伤人。

3）磨削前后将防护挡板挡好，禁止手摸加工面。加工中及砂轮旋转中，禁止打开砂轮防护罩，禁止人站立在砂轮旋转方向。

4）磨削过程中若砂轮破裂，不要马上退出，应使其停止转动后再处理。

5）砂轮未退离工件时，不得停止砂轮转动。

6）干磨工件时，中途不允许加切削液；干磨转湿磨时，砂轮要空转2min，待砂轮散热后方可工作；湿磨工件切削液停止时，应立即停止磨削；湿磨作业结束后，砂轮应空转2min，以甩掉砂轮上的切削液。

7）工作中禁止戴手套，衣服拉链必须锁好，衣服袖子没有卷上来时纽扣要扣好，修整砂轮时要戴好防护眼镜。

8）磨削过程中要坚守工作岗位，随时注意机床运转情况，若发现有不良响声或磨头温度过高，应立即停机检查并报告现场管理人员。

9）严禁设备超负荷、超规定和违章运行工作。

5. 维护保养

（1）每日下班前十分钟

1）关闭机床电控总开关及电控柜空气开关。

2）对磨床进行清扫擦拭，涂油，清除磨屑污垢、黄袍，并对工作场地进行清理、清扫，周末和节假日前要进行彻底清扫。

3）把手柄开关、节流阀、旋钮恢复到原位或关闭位置。

4）不能用吹气枪清洁工作台台面，清洁工件时应远离机台，防止沙粒进入导轨、油路系统。

（2）周期性保养

1）磨床运行三个月要进行周期性保养，保养时间为4~6h。

2）首先切断电源，然后进行保养工作。磨床维护保养内容及要求见表3-3。

表 3-3 磨床维护保养内容及要求

序号	保养位置	保养内容及要求
1	外保养	1. 清洗机床外表面及各壳罩，保持内外清洁，无锈蚀 2. 清洁导轨面，检查并修光毛刺 3. 清洗长丝杠，光杠和操作杆，要求无油污 4. 补齐紧固螺钉，螺母、手轮和手柄等机件，保持机床整齐 5. 清洗机床附件，做到清洁、整齐、防锈
2	主轴	1. 清洗各部位 2. 检查、调整交换齿轮间隙 3. 检查调整摩擦片间隙及制止器 4. 检查传动齿轮有无错位和松动
3	操作台	1. 清洗各部位 2. 检查调整交换齿轮间隙 3. 检查轴套有无松动拉毛
4	润滑	1. 清洗油线、油毡，保证油孔、油路畅通 2. 油质油量要符合要求，油标明亮
5	冷却	清洗冷却泵、过滤器、冷却槽、水管和水阀，清除泄漏
6	电器	1. 清除电动、电气箱上的灰尘、油污 2. 检查各电气元器件触头，要求性能良好，安全可靠 3. 检查、紧固接零装置
7	主轴轴承和主轴下轴承	定期用黄油润滑（每年清洗一次，卸下主轴带轮和花键套，将轴承从轴承座中取出，然后添加黄油）
8	其他摩擦部分和轴承	用机油润滑主轴下面的轴承，将机油注入主轴带轮花键套中
9	防尘设施	1. 检查防尘设施气动装置滑轨是否通畅，挡帘是否到位 2. 检查按钮、限位开关及电磁阀是否灵敏

思考与练习题

1. 电动机的控制电路中采用自锁和互锁的作用是什么？
2. Z3050 型摇臂钻床的锁紧控制起什么作用？
3. Z3050 型摇臂钻床主轴电动机不能起动，试说明故障原因及处理方法。
4. M7120 型卧轴矩台平面磨床的电气控制电路的工作特点是什么？

项目4 CHAPTER 2 交流电动机的起动控制电路

学习目标

了解磨粉机及卷扬机的类型及作用，熟练掌握Y-△减压起动控制原理，掌握自耦变压器减压起动的原理，掌握上述电路的安装方法，能够检修和排除常见故障。

任务 4-1　磨粉机的减压起动控制

任务导入

磨粉机广泛应用于冶金、建材、化工和矿山等领域内矿产品物料的粉磨加工。根据所磨物料的细度和出料物料的细度，磨粉机可分纵摆磨粉机、高压悬辊磨粉机、高压微粉磨粉机、直通式离心磨粉机、超压梯形磨粉机及三环中速磨粉机六种类型。

某工厂现有磨粉机一套，其外形图如图 4-1 所示。根据生产要求，三相异步电动机的功率为 20kW，功率较大不可以直接起动，现要求设计控制箱一台，实现对电动机的减压起动控制。

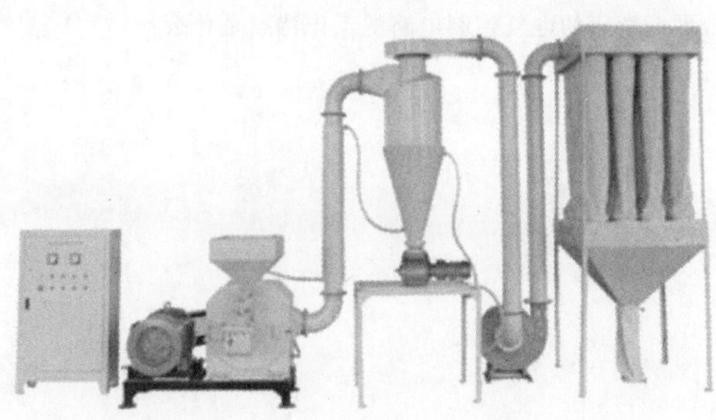

图 4-1　磨粉机外形图

任务分析

较大功率（大于 10kW）的笼型异步电动机因起动电流较大，不允许采用全压起动时，应采用减压起动。有时为了减小起动时对机械设备的冲击，即便是允许直接起动的电动机，也往往采用减压起动。因为电动机的电磁转矩与端电压的二次方成正比，减压起动会使电动机的起动转矩同时减小，所以减压起动仅适用于空载或轻载起动。

电动机减压起动方法有定子绕组串电阻或电抗器减压起动、自耦变压器减压起动、Y-△减压起动及延边三角形减压起动等，本任务只介绍后两种减压起动电路。

Y-△减压起动控制电路包括用两个接触器控制和用三个接触器控制两种。在用两个接触器控制的Y-△电路中，接触器的辅助触头需要用在主电路中，因辅助触头的额定电流小于主触头，所以只适用于小功率（13kW 以下）电动机。用三个接触器控制的电路才适用于大功率的电动机。

一、基本方案

选择基本方案的任务是：确定整个系统的基本控制方案，确定主要元器件的大类。按照本任务的要求，控制对象为 1 台大功率电动机。

大功率电动机的起动控制要求是减压起动，同时具备各种保护功能，这里选择Y-△减压起动控制方法。

Y-△减压起动适用于△联结的三相异步电动机，采用Y-△减压起动方法可达到限制起动电流的目的。起动时定子绕组先接成Y联结起动，等电动机转速升高到接近于稳定转速时，将定子绕组换成△联结，电动机便进入全压运行模式。

二、相关知识

（一）时间继电器

从得到输入信号（线圈通电或断电）开始，经过一定的延时后才输出信号（触头闭合或断开）的继电器，称为时间继电器。时间继电器的文字符号为 KT，图形符号如图 4-2 所示。

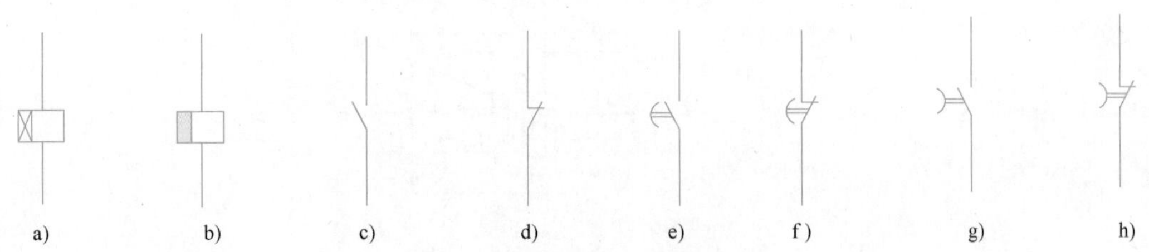

图 4-2　时间继电器图形符号

a）通电延时线圈　b）断电延时线圈　c）瞬动常开触头　d）瞬动常闭触头　e）通电延时闭合的常开触头　f）通电延时断开的常闭触头　g）断电延时断开的常开触头　h）断电延时闭合的常闭触头

1. 直流电磁式时间继电器

（1）直流电磁式时间继电器的工作原理　直流电磁式时间继电器是利用电磁系统在电磁线圈断电后磁通延缓变化的原理工作的。在直流电磁式电压继电器的铁心上增加一个铜制或铝制的阻尼套管，就可构成时间继电器。

当线圈断电后，通过铁心的磁通迅速减少，由于电磁感应，在阻尼套管中产生感应电流，感应电流产生的磁场总是要阻碍原磁场的减弱，使衔铁释放推迟 0.3~5.5s。

当通电时，直流电磁式时间继电器吸合，由于衔铁处于释放位置，气隙大、磁阻大、磁通小，阻尼套管的阻尼作用相对较小，因此铁心吸合时的延时可以忽略不计。

（2）直流电磁式时间继电器的特点　直流电磁式时间继电器的特点是：结构简单、价格低廉、延时较短（0.3~5.5s），只能用于直流断电延时，延时精度不高，体积大。常用的有 JT3、JT18 系列。

（3）直流电磁式时间继电器改变延时的方法　改变直流电磁式时间继电器延时长短的方法有如下两种：

1）粗调，改变安装在衔铁上的非磁性垫片的厚度，垫片厚时延时短，垫片薄时延时长。

2）细调，调整反力弹簧的反力大小，弹簧紧则延时短，弹簧松则延时长。

2. 空气阻尼式时间继电器

（1）空气阻尼式时间继电器的工作原理　空气阻尼式时间继电器是利用空气的阻尼作用达到延时目的的。

空气阻尼式时间继电器由电磁系统、触头系统（由两个微动开关构成，包括两对瞬时触头和两对延时触头）、空气室及传动机构等部分组成。JS7-A 系列空气阻尼式时间继电器的结构如图 4-3 所示。

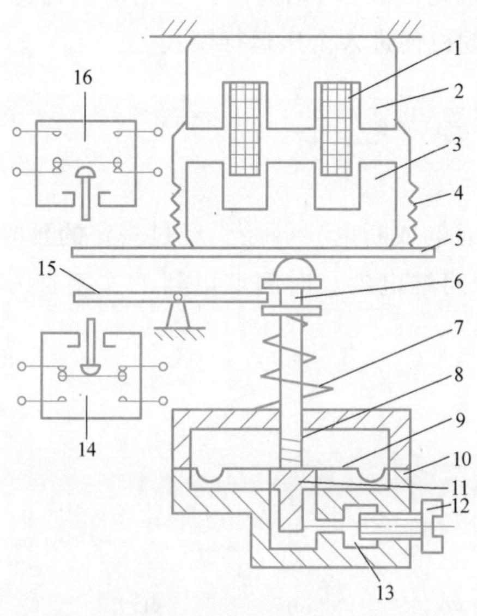

图 4-3　JS7-A 系列空气阻尼式时间继电器的结构

1—线圈　2—铁心　3—衔铁　4—反作用弹簧　5—推板　6—活塞杆　7—弹簧　8—弱弹簧
9—橡皮膜　10—空气室　11—活塞　12—调节螺杆　13—进气孔　14、16—微动开关　15—杠杆当线圈1通电后，衔铁3吸合，微动开关16受压，其触头瞬时动作，活塞杆6在弹簧7的作用下带动活塞11及橡皮膜9向上移动，这时橡皮膜下面空气稀薄，与橡皮膜上面的空气形成压力差，对活塞的向上移动产生阻尼作用，因此活塞杆6只能缓慢地向上移动，其移动速度取决于进气孔13的大小，进气孔13的大小可通过调节螺杆12进行调整。经过一段延时后，活塞杆6才能移动到最上端。这时通过杠杆15压动微动开关14，使其延时触头动作，常开触头闭合，常闭触头断开。当线圈1断电后，电磁力消失，衔铁3在反作用弹簧4的作用下释放，并通过活塞杆6将活塞11推向下端，这时橡皮膜9下方气室内的空气通过橡皮膜9、弱弹簧8和活塞11的肩部，迅速地从橡皮膜上方的气室缝隙中排掉，微动开关14、16能迅速复位，无延时。

断电延时型时间继电器的结构与通电延时型类似，只是电磁铁安装方向不同。断电延时型时间继电器的结构如图4-4所示。

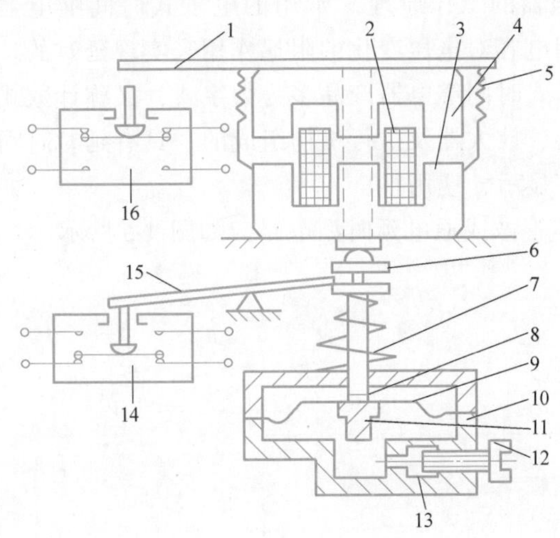

图4-4 断电延时型时间继电器

1—推板 2—线圈 3—铁心 4—衔铁 5—反作用弹簧 6—活塞杆 7—弹簧 8—弱弹簧 9—橡皮膜 10—空气室 11—活塞 12—调节螺杆 13—进气孔 14—微动开关 15—杠杆 16—微动开关

因为断电延时型时间继电器的电磁铁安装方向不同，所以原理有所不同：当衔铁吸合时推动活塞复位，排出空气；当衔铁释放时，活塞杆在弹簧作用下使活塞向下移动，实现断电延时。

（2）空气阻尼式时间继电器的特点　空气阻尼式时间继电器的特点是：结构简单、价格较低、延时范围较大（0.4~180s），不受电源电压及频率波动的影响，有通电延时和断电延时两种，但延时误差较大，一般用于延时精度不高的场合。常用的有JS7-A、JS23等系列。

（3）空气阻尼式时间继电器改变延时的方法　一般可通过调整进气孔的大小来调整延时。

3. 电动式时间继电器

（1）电动式时间继电器的工作原理　电动式时间继电器是由微型同步电动机拖动减速

机构，经机械机构获得触头延时动作的时间继电器。电动式时间继电器由微型同步电动机、电磁离合器、减速齿轮、触头系统、脱扣机构和延时调整机构等组成。

电动式时间继电器有通电延时和断电延时两种。

(2) 电动式时间继电器的特点　电动式时间继电器的特点是：延时精度高，不受电源电压波动和环境温度变化的影响；延时范围大（几秒到几十小时），延时时间由指针指示。其缺点是：结构复杂，价格高，不适于频繁操作，寿命短，延时误差受电源频率的影响。

常用的电动式时间继电器有 JS11、JS17 系列和西门子公司的 7PR 系列等。

(3) 电动式时间继电器调整延时的方法　延时的长短可通过改变整定装置中定位指针的位置实现，但定位指针的调整对于通电延时型时间继电器应在电磁离合器线圈断电的情况下进行，对于断电延时型时间继电器应在电磁离合器线圈通电的情况下进行。

4. 电子式时间继电器

(1) 电子式时间继电器的工作原理　常用的电子式时间继电器为阻容式时间继电器。阻容式时间继电器是利用电容对电压变化的阻尼作用来实现延时的。

近年来新开发的电子式时间继电器产品多为数字式，又称计数式，其结构是由脉冲发生器、计数器、数字显示器、放大器及执行机构组成的，具有延时时间长、调节方便、精度高等优点，有的还带有数字显示，应用很广。

JS20 系列场效应晶体管做成通电延时型电路，如图 4-5 所示。

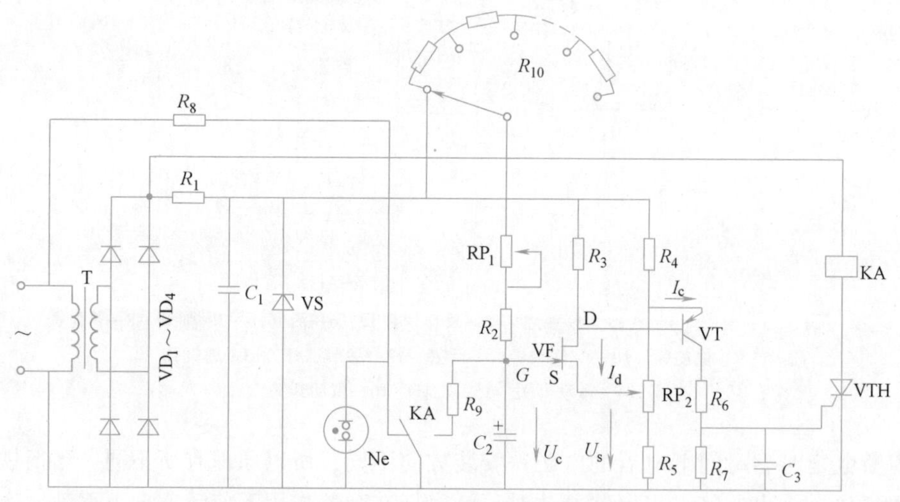

图 4-5　JS20 系列场效应晶体管电路

接通电源后，经整流滤波和稳压后的直流电压经波段开关上的电阻 R_{10}、RP_1、R_2 向电容 C_2 充电。当电容器 C_2 的电压上升到 $|U_c-U_s|<|U_p|$ 时（U_c 为电容器 C_2 两端电压，U_s 为场效应晶体管 VF 源极电压，U_p 为场效应晶体管 VF 开启电压），VF 导通，D 点电位下降，VT 导通，晶闸管 VTH 被触发导通，继电器 KA 线圈通电动作，输出延时信号。从时间继电器通电给电容 C_2 充电，到 KA 动作的这段时间为延时时间。KA 动作后，其常开触头闭合，C_2 经 R_9 放电，VF、VT 相继截止，为下次动作做准备。同时，KA 的常闭触头断开，Ne 氖泡启辉。VF、VT 相继截止后，晶闸管 VTH 仍保持接通，KA 线圈保持通电状态，只有切断电源，继电器 KA 才断电释放。

（2）电子式时间继电器的特点

1）优点：延时时间较长（几分到几十分），延时精度比空气阻尼式的好，体积小、机械结构简单、调节方便、寿命长、可靠性强。

2）缺点：延时受电压波动和环境温度变化的影响，抗干扰性差。

（3）电子式时间继电器调整延时的方法　调节单极多位开关，改变 R_{10} 的值，就可以改变延时时间的长短。

（4）ST3P 系列时间继电器　ST3P 系列时间继电器适用于交流 50Hz，工作电压 380V 及以下或直流工作电压 24V 的控制电路中，作为延时器件，按预定的时间接通或分断电路。ST3P 系列时间继电器的接线图如图 4-6 所示。

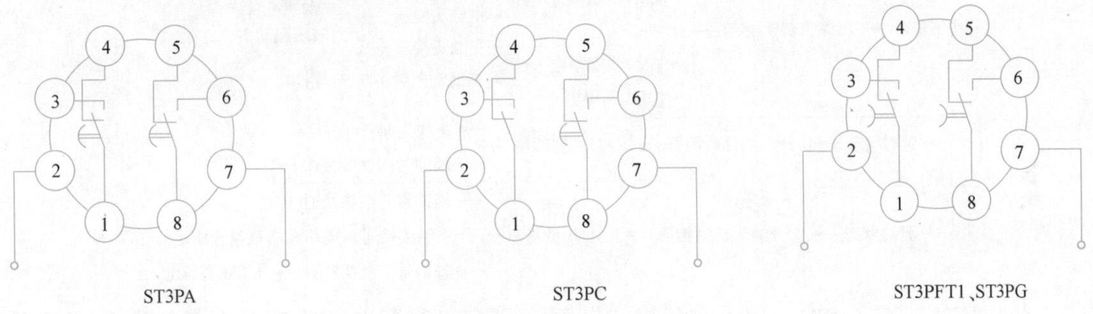

图 4-6　ST3P 系列时间继电器的接线图

三、Y-△减压起动控制电路

（一）Y-△减压起动原理分析

包含三个交流接触器控制的电路，三相电动机Y-△减压起动控制电路如图 4-7 所示。L1、L2、L3 为三相交流电源，N 为零线，QS 为电源开关，FU1、FU2 分别为主电路和控制电路的熔断器，SB1 为停止按钮，SB2 为起动按钮，KM1、KM2、KM3 为接触器，FR 为热继电器，KT 为电子式时间继电器，M 为三相交流电动机。

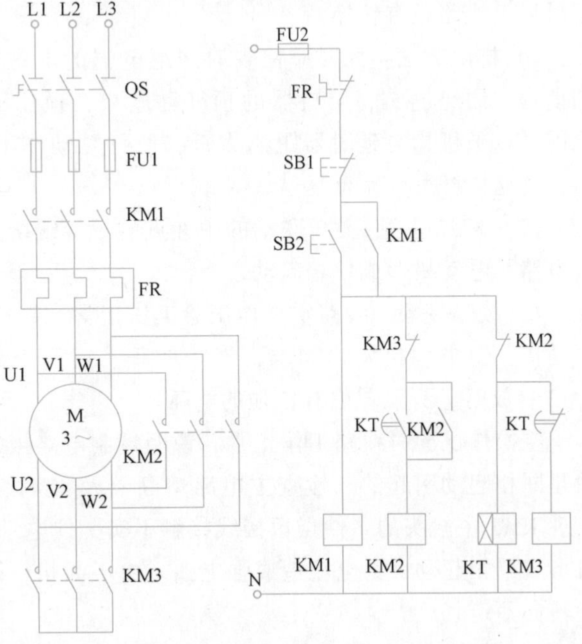

图 4-7　三相电动机Y-△减压起动控制电路

1. 工作原理

合上电源开关 QS，按下起动按钮 SB2，KM1 线圈得电并自锁，同时 KM3 线圈也得电，电动机绕组接成Y联结进行减压起动，在 KM3 得电的同时，时间继电器 KT 线圈得电经过延时后，KT 的常闭触头断开，KM3 线圈断电，KT 的常开触头接通，KM2 线圈得电并自锁，电动机转为△联结，全压运行。当 KM2 线圈得电后，常闭触头断开，KT

线圈断电，避免时间继电器长期工作，KM2、KM3 常闭触头互锁的目的是防止 KM2、KM3 两个接触器同时得电造成电源短路。

电动机每相绕组的额定电压为 380V，而电网的线电压也是 380V，起动时先接成Y联结，加在绕组上的电压降低到额定值的 $1/\sqrt{3}$，因而电动机起动电流 I_{IST} 减小；待电动机转速升高后，再换成△联结。利用这种方法起动时，其起动转矩只有直接起动的 1/3。

2. 操作及动作过程

合上电源开关 QS，接通主电路和控制电路的电源。

（1）起动

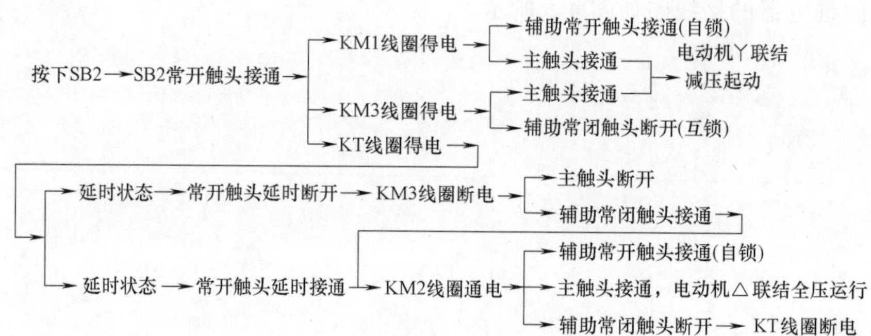

（2）停止　按下 SB1→SB1 常闭触头断开→所有线圈断电→所有触头复位→电动机 M 断电；分断 QS，设备断电，为下次起动做准备。

（二）常见故障分析

（1）使用空气阻尼式时间继电器，在调整电磁机构的安装方向后，电磁机构的位置安装不准确。

1）故障现象：进行空操作试车时，按下 SB2 后，KM1、KM3、KT 得电动作，但过 5s 延时后，线路没有转换。

2）排除方法：此时应检查时间继电器的电磁机构的安装位置是否准确，用手按压 KT 的衔铁，约经过 5s，延时器的顶杆已放松，顶住了衔铁，而未听到延时触头动作的声音。原因是电磁机构与延时器距离太近，使气囊动作不到位。调整电磁机构位置，使衔铁动作后，气囊顶杆可以完全复位。

（2）KM3 主触头的Y联结的中性点的短接线接触不实，使电动机一相绕组末端引线未接入电路，电动机形成单相起动。

1）故障现象：线路空操作试验工作正常，带负荷试车时，按下 SB2，KM1 及 KM3 均得电动作，但电动机发出异响，转子向正、反两个方向颤动；立即按下 SB1 停车，KM1 及 KM3 释放时，灭弧罩内有较强的电弧。

空操作试验时线路工作正常，说明控制电路接线正确。带负荷试车时，电动机的故障现象是断相起动引起的。检查主电路熔断器及 KM1、KM3 主触头未见异常，检查连接线时，发现 KM3 主触头的中性点短接线接触不实，使电动机 W 相绕组末端引线未接入电路，电动机形成单相起动，大电流造成强电弧。由于断相，绕组内不能形成旋转磁场，使电动机转轴的转向不定。

2）排除方法：接好中性点的接线，紧固好各端子，重新通电试车。

（3）KM2 接触器的自锁触头接线松脱

1）故障现象：空操作试验时，Y联结起动正常，过 5s 接触器换接，再过 5s，又换接一次……如此重复。

2）排除方法：接好 KM2 自锁触头的接线，重新试车。

知识拓展

延边三角形减压起动是一种不增加专用设备，又可适当提高转矩的减压方法。起动过程中，将定子绕组接成延边三角形，起动完毕后，将其改变成△联结进入正常运行。

延边三角形减压起动控制电路如图 4-8 所示。图中，L1、L2、L3 为三相交流电源，N 为零线，QS 为电源开关，FU1、FU2 分别为主电路和控制电路熔断器，SB1 为停止按钮，SB2 为起动按钮，KM1、KM2、KM3 为接触器，KT 为电子式时间继电器，M 为三相交流电动机。

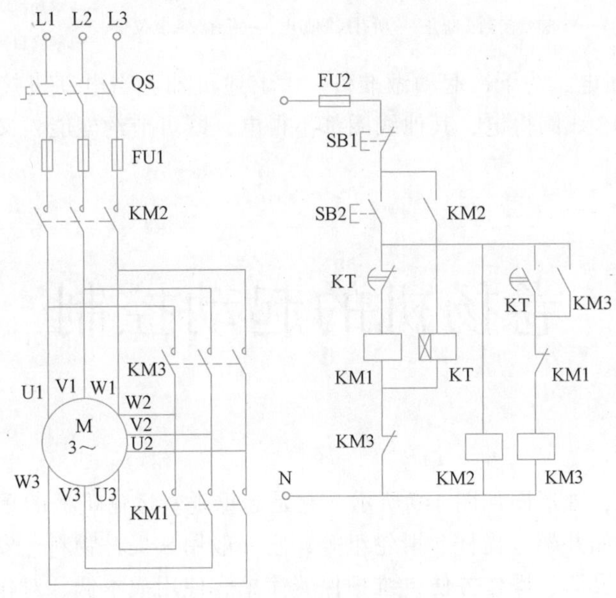

图 4-8 延边三角形减压起动控制电路

1. 工作原理

合上电源开关 QS，按下 SB2，根据延边三角形减压起动定子绕组接线图，U1、V1、W1 为三相绕组的首端，U2、V2、W2 为三相绕组的尾端，U3、V3、W3 为三相绕组的中间抽头，当接触器 KM1 的主触头接通而 KM3 的主触头断开时，电动机定子绕组接成延边三角形，当接触器 KM3 的主触头接通而 KM1 的主触头断开时，电动机定子绕组接成三角形。注意：接触器 KM1 和 KM3 的主触头不能同时接通，即接触器 KM1 和 KM3 之间应有互锁，以防止电动机的部分定子绕组短路而产生严重后果，KM2 的主触头用于接通和断开主电路电源。

2. 操作及动作过程

合上电源开关 QS，接通主电路和控制电路电源。

（1）起动

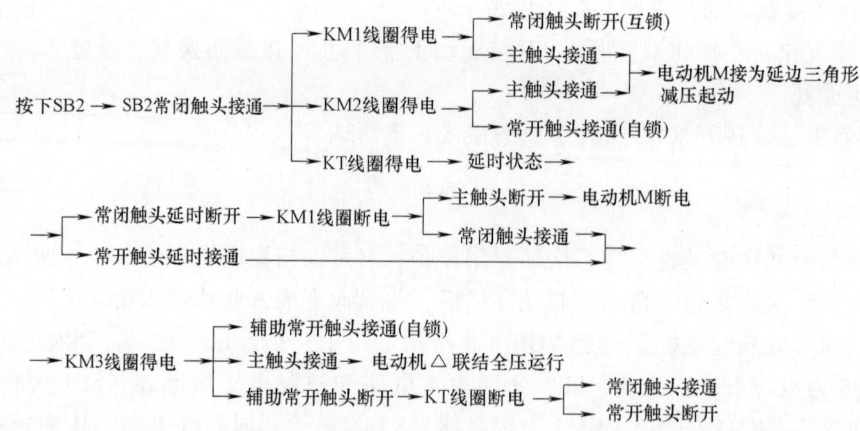
KM1线圈得电
常闭触头断开(互锁)
主触头接通
电动机M接为延边三角形
减压起动
按下SB2
SB2常闭触头接通
KM2线圈得电
主触头接通
常开触头接通(自锁)
KT线圈得电
延时状态
常闭触头延时断开
KM1线圈断电
主触头断开
电动机M断电
常闭触头接通
常开触头延时接通
KM3线圈得电
辅助常开触头接通(自锁)
主触头接通
电动机△联结全压运行
辅助常开触头断开
KT线圈断电
常闭触头接通
常开触头断开

（2）停止

按下SB1 → SB1常闭触头断开 → 所有线圈断电 → 所有触头复位 → 电动机M断电；解除自锁

分断 QS，设备断电，为下次起动做准备。由上述可知：当电动机接成△联结全压运行时，只有 KM2 和 KM3 线圈得电，其他线圈都不得电，既可节约电能，又可延长电器的使用寿命。

任务 4-2　卷扬机的起动控制

任务导入

卷扬机又称绞车，外形图如图 4-9 所示。它是起重垂直运输机械的重要组成部分，一般配合一些辅助设备，如井架、桅杆、滑轮组等，它一般用来提升物料、安装设备。因为具有结构简单、搬运安装灵活、操作方便、维护保养简单、使用成本低、对作业环境适应能力强等特点，卷扬机被广泛应用于冶金、起重、建筑及水利作业等方面。

1. 卷扬机的常见类型

常见的卷扬机吨位包括 0.3t、0.5t、1t、1.5t、2t、3t、5t、6t、8t、10t、15t、20t、25t 和 30t。

把是否符合国家标准作为依据，卷扬机可分为国标卷扬机、非标卷扬机。符合国家标准设计的卷扬机是国标卷扬机，而厂家自己定义标准的卷扬机为非标卷扬机。

图 4-9　卷扬机外形图

2. 卷扬机的常见型号

1）JK0.5-JK5 单卷筒快速卷扬机。

2）JK0.5-JK12.5 单卷筒慢速卷扬机。

3）JKL1.6-JKL5 溜放型快速卷扬机。

4）JML5、JML6、JML10 溜放型打桩用卷扬机。

5）JK2JK2-2JML10 双卷筒卷扬机。

6）JT800、JT700 型防爆提升卷扬机。

7）JK0. 3-JK15 电控卷扬机。

8）非标卷扬机。

其中，一般快速卷扬机由 JK 表示，慢速卷扬机由 JM 表示，防爆卷扬机由 JT 表示，一个卷筒容纳钢丝绳的是单卷筒，两个卷筒容纳钢丝绳的是双卷筒。

任务分析

随着基础工业的发展，大型设备和建筑构件要求整体安装，促进了大型卷扬机的发展。通过通电或断电来实现卷扬机的工作或制动，物料的提升或下降由电动机的正反转来实现，操作简单方便。为了实现大功率电动机的起动，本任务选用自耦变压器减压起动方法。

任务实施

一、基本方案

自耦变压器是一次侧、二次侧无须绝缘的特种变压器。它的一次绕组和二次绕组是在同一绕组上，即只有一个绕组的变压器，也就是说，它是输出和输入共用一组线圈的特殊变压器。

自耦变压器减压起动是利用自耦变压器来降低加在电动机定子绕组上的电压，达到限制起动电流的目的。电动机起动时，定子绕组加上自耦变压器的二次电压；起动结束后，甩开自耦变压器，定子绕组上加额定电压，电动机全压运行。自耦变压器减压起动分为手动控制和自动控制两种。

二、相关知识

自耦变压器常用于交流输变电线路和交流调压器中，是一种只有一组线圈的变压器。线圈按设计原则有不同数量的中间抽头，按照不同的接法可以对交流电压实现升压或减压。自耦变压器属于无隔离的变压器，自耦变压器的工作原理如图 4-10 所示。

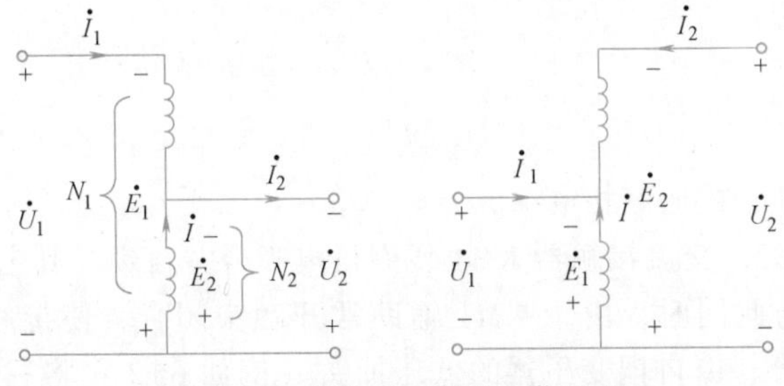

图 4-10 自耦变压器的工作原理

自耦变压器作为减压变压器使用时，从绕组中抽出一部分线匝作为二次绕组；作为升压变压器使用时，外施电压只加在绕组的一部分线匝上。通常把同时属于一次和二次的那部分绕组称为公共绕组，其余部分称为串联绕组。同容量的自耦变压器与普通变压器相比，不但尺寸小，而且效率高，变压器容量越大，电压越高，这个优点就越加突出。随着电力系统的发展、电压等级的提高和输送容量的增大，自耦变压器因容量大、损耗小、造价低而得到了广泛应用。

自耦变压器的最大特点是：二次绕组是一次绕组的一部分（减压变压器），或一次绕组是二次绕组的一部分（升压变压器）。

自耦变压器的优点：两个绕组部分重叠，因此可以节省部分铜线，体积小，结构较为简单。

自耦变压器的缺点：一次绕组和二次绕组之间不能完全隔离。在减压电路中，若二次绕组意外断开，就会使输出电压值升至和一次侧的一样高，导致危险。

三、自耦减压起动控制电路

（一）自耦减压起动原理分析

图 4-11 所示为交流电动机自耦减压起动自动切换控制电路原理图，自动切换靠时间继电器完成。用时间继电器切换能可靠地完成由起动到运行的转换过程，不会造成起动时间长短不一的情况，也不会因起动时间长造成烧毁自耦变压器的事故。

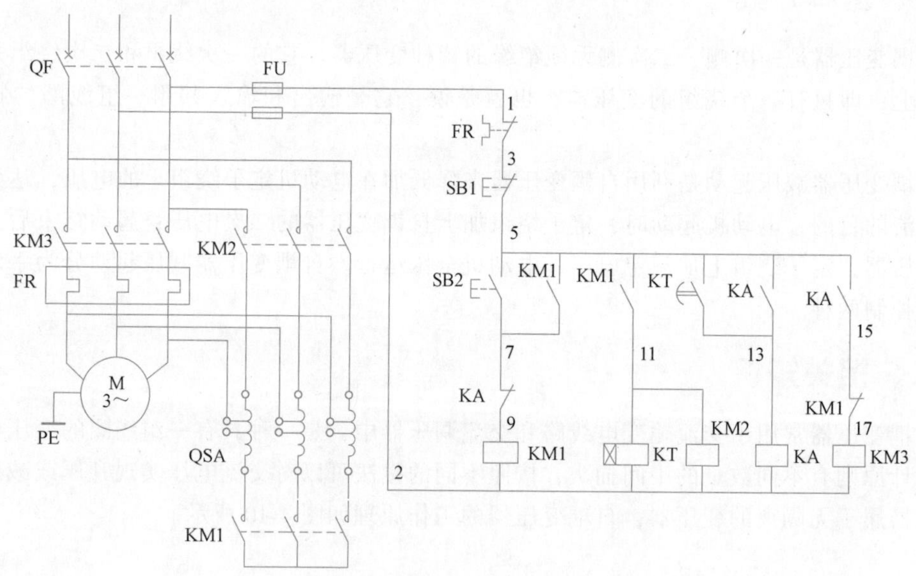

图 4-11　自耦减压起动自动切换控制电路原理图

控制过程如下：

1）合上断路器 QF，接通三相电源。

2）按起动按钮 SB2，交流接触器 KM1 线圈得电吸合并自锁，其主触头闭合，将自耦变压器线圈接成星形。与此同时，由于 KM1 辅助常开触头闭合，使接触器 KM2 线圈得电吸合，KM2 的主触头闭合，由自耦变压器的低压抽头（例如 65%）将三相电压的 65% 接入电动机。

3）KM1 辅助常开触头闭合，使时间继电器 KT 线圈得电，并按已整定好的时间开始计时。时间到达后，KT 的延时常开触头闭合，使中间继电器 KA 线圈通电吸合并自锁。

4）由于KA线圈得电，其常闭触头断开，使KM1线圈断电，KM1常开触头全部释放，因KM1主触头断开，解除了自耦变压器的三相绕组Y联结；同时KM2线圈断电，其主触头断开，切断自耦变压器电源。KA的常闭触头闭合，通过KM1已经复位的常闭触头，使KM3线圈得电吸合，KM3主触头接通电动机在全压下运行。

5）KM1的常开触头断开也使时间继电器KT线圈断电，其延时闭合触头释放，保证了在电动机起动任务完成后，使时间继电器KT可处于断电状态。

6）欲停车时，可按按钮SB1，使控制电路全部断电，电动机断开电源而停转。

7）电动机的过载保护由热继电器FR完成。

（二）常见故障分析

（1）带负荷起动时，电动机声音异常，转速低不能接近额定转速，接换到运行时有很大的冲击电流

1）故障现象：电动机声音异常，转速低不能接近额定转速，说明电动机起动困难，怀疑是自耦变压器的抽头选择不合理、电动机绕组电压低、起动力矩小、拖动的负载大造成的。

2）排除方法：将自耦变压器的抽头改接在80%位置后，再试车，故障排除。

（2）电动机由起动转换到运行时，仍有很大的冲击电流，甚至跳闸

1）故障现象：这是电动机起动和运行的接换时间太短造成的。时间太短，电动机的起动电流还未下降，转速未接近额定转速就切换到全压运行状态。

2）排除方法：调整时间继电器的整定时间，延长起动时间，故障排除。

自耦减压起动电路的安装与调试

1）电动机自耦减压电路适用于任何接法的三相笼型异步电动机。

2）变压器的功率应与电动机的功率一致，如果小于电动机的功率，自耦变压器会因起动电流大发热而损坏绝缘，烧毁绕组。

3）按照图4-12所示的自耦减压起动电路接线图核对接线，要逐相地检查核对线号。防止接错线和漏接线。

4）起动电流很大，应认真检查主回路端子接线的压接是否牢固，有无虚接现象。

5）空载试验：拆下热继电器FR与电动机端子的连接线，接通电源，按下按钮SB2起动KM1与KM2动作吸合，KM3与KA不动作。时间继电器的整定时间到达后，KM1和KM2释放，KA和KM3动作吸合切换正常，反复试验几次，检查线路的可靠性。

6）带电动机试验：经空载试验无误后，恢复与电动机的接线。在带电动机试验中应注意起动与运行的接换过程，注意电动机的声音及电流的变化，电动机起动是否困难，有无异常情况，如有异常情况，应立即停车处理。

7）再次起动：自耦减压起动电路不能频繁操作，如果起动不成功的话，第二次起动应间隔4min以上，如在60s连续两次起动后，应停电4h后再次起动运行，这是为了防止自耦变压器绕组内起动电流太大而发热，损坏自耦变压器的绝缘。

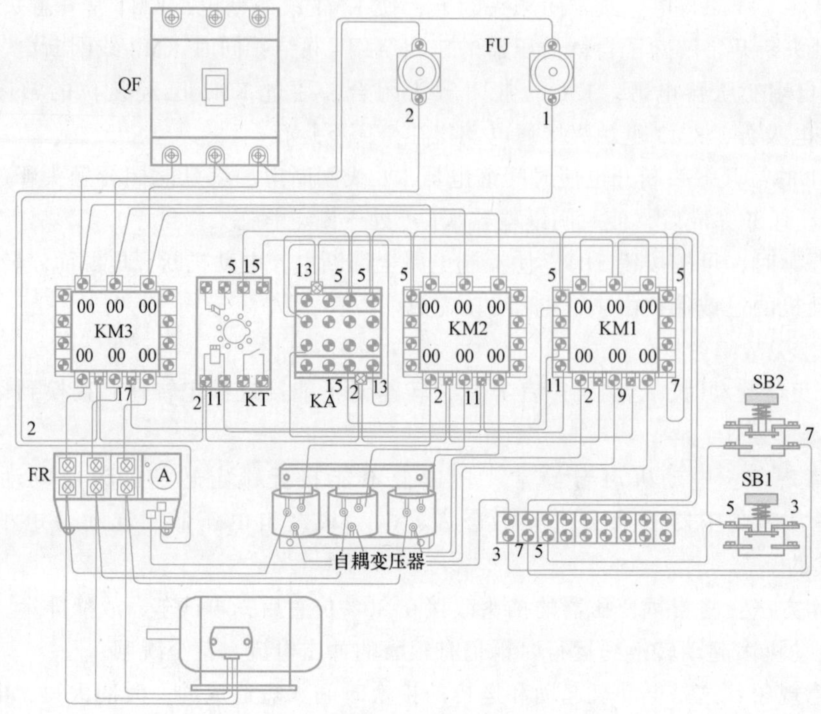

图 4-12　自耦减压起动电路接线示意图

思考与练习题

1. 分析图 4-7 所示三相交流电动机Y-△减压起动控制电路的工作原理。
2. 简述图 4-3 所示 JS7-A 系列空气阻尼式时间继电器的工作原理。
3. 自耦变压器的优缺点是什么？
4. 分析图 4-11 所示自耦减压起动电路的工作过程。

项目5 CHAPTER 5 交流电动机的制动控制电路

学习目标

熟悉三相异步电动机制动的工作原理；理解速度继电器的结构和工作原理；能识别和选用元器件，能通过外观检查初步判断元器件的好坏，核查其型号与规格是否符合任务书要求；能识读电气原理图，正确分析工作原理和过程；能识读安装图、接线图，明确安装要求，确定元器件、电动机等的安装位置，确保正确连接线路；按图样、工艺要求、安全规范和设备要求，安装元器件，按图接线，实现控制电路的正确连接。

任务 5-1　三相笼型异步电动机的反接制动

任务导入

某些生产机械（如车床等）要求在工作时频繁的起动与停止，有些工作机械（如起重机的吊钩）需要准确定位，这些机械都要求电动机在断电后迅速停转，以提高生产效率、保护安全生产。电动机断电后，能使电动机在很短的时间内就停转的方法，称作制动控制。

任务分析

三相异步电动机的制动方式主要有机械制动和电气制动。机械制动是指利用机械装置使电动机断开电源后迅速停转的方法，电磁抱闸制动是常见的机械制动方式。电气制动是指电动机产生一个与转子转速方向相反的电磁转矩，使电动机的转速迅速下降，常用的电气制动方式有反接制动、能耗制动等。

反接制动一般将电动机的电源正负极反接，改变电枢电流的方向，转矩的方向也改变，则转速与转矩的方向相反。交流电动机制动采用改变相序的方法产生反向转矩，原理类似。反接制动的制动力强、制动迅速、控制电路简单、设备投资少，但制动准确性差，制动过程中冲击力强烈，易损坏传动部件。

任务实施

一、基本方案

在电动机断开电源停车时，若迅速将三相电源线任意两相对调，就会使旋转磁场反向，转矩方向亦随之改变，但转子由于惯性仍按原方向转动，所以电动机因转矩方向与旋转方向相反而处于制动状态，这种制动称为反接制动。图 5-1 所示为反接制动原理图。

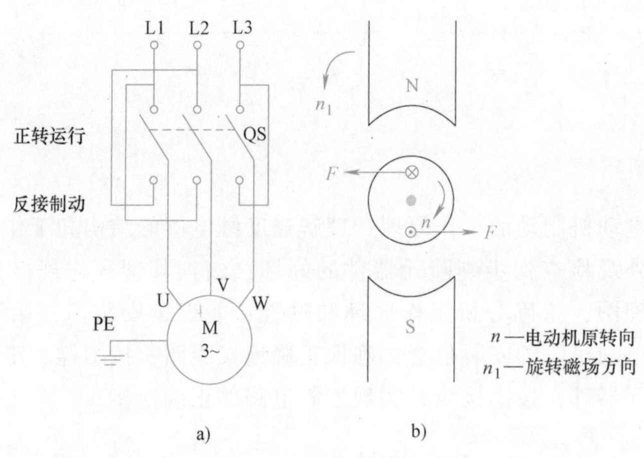

图 5-1　反接制动原理图

线路工作原理分析：图 5-1a 中 QS 为倒顺开关，当 QS 向上投合时，通入定子绕组的电源相序为 L1-U、L2-V、L3-W，电动机单向正常运行；当电动机需停车时，先拉开关 QS，使电动机的三相电源断开，随后将开关 QS 迅速向下投合，通过开关对调电源相序为 L1-V、L2-U，此时旋转磁场方向因电源相序改变而反向，转子因惯性而仍按原方向旋转，此时产生的转矩方向与电动机原转子转动方向相反，对电动机起制动作用，电动机速度迅速减慢直至停转。但如果开关在反接制动位置停留时间过长而没有及时分断，则电动机又将进入反转状态。为了避免这种现象，在实际电路中，一般都采用速度继电器进行反接制动的自动控制。

相关知识

速度继电器是一种可以按照被控电动机转速的高低接通或断开控制电路的电器。其主要作用是与接触器配合使用，实现对电动机的反接制动，故又称为反接制动继电器。机床控制电路中常用的速度继电器有 JY1 型（图 5-2）和 JFZ0 型。

图 5-2　JY1 型速度继电器的实物图

1. 型号及含义

以 JFZ0 为例，速度继电器的型号及含义如下：

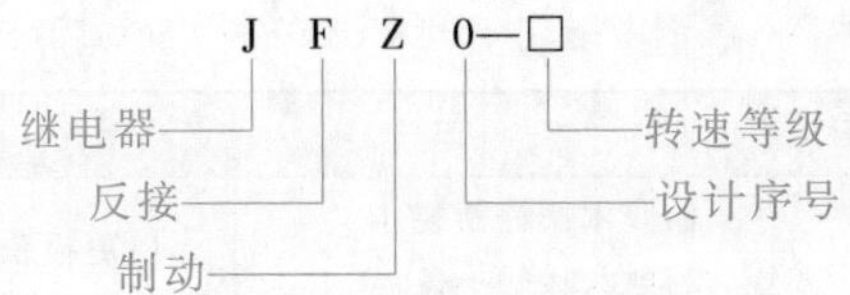

2. 速度继电器的结构

JY1型速度继电器的外形、结构及符号如图5-3所示。它主要由转子、定子和触头系统三部分组成。转子是一个圆柱形永久磁铁，能绕轴转动，且与被控电动机同轴。定子是一个笼型空心圆环，由硅钢片叠成，并装有笼型绕组。触头系统由两组转换触头组成，分别在转子正转和反转时动作。

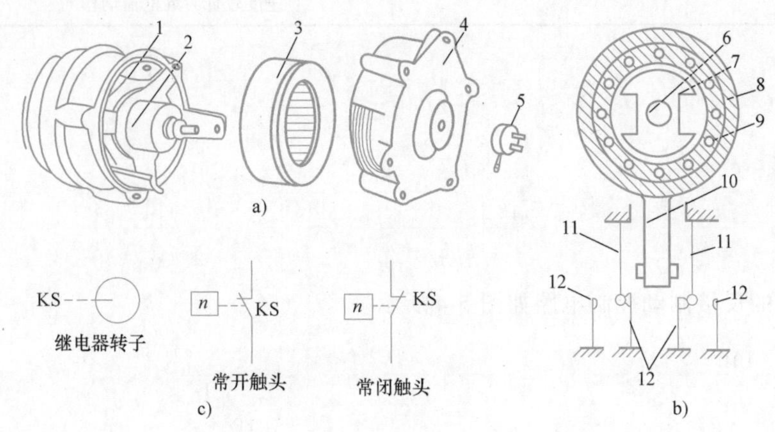

图5-3 JY1型速度继电器的外形、结构及符号

a）外形 b）结构 c）符号

1—可动支架 2、7—转子（永久磁铁） 3、8—定子 4—端盖 5—连接头 6—电动机轴 9—定子绕组 10—胶木摆杆 11—动触头 12—静触头

3. 速度继电器的工作原理

当电动机旋转时，速度继电器的转子随之转动，从而在转子和定子之间的气隙中产生旋转磁场，在定子绕组上产生感应电流。该电流在永久磁铁的旋转磁场作用下，产生电磁转矩，使定子随永久磁铁转动的方向偏转，偏转角度与电动机的转速成正比。当定子偏转到一定角度时，带动胶木摆杆推动弹簧片，使常闭触头断开，常开触头闭合。当电动机转速低于某一值时，定子产生转矩减小，触头在弹簧片作用下复位。

一般速度继电器的触头动作转速为120r/min，触头复位转速在100r/min以下。常用的速度继电器有JY1型和JFZ0型两种。其中，JY1型可在700~3600r/min范围内可靠地工作，JFZ0-1型的工作范围为300~1000r/min，JFZ0-2型的工作范围为100~3600r/min。

4. 速度继电器的选择及常见故障

速度继电器主要根据电动机的额定转速、触头数量及电压、电流来选用。

速度继电器的常见故障及处理方法见表5-1。

表 5-1　速度继电器的常见故障及处理方法

种类	故障现象	可能原因	处理方法
速度继电器	反接制动时速度继电器失效，电动机不制动	1）胶木摆杆断裂 2）触头接触不良 3）弹性动触片断裂或失去弹性 4）笼型绕组开路	1）更换胶木摆杆 2）清洗触头表面油垢 3）更换弹性动触片 4）更换笼型绕组
	电动机不能正常制动	速度继电器的弹性动触片调整不当	重新调节调整螺钉： 1）将调整螺钉向下旋，弹性动触片弹性增大，速度较高时继电器才动作 2）将调整螺钉向上旋，弹性动触片弹性减小，速度较低时继电器动作

二、自动控制的反接制动工作原理

1. 动作流程

合上电源开关 → 按下起动按钮 → 按下停止按钮 → 电动机制动 → 制动结束

2. 电路原理图设计

自动控制的反接制动控制电路如图 5-4 所示。

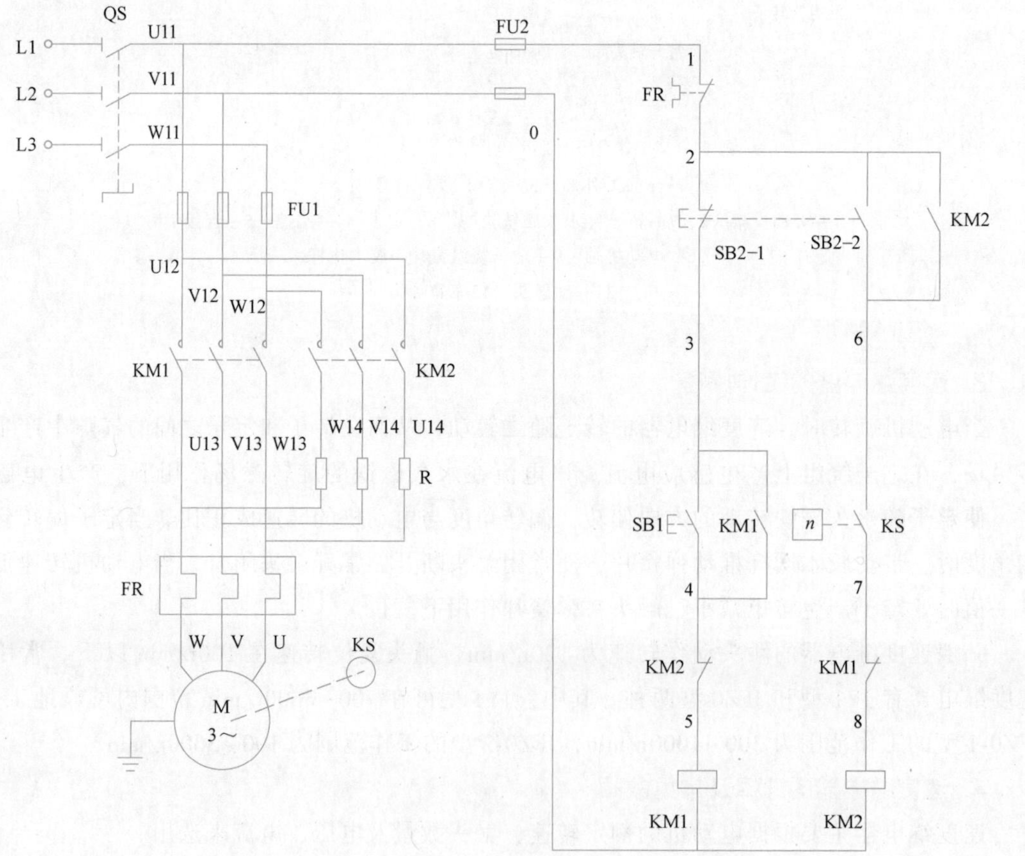

图 5-4　自动控制的反接制动控制电路

3. 工作原理

首先，合上 QS。

（1）起动

按下 SB1→KM1 线圈得电→电动机正转→转速上升到 120r/min 时，KS 常开触头闭合为制动做准备

（2）反接制动

按下 SB2→ →SB2-1 常闭触头先断开 → KM1 线圈失电 → 电动机失电惯性运转
→SB2-2 常开触头后闭合 → KM2 线圈得电 → 电动机反接制动 →

→电动机转速下降到 100r/min 时，KS 的常开触头打开→ KM2 线圈失电→电动机停转，制动结束

知识拓展

一、反接制动控制电路的现场安装、布线与调试

现场安装包含七个步骤：拆除旧有线路、定位元器件、安装元器件、接线、自检、通电试车（调试）以及交付验收。每个步骤都有相应的工艺要求，施工时要严格遵守。

（一）器材

1. 工具

电工常用工具包括低压验电笔、螺钉旋具、尖嘴钳、斜口钳、剥线钳和电工刀等。

2. 仪表

MF47 型万用表。

3. 元器件及耗材

在操作时，为了节约成本，可将需要的电气元器件规格降低等级，元器件及耗材清单见表 5-2。

表 5-2 元器件及耗材清单

序号	名称	型号	规格	数量	备注
1	控制板	50cm×50cm	304 不锈钢	1 块	网孔板
2	熔断器	RL1-15/10	380V	3 个	主电路用
3	熔断器	RL1-15/6	380V	2 个	控制电路用
4	熔体		10A	3 个	主电路用
5	熔体		6A	2 个	控制电路用
6	交流接触器	CJX2(LC1)F-115	380V	2 个	
7	热继电器	JR20-25L/11.7A	380V	1 个	
8	速度继电器	JY1		1 个	
9	电动机	YS5022-90W	380V	1 台	
10	按钮盒	3 孔		1 个	
11	按钮	NP2-BA		2 个	
12	接线端子	JF5-1.5mm^2		3 节	
13	铝合金卡轨	C45		2 个	
14	高低导轨			1 条	
15	铜塑线	BV1/1.37mm^2		10m	主电路用
16	铜塑线	BV1/1.13mm^2		5m	控制电路用

（续）

序号	名称	型号	规格	数量	备注
17	多股软线	BVR7/0.75mm²		2m	按钮线用
18	螺杆	M4×20		若干	
19	螺杆	M4×12		若干	
20	平垫圈	ϕ4mm		若干	
21	弹簧垫圈	ϕ4mm		若干	
22	螺母	ϕ4mm		若干	

（二）元器件安装工艺要求

1）接触器应垂直于安装面，安装孔用螺钉应加弹簧垫圈和平垫圈。安装倾斜度不超过5°，否则会影响接触器的动作特性。接触器散热孔置于垂直方向上，四周留有适当空间。安装和接线时，注意不要将螺钉、螺母或线头等杂物落入接触器内部，以防人为造成接触器不能正常工作或元器件烧毁。

2）按布置图在控制板上安装电气元器件，断路器、熔断器的受电端子应安装在控制板的外侧，并确保熔断器的受电端为底座的中心端。

3）各元器件的安装位置应整齐、匀称，间距合理，便于元器件的更换。

4）紧固各元器件时，用力要均匀，紧固程度适当。在紧固熔断器、接触器等元器件时，为防止损坏元器件，应该用手按住元器件，一边轻轻摇动，一边用螺钉旋具轮换旋紧对角线上的螺钉，直到手摇不动后，再适当旋紧些即可。

（三）板前明线布线工艺要求

布线时，应符合平直、整齐、紧贴敷设面、走线合理及接点不得松动等要求。具体原则如下：

1）布线通道要尽可能少，同路并行导线按主电路、控制电路分类集中，单层密排，紧贴安装面布线。

2）同一平面的导线应高低一致或前后一致，不能交叉。必须交叉时，该根导线应在接线端子引出时就水平架空跨越，且必须走线合理。

3）布线应横平竖直，分布均匀。变换走向时应垂直转向。

4）布线时严禁损伤线芯和导线绝缘。

5）布线顺序一般以接触器为中心，按由里向外、由低至高、先控制电路、后主电路的顺序进行，以不妨碍后续布线为原则。

6）在每根剥去绝缘层导线的两端套上编码套管。所有从一个接线端子（或接线桩）到另一个接线端子（或接线桩）的导线必须连续，中间无接头。

7）导线与接线端子或接线桩连接时，不得压绝缘层、不反圈以及不露铜过长。同一元器件、同一回路的不同接点的导线间距离应保持一致。

8）一个电气器件接线端子上的连接导线不得多于两根，每节接线端子板上的连接导线一般只允许连接一根。

（四）调试与检修

1. 自检

线路安装完成后要进行自检。首先直观检查接线是否正确、规范。按电路图或接线图，从电源端开始逐段核对接线及接线端子处线号是否正确、有无漏接或错接之处。检查导线接点是否符合要求、压接是否牢固。同时注意接点接触应良好，避免带负载运转时产生闪弧现象。

用万用表检查线路的通断情况。检查时，应选用倍率适当的电阻档，并进行校零，以防发生短路故障。对控制电路的检查（断开主电路），可将表笔分别搭在 V21、W21 线端上，读数应为“∞”。按下图 5-4 中的按钮 SB1 时，读数应为接触器线圈的直流电阻值。然后断开控制电路，再检查主电路有无开路或短路现象，此时，可用手动来代替接触器通电进行检查。用兆欧表检查线路的绝缘电阻的阻值，应不得小于 1MΩ。及时记录检查和测量结果，逐个修正，直至完全正确。

2. 线路故障检修的方法

1）用试验法观察故障现象，初步判定故障范围。

2）用逻辑分析法缩小故障范围。

3）用测量法（电压测量法和电阻测量法）确定故障点。

安装前测量各元件是否完好，坏的要修理好，修不好的要更换新的；同时要测量并记下所用交流接触器 KM1、KM2 线圈的直流电阻，不同型号的接触器具体的数值有较大差别，如常用的 CJX2-4011 交流接触器线圈的直流电阻约 2000Ω、而型号较新的 S-K21 线圈直流电阻则只有几百欧。首先，用万用表电阻档测量熔断器 FU1、FU2、FU3，电阻应为 0，若不导通，则更换熔体或重拧紧熔断器的瓷帽直到导通良好，然后才能进行下面的测量。万用表选用合适的档位，档位过大使示数太小，易误判为短路；档位过小使示数很大，易误判为开路，严重影响测量的准确性。一般选择万用表电阻档的×10 档或者×100 档。测量时，把万用表的两根表笔分别接在图 5-4 所示的控制电路的起点，即 FU2 的 U11、V11 两点（或 FU2 的出线点 0、1 两点），按下按钮、接触器位置开关等元器件，模拟控制元器件的工作，根据各条支路接触器线圈、继电器线圈的通断情况，通过万用表所指示的阻值变化来判断安装的线路是否正确。具体步骤可按照按钮功能、接触器自锁功能、接触器互锁功能及主电路的顺序进行，把万用表的两根表笔分别接在控制电路的起点，即 FU2 的 U11、V11 两点，万用表的读数应为∞（如果电阻为 0，则电路存在短路；如果电阻为 2000Ω 或 1000Ω，则有可能是自锁触头或起动按钮接错）。

注意：在接通电源后、通电试车前，应该用电压测量法测量各熔断器的输出电压是否正常，若不正常要找出原因；确定控制电路能正常控制后，一定要测量连接电动机的电源输出端子的电压是否正常，以免造成电动机通电时断相。

任务 5-2　三相笼型异步电动机的能耗制动

任务导入

所谓能耗制动，就是当电动机切断交流电源以后，立即在定子绕组的任意两相中通入直流电，迫使电动机制动停转。当切断电动机交流电源后，由于惯性作用，电动机仍沿着原方向运转，这时在电动机两相定子绕组中通入直流电，使定子产生一个恒定的静止磁场。做惯性运行的转子因切割磁力线而在转子绕组中产生感应电流，其方向可用右手定则判断，上部绕组圈边流入，下部绕组圈边流出。转子绕组中一旦产生感应电流，便立即受到静止磁场的作用，产生电磁转矩，可用左手定则判断，其转矩方向正好与电动机转向相反，使电动机受到反向电磁转矩的制动作用而迅速停转。由于这种方法是通过在定子绕组中通入直流电以消耗转子惯性运动能来进行制动的，所以称为能耗制动。

任务分析

能耗制动电源有半波整流和全波整流等形式。

1）半波整流：利用二极管单向导电性，选用一个整流二极管串接在电动机定子绕组一相电源电路中，把 380V 交流电压整流变成脉动直流电压。

2）全波整流：由变压器和 4 个二极管构成桥式整流电路，有分立元器件，也有集成元器件（四端口整流硅堆）。这种整流电路输出脉动电压较半波整流平稳些。

能耗制动中通入电动机的直流电流不能太大，过大会烧坏定子绕组。

全波整流单向能耗制动控制电路

如图 5-5 所示，L1、L2、L3 为三相交流电源，N 为零线，QS 为电源开关，FU1、FU2 分别为主电路和控制电路熔断器，SB2 为起动按钮，SB1 为能耗制动停止按钮，KM1 为单向运行接触器，KM2 为能耗制动接触器，KT 为空气阻尼式时间继电器，TC 为整流变压器，VC 为桥式整流电路，FR 为热继电器，M 为三相电动机。

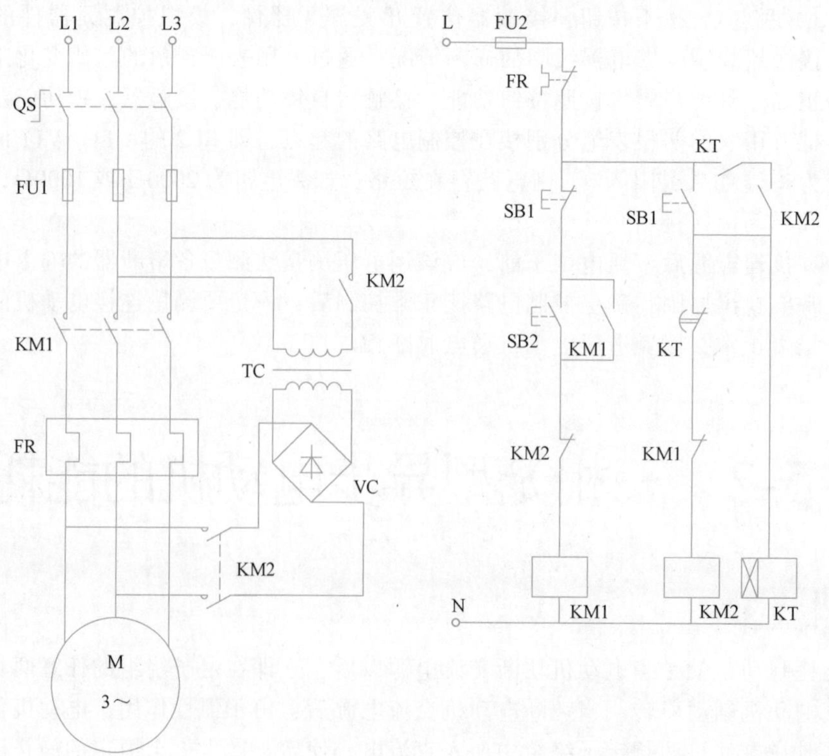

图 5-5　全波整流单向能耗制动控制电路

1. 工作原理

合上电源开关 QS，按下按钮 SB2，接触器 KM1 线圈得电并自锁，KM1 主触头接通电动机单向运行，KM1 常闭互锁。进行能耗制动时，按下按钮 SB1，常闭触头断开，KM1 线圈断电，主触头断开，电动机定子绕组脱离三相交流电源，SB1 常开触头接通，KM2 线圈得电，KT 线圈得电，瞬动触头接通延时状态，KM2 主触头接通电动机，通入直流电源并制动，KM2 常开触头自锁，常闭触头互锁，延时时间到，延时常闭触头断开，KM2 线圈断电，主触头断开（结束制动），常开触头断开，KT 线圈断电，常闭触头接通，解除互锁。

在此电路中，将 KT 常开瞬动触头与 KM2 常开触头串接来自锁，是为了避免时间继电器线圈断线和其他故障导致 KT 常闭延时触头无法断开，使 KM2 线圈长期通电和电动机定子绕组长期通入直流电源。

对于 10kW 以上功率的电动机，大多采用有整流变压器单相全波整流单相能耗制动的自动控制电路，该电路中的直流电源由单相桥式整流变压器供给，电阻是用来调节直流电流的，可调节制动强度；整流变压器一次侧（交流侧）与整流器的直流侧同时切换，有利于提高触头的使用寿命。

2. 操作及动作过程

合上电源开关 QS，接通主电路和控制电路的电源。

起动：

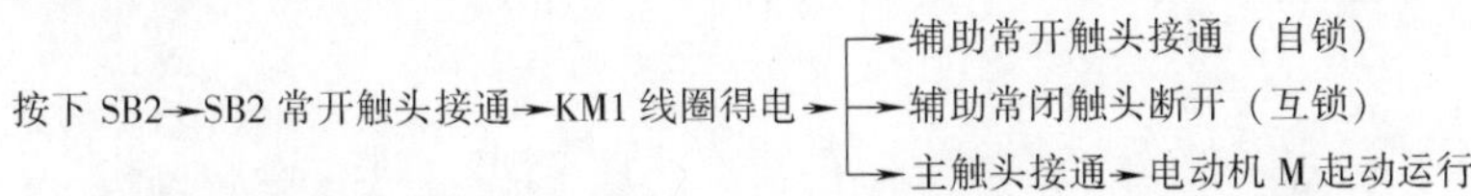
按下 SB2→SB2 常开触头接通→KM1 线圈得电→
辅助常开触头接通（自锁）
辅助常闭触头断开（互锁）
主触头接通→电动机 M 起动运行

能耗制动电动机停止：

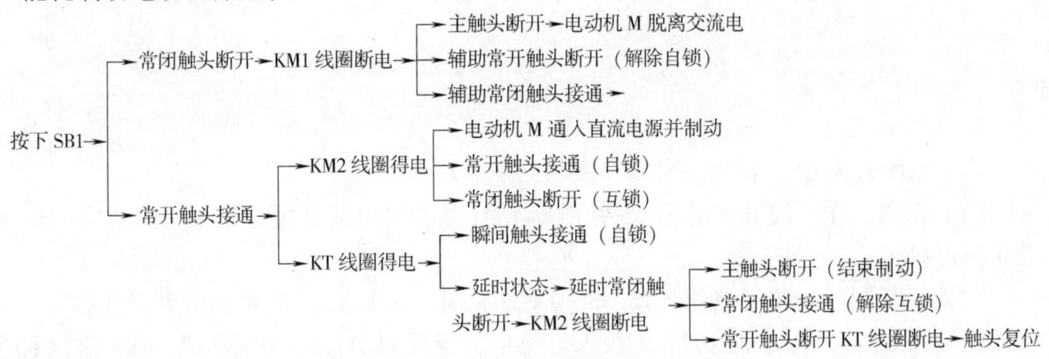
按下 SB1→
常闭触头断开→KM1 线圈断电→
主触头断开→电动机 M 脱离交流电
辅助常开触头断开（解除自锁）
辅助常闭触头接通→
常开触头接通→
KM2 线圈得电→
电动机 M 通入直流电源并制动
常开触头接通（自锁）
常闭触头断开（互锁）
KT 线圈得电→
瞬间触头接通（自锁）
延时状态→延时常闭触
头断开→KM2 线圈断电
主触头断开（结束制动）
常闭触头接通（解除互锁）
常开触头断开 KT 线圈断电→触头复位

能耗制动后，分断 QS，设备断电，为下次起动做准备。

能耗制动时产生的制动力矩大小与通入定子绕组中的直流电流大小、电动机的转速、反转电路的电阻有关。电流越大，产生的静止磁场就越强，而转速越高，转子切割磁力线的速度就越大，产生的制动力矩也就越大。

能耗制动的优点是：制动准确、平稳，对机械传动装置的冲击小，能量消耗少；缺点是：需附加直流电源，设备成本较高，制动力较弱，特别是在低速时制动力矩小。

知识拓展

一、双重联锁正反转能耗制动控制电路

如图 5-6 所示，L1、L2、L3 为三相交流电源，N 为零线，QS 为电源开关，FU1、FU2

分别为主电路和控制电路熔断器，SB2、SB3 为正反转启动按钮，SB1 为能耗制动停止按钮，KM1、KM2 为正反向运行接触器，KM3 为能耗制动接触器，KT 为空气阻尼式时间继电器，VD 为半波整流二极管，FR 为热继电器，M 为三相电动机。

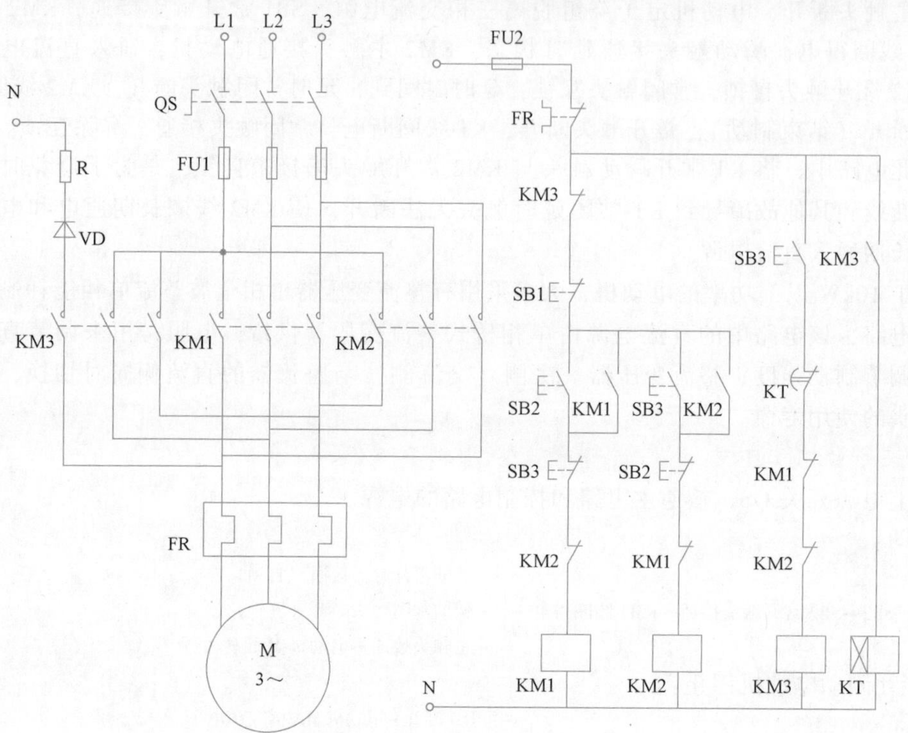

图 5-6　双重联锁正反转能耗制动控制电路

1. 工作原理

合上电源开关 QS，接通主电路和控制电路电源。

（1）正向工作　按下按钮 SB2，接触器 KM1 线圈得电并自锁，主触头接通电动机 M 起动正向运行。

（2）能耗制动　按下按钮 SB1，常闭触头断开，KM1 线圈断电；常开触头接通，KM3 线圈得电，主触头闭合，电动机 M 接入直流电，能耗制动；KT 线圈得电，KT 常闭触头延时后断开，KM3 线圈断电，主触头断开，电动机 M 断电停转，能耗制动结束。

（3）反向工作　原理和正向工作原理相同，请读者自行分析。

2. 操作和动作过程

合上电源开关 QS，接通主电路和控制电路电源。

（1）起动

1）正向

2）反向

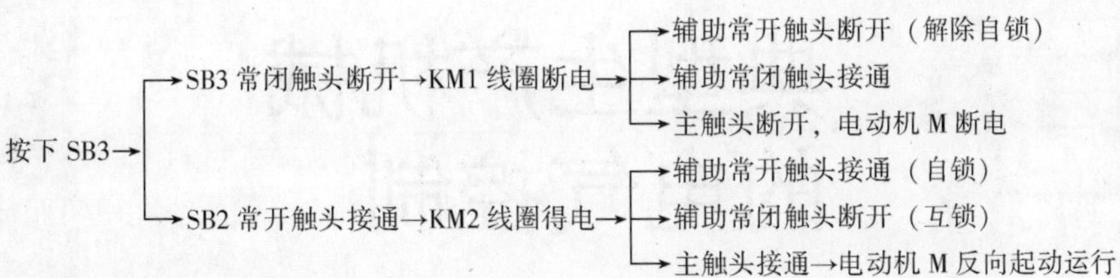
按下 SB3→
SB3 常闭触头断开→KM1 线圈断电→
辅助常开触头断开（解除自锁）
辅助常闭触头接通
主触头断开，电动机 M 断电
SB2 常开触头接通→KM2 线圈得电→
辅助常开触头接通（自锁）
辅助常闭触头断开（互锁）
主触头接通→电动机 M 反向起动运行

（2）能耗制动停止

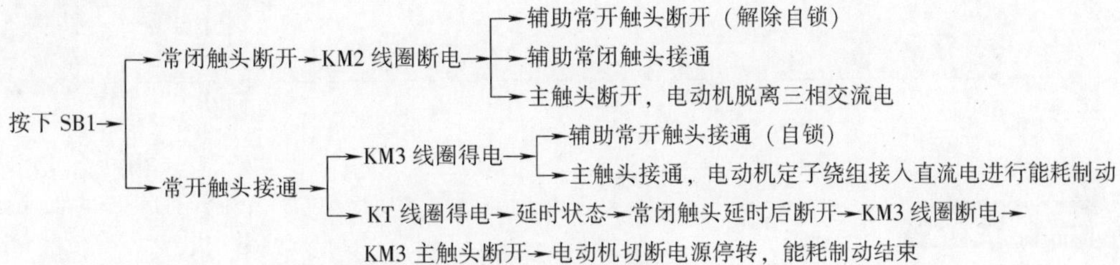
按下 SB1→
常闭触头断开→KM2 线圈断电→
辅助常开触头断开（解除自锁）
辅助常闭触头接通
主触头断开，电动机脱离三相交流电
常开触头接通→
KM3 线圈得电→
辅助常开触头接通（自锁）
主触头接通，电动机定子绕组接入直流电进行能耗制动
KT 线圈得电→延时状态→常闭触头延时后断开→KM3 线圈断电→
KM3 主触头断开→电动机切断电源停转，能耗制动结束

分断电源开关 QS，设备断电，为下次起动做准备。

思考与练习题

1. 什么是反接制动？有什么特点？
2. 什么是能耗制动？有什么特点？
3. 试分析图 5-7 所示的三相笼型异步电动机单向运行串电阻反接制动控制电路的起动与制动工作原理。

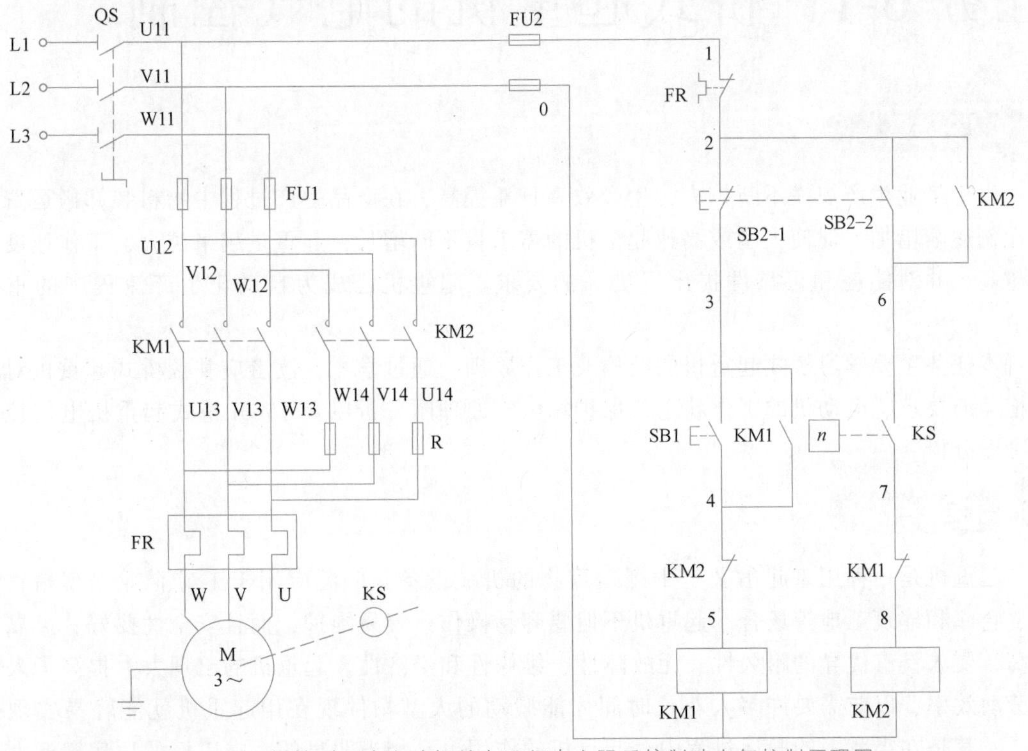
QS
L1
L2
L3
U11
V11
W11
FU2
FU1
1
0
FR
2
U12
V12
W12
KM1
KM2
SB2-1
SB2-2
3
6
U13 V13 W13
W14 V14 U14
R
SB1
KM1
n
KS
4
7
FR
KM2
KM1
W V U
KS
5
8
M
3～
KM1
KM2

图 5-7　三相笼型异步电动机单向运行串电阻反接制动电气控制原理图

4. 画出异步电动机单向能耗制动控制电路的主电路和控制电路，要求按速度原则控制。

项目6 CHAPTER 6 典型生产机械的电气控制

学习目标

掌握桥式起重机的结构及工作原理，掌握组合机床动力滑台的分类及优缺点、组合机床动力滑台的工作过程，掌握变频器在冷却塔风机控制系统中的应用。通过本项目的学习，读者能进行简单故障的检修、维护，能利用 PLC、变频器进行相关设备的改造。

任务 6-1　桥式起重机的电气控制

任务导入

由于工业生产规模不断扩大，生产效率日益提高，在产品生产过程中物料装卸搬运费所占比例逐渐增加，促使大型或高速起重机的需求量不断增长，起重量越来越大，工作速度越来越高，并对能耗和可靠性提出了更高的要求。起重机已成为自动化生产流程中的重要环节。

本任务主要学习桥式起重机的结构及工作原理。通过学习，读者应掌握桥式起重机对电力拖动的要求、电动机的工作状态、保护箱电气原理图分析以及 15/3t 桥式起重机电气控制原理图分析。

任务分析

起重机是一种用来起吊及空中搬运重物的机械设备，广泛应用于工矿企业、车站、港口、仓库和建筑工地等场合。起重机不但要容易操作、容易维护，而且安全性要好，可靠性要高，要求具有优异的耐久性、无故障性、维修性和经济性。起重机的出现大大提高了人们的劳动效率，以前需要许多人花长时间才能搬动的大型物件现在用起重机就能轻易实现效果，尤其是在小范围的搬运过程中，起重机的作用也是相当明显的。在工厂的厂房搬运大型零件或重型装置时，桥式起重机是不可或缺的。起重机包括桥式、门式、梁式和旋转式等多种，其中以桥式起重机的应用最广。

任务实施

一、桥式起重机概述

起重机是用来在短距离内提升和移动物件的机械，俗称天车，广泛应用于工矿企业、港口、车站、建筑工地等场合，对减轻工人体力劳动，提高生产率起重要作用。起重机的类型很多，常用的可分为两大类：多用于厂房内的桥式起重机和主要用于户外的旋转式起重机。

起重机虽然种类很多，但从结构上看，都具有提升机构和移行机构。其中，桥式起重机具有一定的典型性和广泛性。尤其在冶金和机械制造企业中，各种桥式起重机得到了广泛的应用。

桥式起重机由桥架（又称大车）、小车及提升机构等部分组成，如图 6-1 所示。大车沿着车间起重机梁上的轨道纵向移动，小车沿着大车上的轨道横向移动，提升机构安装在小车上，上下运动。根据工作需要，可安装不同的取物装置，例如吊钩、抓斗起重电磁铁、夹钳等。

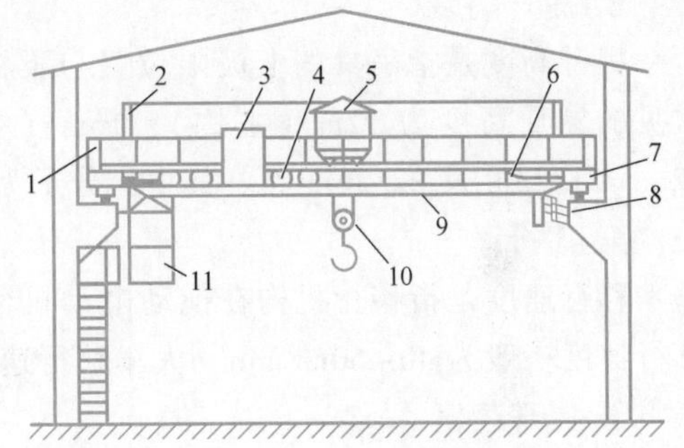

图 6-1 桥式起重机结构示意图

1—桥架（大车） 2—辅助滑线架 3—交流磁力控制器 4—电阻箱 5—小车 6—大车拖动电动机 7—端梁 8—主滑线 9—主梁 10—提升机构 11—驾驶室

根据不同的要求，有些起重机的大车上安装了两台小车，也有的在小车上安装两个提升机构，分为主提升（主钩）和辅助提升（副钩），小车机构传动系统如图 6-2 所示。

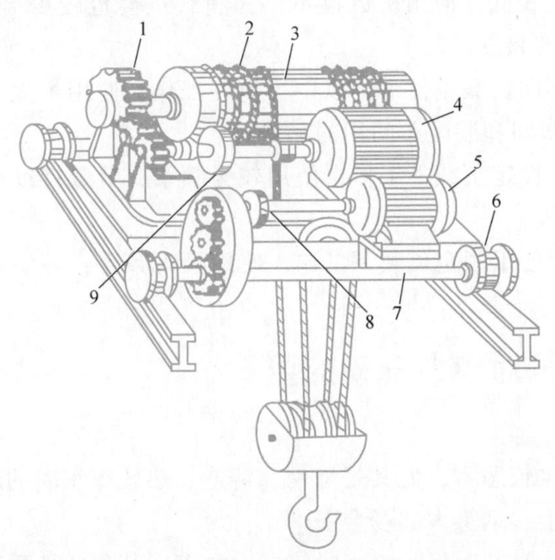

图 6-2 小车机构传动系统图

1—提升机构减速器 2—钢丝绳 3—卷筒 4—提升电动机 5—小车电动机 6—小车走轮 7—小车车轮轴 8—小车制动轮 9—提升机构制动轮

二、桥式起重机的主要技术参数

1. 额定起重量

额定起重量是指起重机实际允许起吊的最大负荷量，以 t（吨）为单位。我国生产的桥式起重机额定起重量有 5t、10t、15/3t、20/5t、30/5t、50/10t、75/20t、100/20t、125/20t、150/30t、200/30t 及 250/30t 等。其中，分子为主钩起重量，分母为副钩起重量。

2. 跨度

跨度是指大车轨道中心线间的距离，以 m（米）为单位，一般常用的跨度为 10.5m、13.5m、16.5m、19.5m、22.5m、25.5m、28.5m 及 31.5m 等规格。

3. 提升高度

提升高度是指吊具的上极限位置与下极限位置之间的距离，以 m（米）为单位。一般常见的提升高度为 12m（主钩）、16m（主钩）、12/14m、12/18m、6/18m、19/21m、20/22m、21/23m 及 22/26m 等。其中，分子为主钩提升高度，分母为副钩提升高度。

4. 移行速度

移行速度是指移行机构在拖动电动机额定转速下运行的速度，以 m/min 为单位。小车移行速度一般为 40~60m/min，大车移行速度一般为 100~135m/min。

5. 提升速度

提升速度是指提升机构在电动机额定转速时，取物装置上升的速度，以 m/min 为单位。一般提升的最大速度不超过 30m/min，依货物性质、重量来决定。

6. 工作类型

起重机按其载重量可分为三级：小型 5~10t，中型 10~50t 以及重型 50t 以上。

按起重机负载率和工作繁忙程度可分类如下：

1）轻级。工作速度较低，使用次数也不多，满载机会也较少，负载持续率约为 15%，如主电室和修理车间用的起重机。

2）中级。经常在不同负载条件下，以中等速度工作，使用不太频繁，负载持续率约为 25%，如一般机械加工车间和装配车间用的起重机。

3）重级。经常处在额定负载下工作，使用较为频繁，负载持续率约为 40%以上，如冶金和铸造车间用的起重机。

4）特重级。基本上处于额定负载下工作，使用极为频繁，环境温度高，如冶金车间工艺过程进行中的起重机。

三、桥式起重机对电力拖动的要求

1. 起重用电动机的特点

起重机的工作环境比较恶劣，尤其是炼钢、铸造、热轧等车间的起重机，它处于车间上部，经常工作在高温多尘、烟雾大的场合下。

起重机的工作频繁，时开时停，每小时接电次数多，其负载性质为重复短时工作制。因此，所用电动机经常处于起动、调速、制动和正、反转工作状态，负载很不规律，时轻时重，经常要承受较大的过载和机械冲击。

起重机要求有一定的调速范围，所以要求电动机能够变速，但对调速的平滑性一般要求不高。因此，可专门设计制造冶金起重用电动机，其特点如下：

1）按重复短时工作制制造，其容量是按重复短时工作状态来选定的，用负载持续率来表示其工作的繁重程度：

$$ZC=\frac{t_g}{t_g+t_0}\times 100\% \tag{6-1}$$

式中　ZC为负载持续率；t_g为工作时间（min）；t_0为休息时间（min）。

一个周期$T=t_g+t_0\leqslant 10\text{min}$，GB 755—2008《旋转电机 定额和性能》标准规定的负载持续率有15%、25%、40%和60%几种。

2）具有较大的起动转矩和最大转矩，以适应频繁的重负载下起动、制动、反转及经常过载的要求。

3）具有细长的转子，其长度与直径之比较大，所以电动机转子的转动惯量较小，以得到较小的加速时间和较小的起动损耗。

4）制造成封闭式，具有加强的机械结构，较大的气隙，以适应多粉尘场合和较大的机械冲击。

5）采用较高的耐热绝缘等级，允许温度升高。

我国生产的冶金起重用电动机分为交流和直流两大类。交流有YZR和YZ系列，YZR系列为绕线式，YZ系列为笼型。直流电动机有ZZK及ZZ系列，都有并励、串励和复励三种励磁方式，全封闭式结构，额定电压有220V和440V两种，功率在100kW以下，负载持续率定为25%。

2. 提升机构对电力拖动的要求

1）空钩能快速升降，以减小辅助工时，轻载时的提升速度应大于额定负载时的提升速度。

2）应具有一定的调速范围，普通起重机调速范围一般为3：1，要求较高的起重机，其调速范围可达（5~10）：1。

3）具有适当的低速区。当提升重物或下降重物到预定位置附近时，都要求低速。为此，往往在30%额定速度内分成若干档，以便灵活选择。所以，由低速向高速过渡或从高速向低速过渡时应逐渐变速，以保持稳定运行。

4）提升的第一档应作为预备档，用于消除传动间隙，将钢丝绳张紧，避免过大的机械冲击。预备档的起动转矩不能大，一般限制在额定转矩的一半以下。

5）下降时，根据负载的大小，电动机可以是电动状态，也可以是倒拉反接制动状态或再生发电制动状态，以满足对不同下降速度的要求。

6）为保证安全可靠地工作，应同时应用电气制动与机械抱闸制动，以减少抱闸的磨损。但无论有无电气制动，都要有机械抱闸，以免在电源故障时造成在无制动力矩作用下，重物自由下落。

3. 移行机构对电力拖动的要求

大车移行机构和小车移行机构对电力拖动的要求比较简单，只要求有一定的调速范围，分几档控制即可。起动的第一档也作为预备档，以消除起动时的机械冲击，所以，起动转矩也限制在额定转矩的一半以下。为实现准确停车，需增加电气制动，同时可以减轻机械抱闸的负担，减少机械抱闸的磨损，提高制动的可靠性。

四、桥式起重机电动机的工作状态

1. 移行机构电动机的工作状态

移行机构电动机的负载转矩为飞轮滚动摩擦力矩与轮轴上的摩擦力矩之和，这种负载力矩始终是阻碍运动的，所以是阻力转矩，当大车或小车需要来回移行时，电动机工作于正、反向电动状态。

2. 提升机构电动机的工作状态

提升机构电动机的负载除一小部分由于摩擦产生的力矩外，主要是由重物和吊钩产生的重力矩，当提升时这种负载都是阻力负载，下降时都是动力负载，而在轻载或空钩下降时，是阻力负载还是动力负载，要视具体情况而定，所以，提升机构电动机工作时，由于负载情况不同，工作状态也不同。

（1）提升时电动机的工作状态　提升重物时，电动机承受两个阻力转矩，一个是重物的自重产生的重力矩 T_g，另一个是在提升过程中传动系统存在的摩擦转矩 T_f，当电动机产生的电磁转矩克服阻力转矩时，重物将被提升，电动机处于电动状态，以提升方向为正向旋转方向，则电动机处于正转电动状态，如图 6-3 所示，工作在第一象限，当 $T_e = T_g + T_f$ 时，电动机稳定运行在 n_a 转速下。

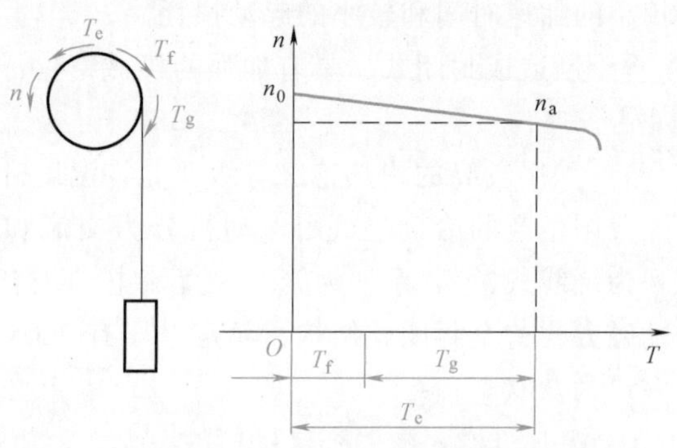

图 6-3　提升时电动机工作状态

电动机起动时，为获得较大的起动转矩并减小起动电流，若采用直流电动机拖动，则在电枢上串联电枢电阻；若采用交流绕线转子感应电动机拖动，则在转子上串联转子电阻，然后依次减小电阻，使电动机转速逐渐升高，达到要求的提升速度为止。

（2）下降时电动机的工作状态

1）重物下降。当下放重物时，若负载较重即 $T_g \gg T_f$ 时，为获得较低的下降速度，需将电动机按正转提升方向接线，则电动机的电磁转矩 T_e 与重力转矩 T_g 方向相反，电磁转矩成为阻碍下降的制动转矩，当 $T_g = T_f + T_e$ 时，电动机稳定运行在 $-n_a$ 转速下，电动机处于倒拉反接制动状态，如图 6-4a 所示，工作在第四象限。此时直流电动机电枢或交流绕线转子感应电动机的转子应串联较大的电阻。

2）轻载下降。轻载下降时，可能有两种情况：一种情况是 $T_g < T_f$；另一种情况是 T_g 很小，但仍大于 T_f。

当 $T_g < T_f$ 时，由于负载的重力转矩小于摩擦转矩，所以依靠负载自身重量不能下降，电动机产生的电磁转矩必须与重力转矩方向相同，以克服摩擦转矩，强迫负载（或空钩）下降，电动机处于反转电动状态，在 $T_g + T_e = T_f$ 时，电动机稳定运行在 $-n_b$ 转速下，如图 6-4b 所示，工作在第三象限，也称强力（或加力）下降。

当 $T_g > T_f$ 时，虽然负载很小，但重力转矩仍大于摩擦转矩，当电动机按反转接线时，电动机的电磁转矩与重力转矩方向相同，在 T_e 与 T_g 的共同作用下，电动机加速，当 $n = n_0$ 时，电磁转矩为零，但在重力转矩作用下，电动机仍加速，使 $n > n_0$，电动机处于反向再生

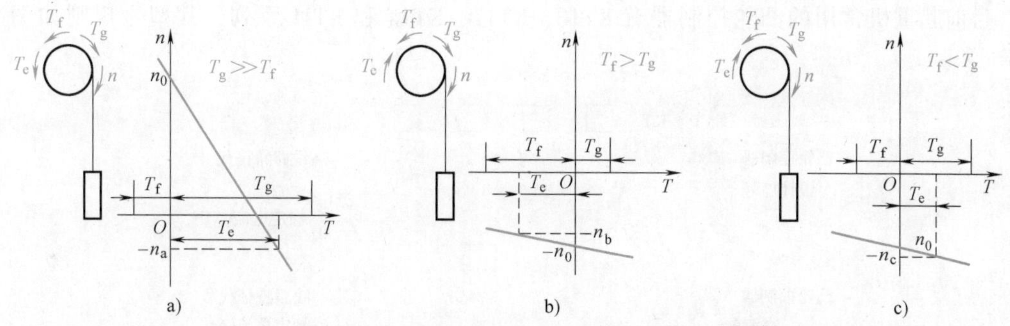

图 6-4　下降时电动机工作状态

a）倒拉反接状态　b）反转电动状态　c）再生发电制动状态

发电制动状态，在 $T_f+T_e=T_g$ 时，电动机稳定在 $-n_c$ 转速下运行，如图 6-4c 所示，工作在第四象限，$|n_c|>|n_0|$，此时，要求电动机的机械特性硬些，以免下降速度过高。因此，再生发电制动状态时，直流电动机电枢回路或交流绕线转子感应电动机转子回路不允许串电阻。

五、凸轮控制器控制的小车移行机构控制电路

1. 凸轮控制器的结构、型号及主要性能

凸轮控制器是用来改变电动机起动、调速及换向的电器。与其他手动控制设备相比，其优点是手柄操作更轻便，接通线路更平滑。

凸轮控制器的内部构造由固定部分和转动部分组成。固定部分装有一排对接的滚动触头，借助于转动部分绝缘轴上的凸轮使它们接通或断开。转动部分的绝缘轴靠手轮带动旋转，它一部分触头接在电动机的主电路中，一部分接在控制电路中。图 6-5 所示为凸轮控制器触头器件的动作原理图，触头器件由不动部分和可动部分组成。静触头为不动部分，可动部分是曲折的杠杆，杠杆的一端装有动触头，另一端装有小轮。

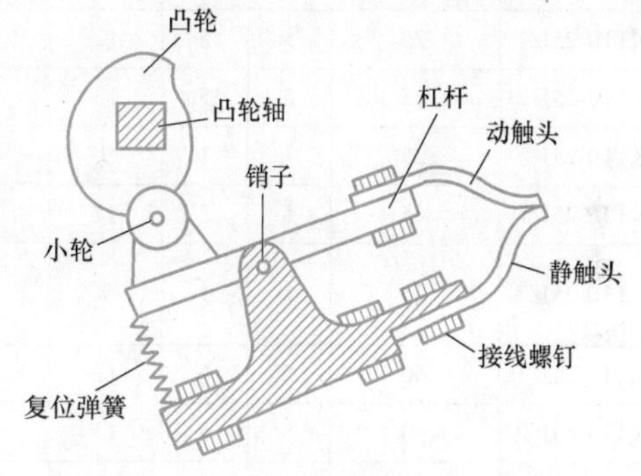

图 6-5　凸轮控制器触头器件动作原理图

当转轴转动时，凸轮随绝缘方轴转动，当凸轮的凸起部分压下小轮时，动触头与静触头分开，分断电路，而转轴带动凸轮转动到接近凹部时，小轮重新嵌入凸轮凹部，在复位弹簧作用下触头恢复到接通位置。在方轴上叠装不同形状的凸轮和定位棘轮，可使一系列的动、静触头按预先规定的顺序接通或分断电路，达到控制电动机进行起动、运转、反转、制动及调速等目的。

当凸轮控制器切断电动机定子电路时，在动触头和静触头间要产生电弧，为了防止电弧从一个触头跳到另一个触头，在各接触器件间装有用耐火绝缘材料制成的灭弧罩，灭弧罩所形成的空间称为灭弧室，但控制电动机转子部分的触头器件没有灭弧罩。

凸轮控制器在每一个转动方向上一般有 4~8 个确定位置，手轮的每一个位置对应一定的连接线路。手轮附近装有指示控制器位置的针盘，各个位置由棘轮定位机构来固定。定位机构不仅保证触头能正确地停留在需要的工作位置，而且在触头分断时能帮助触头加速离开。

目前起重机常用的凸轮控制器有KT10、KT12、KT14和KTJ1系列，其型号规则如图6-6所示。

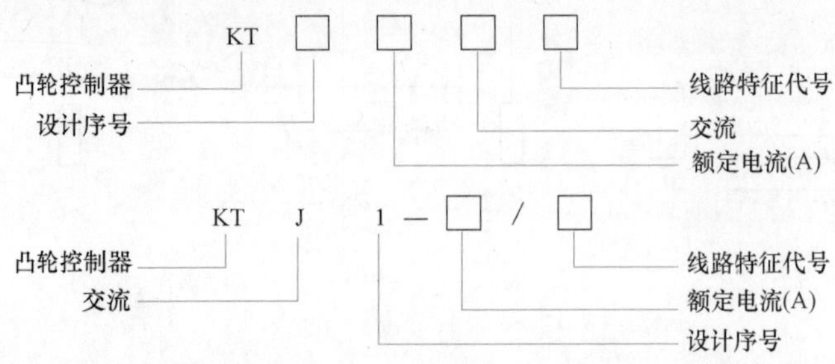

图6-6　凸轮控制器的型号规则

凸轮控制器按重复短时工作制设计，其负载持续率为25%；如果用于间断长期工作制时，其发热电流不应大于额定电流。KT10、KT14系列凸轮控制器的主要技术数据见表6-1，其额定电压为380V。

表6-1　KT10、KT14系列凸轮控制器的主要技术数据

型号	额定电流/A	工作位置数		触头数	所能控制的电动机功率/kW		使用场合
		左	右		厂方规定	设计手册推荐	
KT10-25J/1	25	5	5	12	11	7.5	控制一台绕线转子感应电动机
KT10-25J/2	25	5	5	13	*	2×7.5	同时控制两台绕线转子感应电动机
KT10-25J/3	25	1	1	9	5	3.5	控制一台笼型感应电动机
KT10-25J/5	25	5	5	17	2×5	2×3.5	同时控制两台绕线转子感应电动机
KT10-25J/7	25	1	1	7	5	3.5	控制一台转子串频敏变阻器的绕线转子感应电动机
KT10-60J/1	60	5	5	12	30	22	同KT10-25J/1
KT10-60J/2	60	5	5	13	*	2×16	同KT10-25J/2
KT10-60J/3	60	1	1	9	16	11	同KT10-25J/3
KT10-60J/5	60	5	5	17	2×11	2×11	同KT10-25J/5
KT10-60J/7	60	1	1	7	16	11	同KT10-25J/7
KT14-25J/1	25	5	5	12	12.5	7.5	同KT10-25J/1
KT14-25J/2	25	5	5	17	2×6.5	2×3.5	同KT10-25J/5
KT14-25J/3	25	1	1	7	8	3.5	同KT10-25J/7

注：*者由定子回路接触器功率决定。

控制器在电路原理图上是以圆柱表面的展开图来表示的，其表示方法与主令控制器类似。竖虚线为工作位置，横实线为触头位置，在横竖两条虚线的交点处，若用黑圆点标注，则表明控制器在该位置这一触头是闭合接通的；若无黑圆点标注，则表明该触头在这一位置是断开的。图6-7所示为凸轮控制器控制原理图，点画线框内为凸轮控制器SA。

2. 凸轮控制器的控制电路

图6-7中采用KT10-25J/1、KT14-25J/1型凸轮控制器控制小车的移行机构。

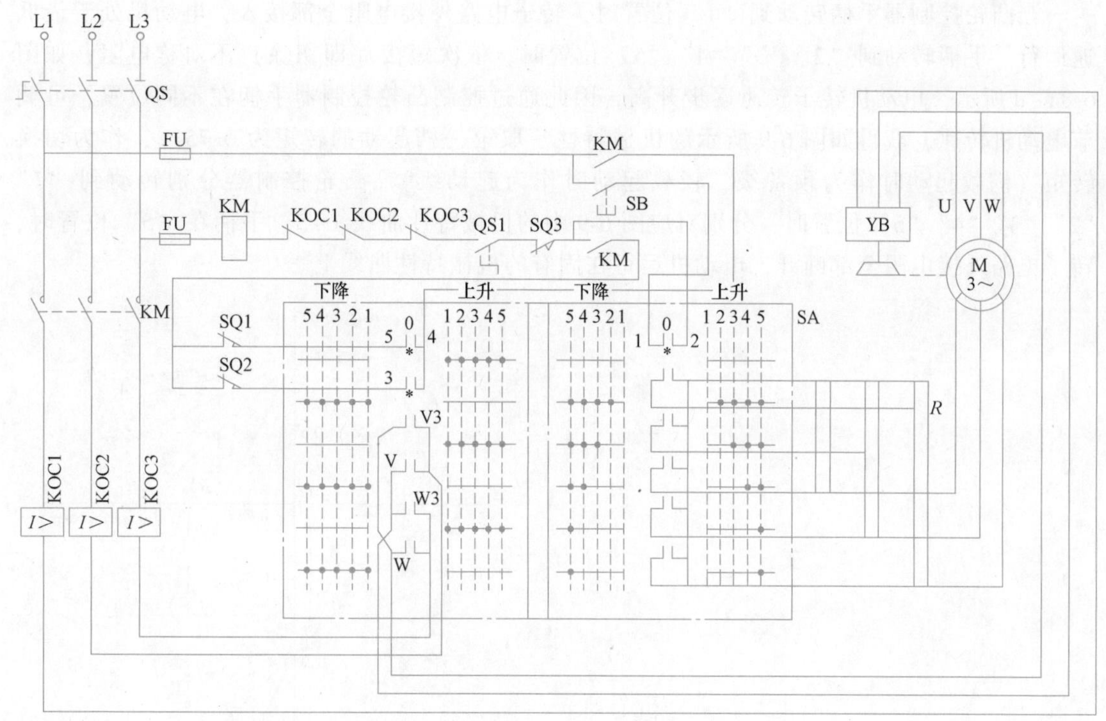

图 6-7 凸轮控制器控制原理图

（1）电路特点

1）可逆对称电路。凸轮控制器左右各有 5 个位置，采用对称接法，即凸轮控制器的手柄处在正转和反转对应位置时，电动机的工作情况完全相同。

2）通过凸轮控制器调节绕线转子感应电动机转子电路串接电阻值的大小，为了减小控制转子电阻触头的数量，转子电路串接不对称电阻。

（2）控制电路分析

由图 6-7 可知，凸轮控制器共有 12 对触头，凸轮控制器在零位时有 3 对触头，其中 1 对触头用来保证零位起动，另两对除保证零位起动外，还配合两个运动方向的行程开关 SQ1、SQ2 来实现限位保护。在电动机定子和转子回路中共用了凸轮控制器的 9 对触头，其中 4 对触头用于定子电路中，控制电动机的正转与反转运行；5 对触头用于切换转子电路电阻，限制电动机电流和调节电动机转速。

控制电路中设有三个过电流继电器 KOC1～KOC3，用于实现过电流保护，通过急停开关 QS1 实现紧急事故保护，通过舱口开关 SQ3 实现大车顶上无人且舱口关好后才能开车的安全保护。此外还有三相电磁抱闸 YB 对电动机进行机械制动，实现准确停车，YB 通电时，电磁铁吸动抱闸使之松开。

当凸轮控制器手柄置于零位时，合上电源开关 QS，按下起动按钮 SB 后，接触器 KM 得电并自锁，做好起动准备。

当凸轮控制器手柄向右方各位置转动时，对应触头两端 W 与 V3 接通，V 与 W3 接通，电动机正转运行。手柄向左方各位置转动时，对应触头两端 V 与 V3 接通，W 与 W3 接通，接到电动机定子的两相电源对调，电动机反转运行，从而实现电动机正转与反转控制。

当凸轮控制器手柄转动到“1”位置时，转子电路外接电阻全部接入，电动机处于最低速运行。手柄转动到“2”“3”“4”“5”位置时，依次短接（即切除）不对称电阻，如图6-8a~d所示，电动机转子转速逐步升高，因此通过控制凸轮控制器手柄在不同位置，可调节电动机转速，获得如图6-9所示的机械特性。取第一档起动的转矩为$0.75T_N$，作为切换转矩（满载起动时作为预备级，轻载起动时作为起动级）。凸轮控制器分别转动到“1”“2”“3”“4”“5”位置时，分别对应图6-9中的机械特性曲线1~5。手柄在“5”位置时，转子电路外接电阻全部断开，电动机运行在固有的机械特性曲线上。

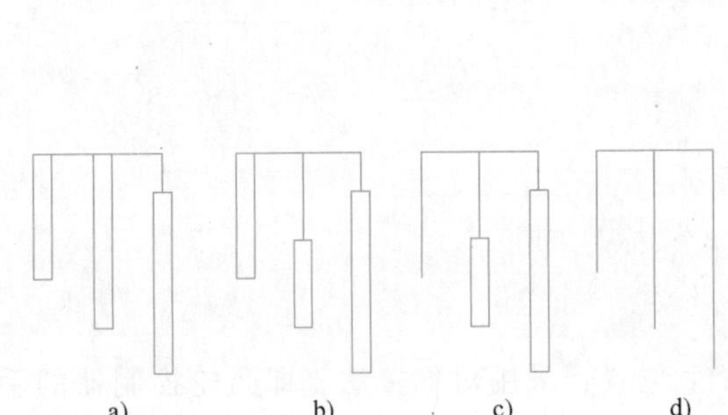

图6-8　凸轮控制器转子电阻切换情况

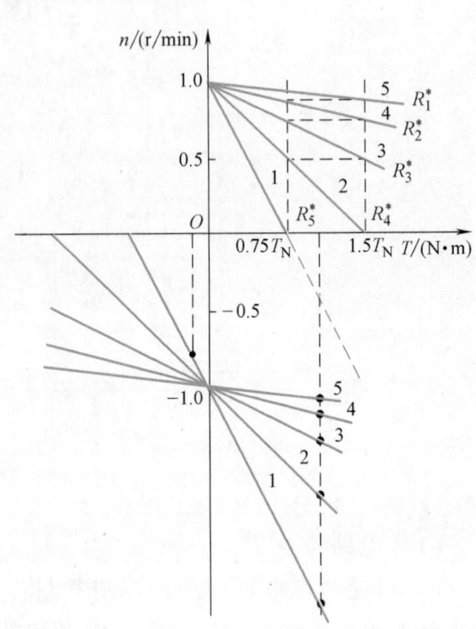

图6-9　凸轮控制器控制的电动机机械特性

在运行中若将限位开关SQ1或SQ2撞开，将切断线路接触器KM的控制电路，KM失电，电动机电源断开，同时电磁抱闸YB断电，制动器将电动机制动轮抱住，达到准确停车，防止越位发生事故，从而起到限位保护作用。

在正常工作时，若发生停电事故，接触器KM失电，电动机停止转动。一旦重新恢复供电，电动机不会自行起动，必须将凸轮控制器手柄返回到零位，再次按下起动按钮SB，再将手柄转动至所需位置，电动机才能再次起动工作，防止了电动机在转子电路外接电阻断开情况下自行起动，产生很大的冲击电流或发生事故，这就是零位触头（1与2）的零位保护作用。

六、凸轮控制器控制大车移行机构和副钩控制情况

应用在大车上的凸轮控制器，其工作情况与小车工作情况基本相似，但被控制的电动机功率和电阻器的规格有所区别。此外，控制大车的一个凸轮控制器要同时控制两台电动机，因此选择比小车凸轮控制器多5对触头的凸轮控制器，如KT14-60/2，以切断第二台电动机的转子电阻。

应用在副钩上的凸轮控制器，其工作情况与小车工作情况基本相似，但提升与下放重物时，电动机处于不同的工作状态。

提升重物时，控制器手柄的“1”位置为预备级，用于张紧钢丝绳，在“2”“3”“4”“5”位置时，提升速度逐渐升高。

下放重物时，由于负载较重，电动机工作在发电制动状态，因此操作重物下降时应将控制器手柄从零位迅速扳到“5”位置，中间不允许停留。往回操作时，也应从下降“5”档位置快速扳到零位，以免引起重物的高速下落而造成事故。

对于轻载提升，手柄“1”位置变为起动级，在“2”“3”“4”“5”位置时提升速度逐渐升高，但提升速度变化不大。下降时，由于吊物太轻而不足以克服摩擦转矩，因此电动机工作在强力下降状态，即电磁转矩与重物重力矩方向一致帮助下降。

由以上分析可知，凸轮控制器控制电路不能获得重物或轻载时的低速下降。为了获得下降时的准确定位，采用点动操作，即将控制器手柄在下降“1”位置时与零位之间来回操作，并配合电磁抱闸来实现。

在操作凸轮控制器时还应注意：当将控制器手柄从左向右扳，或从右向左扳时，中间经过零位时，应略停一下，以减小反向时的电流冲击，同时使转动机构得到较平稳的反向过程。

七、保护箱电气原理图分析

采用凸轮控制器、凸轮或主令控制器控制的交流桥式起重机广泛使用保护箱来实现过载、短路、失电压、零位、终端、紧急以及舱口栏杆安全等保护。保护箱是为凸轮控制器操作的控制系统进行保护而设置的。保护箱由刀开关、接触器、过电流继电器和熔断器等组成。

1. 保护箱类型

桥式起重机上用的标准型保护箱是 XQB1 系列，其型号及所代表的意义如下：

□1 □2 □3 □4 — □5 □6 / □7

1）结构型式：X 表示箱。

2）工业用代号：Q 表示起重机。

3）控制对象或作用：B 表示保护。

4）设计序号：以阿拉伯数字表示。

5）基本规格代号：以接触器额定电流（单位为 A）来表示。

6）主要特征代号：以控制绕线转子感应电动机和传动方式来区分，加 F 表示大车运行机构为分别驱动。

7）辅助规格代号：1～50 为瞬时动作过电流继电器，51～100 为反时限动作过电流继电器。

XQB1 系列保护箱的分类和使用范围见表 6-2。

表 6-2 XQB1 系列保护箱的分类和使用范围

型号	所保护电动机台数	备注
XQB1-150-2/□	两台绕线转子感应电动机和一台笼型感应电动机	
XQB1-150-3/□	三台绕线转子感应电动机	
XQB1-150-4/□	四台绕线转子感应电动机	

（续）

型号	所保护电动机台数	备注
XQB1-150-4F/□	四台绕线转子感应电动机	大车分别驱动
XQB1-150-5F/□	五台绕线转子感应电动机	大车分别驱动
XQB1-250-3/□	三台绕线转子感应电动机	
XQB1-250-3F/□	三台绕线转子感应电动机	大车分别驱动
XQB1-250-4/□	四台绕线转子感应电动机	
XQB1-250-4F/□	四台绕线转子感应电动机	大车分别驱动
XQB1-600-3/□	三台绕线转子感应电动机	
XQB1-600-3F/□	三台绕线转子感应电动机	大车分别驱动
XQB1-600-4F/□	四台绕线转子感应电动机	大车分别驱动

2. XQB1 系列保护箱电气原理图分析

（1）主电路原理图　图 6-10 所示为 XQB1 系列保护箱的主电路原理图，用于实现用凸轮控制器控制的大车、小车和副钩电动机的保护。

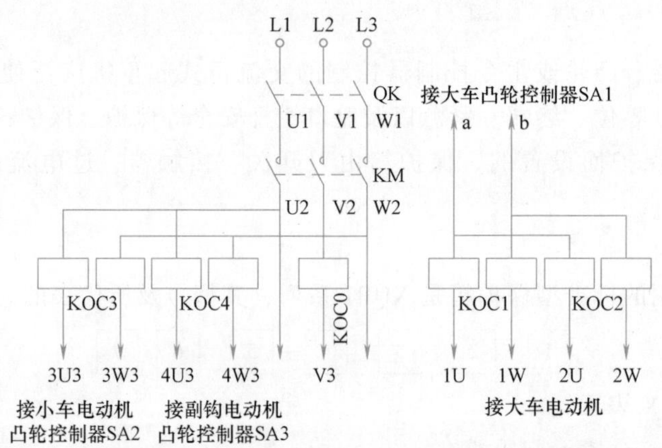

图 6-10　XQB1 系列保护箱主电路原理图

在图 6-10 中，QK 为总电源刀开关，用来在无负载的情况下接通或者断电源。KM 为线路接触器，用来接通或分断电源，兼作失电压保护。KOC0 为凸轮控制器操作的各机构拖动电动机的总过电流继电器，用来保护电动机和动力线路的一相过载和短路。KOC3、KOC4 分别为小车和副钩电动机过电流继电器，KOC1、KOC2 为大车电动机的过电流继电器，过电流继电器的电源端接至大车凸轮控制器触头下端，而大车凸轮控制器的电源端接至线路接触器 KM 下面的 U2、W2 端。KOC1～KOC4 过电流继电器是双线圈式的，分别作为大车、小车、副钩电动机两相过电流保护，其中任何一线圈电流超过允许值都能使继电器动作并断开它的常闭触头，使线路接触器 KM 断电，切断总电源，起到过电流保护作用。主钩电动机使用 PQR10A 系列控制屏，控制屏电源由 U2、W2 端获得，主钩电动机 V 相接至 V3 端。

在实际应用中，当某个机构（小车、大车、副钩等）的电动机使用控制屏控制时，控制屏电源由 U2、V3、W2 获得。XQB1 系列保护箱主回路的接线情况如下：

1）大车由两台电动机拖动，将图 6-10 中的 1U、V3、1W 和 2U、V3、2W 分别接到两台电动机的定子绕组上。U2、W2 经大车凸轮控制器（接线请参考图 6-7）接至图中的 a、b 端。

2）将图 6-10 中的 3U3、3W3 经小车电动机凸轮控制器 SA2 接至小车电动机定子绕组的两相上，V3 直接接至另一相上。

3）将图 6-10 中的 4U3、4W3 经副钩电动机凸轮控制器 SA3 接至副钩电动机定子绕组的两相上，V3 直接接至另一相上。

4）主钩升降机构的电动机是采用主令控制器和接触器进行控制的。接线时将图 6-10 中的 U2、W2 经过电流继电器、两个接触器（按电动机正、反转接线）接至电动机的两相绕组上，V3 直接接至另一相绕组上。

另外，各绕线转子感应电动机转子电路的接线分别与图 6-7 和图 6-10 类似。

（2）控制电路原理图　XQB1 系列保护箱控制电路原理图如图 6-11 所示。

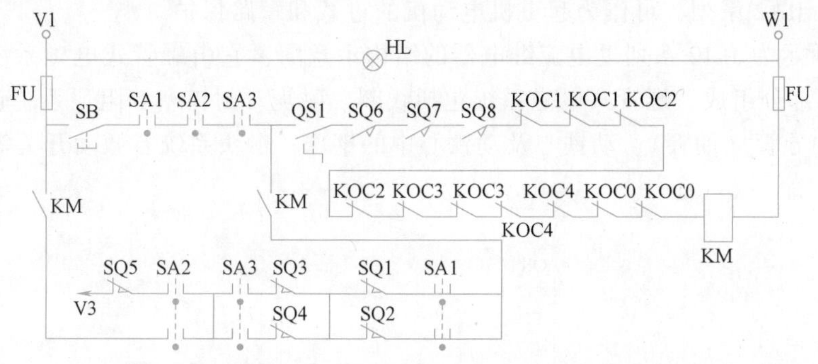

图 6-11　XQB1 系列保护箱控制电路原理图

在图 6-11 中，HL 为电源信号灯，指示电源通断。QS1 为急停开关，用于在出现紧急情况下切断电源。SQ6～SQ8 为舱口门、横梁门安全开关，任何一个门打开时起重机都不能工作。KOC0～KOC4 为过电流继电器的触头，实现过载和短路保护。SA1、SA2、SA3 分别为大车、小车、副钩凸轮控制器零位闭合触头，每个凸轮控制器采用了 3 个零位闭合触头，只在零位闭合的触头与按钮 SB 串联；用于自锁回路的两个触头，其中一个为零位和正向位置均闭合，另一个为零位和反向位置均闭合，它们和对应方向的限位开关串联后并联在一起，实现零位保护和自锁功能。SQ1、SQ2 为大车移行机构的行程限位开关，装在大车上，挡铁装在轨道的两端；SQ3、SQ4 为小车移行机构行程开关，装在大车上小车轨道的两端，挡铁装在小车上；SQ5 为副钩提升限位开关。这些行程开关可实现各自的终端保护作用。KM 为线路接触器，KM 的闭合控制着主钩、副钩、大车和小车的供电。

当三个凸轮控制器都在零位，舱门口、横梁门均关上，SQ6～SQ8 均闭合，紧急开关 QS1 闭合，无过电流，KOC0～KOC4 均闭合时按下起动按钮，线路接触器 KM 得电吸合且自锁，其主触头接通主电路，给主、副钩及大车、小车供电。

当起重机工作时，线路接触器 KM 的自锁回路中，并联的两条支路只有一条是接通的，例如小车向前时，控制器 SA2 与 SQ4 串联的触头断开，向后限位开关 SQ4 不起作用；而 SA2 与 SQ3 串联的触头仍是闭合的，向前限位开关 SQ3 起限位作用。

当线路接触器 KM 失电切断总电源时，整机停止工作。若要重新工作，必须将全部凸轮控制器手柄置于零位，电源才能接通。

(3) 照明及信号电路原理图　保护箱照明及信号电路原理图如图 6-12 所示。

在图 6-12 中，QK1 为操作室照明开关，S3 为大车向下照明开关，S2 为操作室照明灯 EL1 开关，SB 为音响设备 HA 的按钮。EL2、EL3、EL4 为大车向下照明灯，XS1、XS2、XS3 为手提检修灯、电风扇插座。除大车向下照明为 220V 外，其余均由安全电压 36V 供电。其工作过程请读者自行分析。

3. 过电流继电器

由于过电流继电器是一种自动控制电器，即电流动作之后能自动恢复到原来的工作状态；而熔断器烧毁之后必须更换熔体，所以工作频繁的起重机各机构多采用过电流继电器作为短路保护电器。

在起重机上常用的过电流继电器有瞬时动作和反时限动作（延时动作）两种类型。瞬时动作的过电流继电器有 JL5、JL15 系列，作为起重机电动机的短路保护；反时限动作的过电流继电器有 JL12 系列，可作为起重机电动机的过载和短路保护。

图 6-13 所示为 JL12 系列过电流继电器的结构示意图，它由螺管式电磁系统、阻尼系统和触头系统三部分组成。螺管式电磁系统包括线圈、磁轭及封口塞；阻尼系统包括装有阻尼剂（硅油）的导管（油杯）、动铁心及动铁心中的钢珠；触头系统有微动开关等。

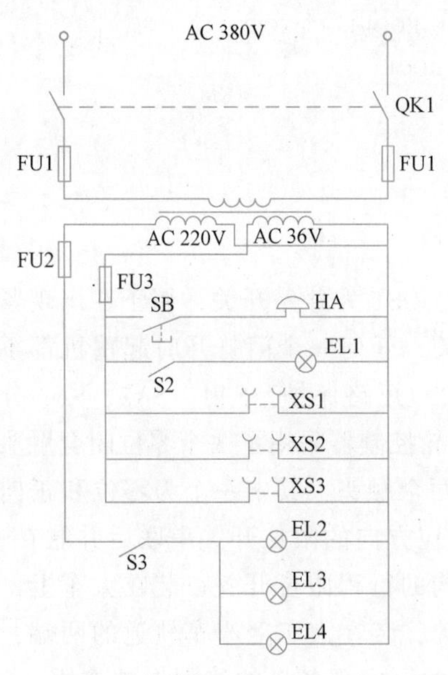

图 6-12　保护箱照明及信号电路原理图

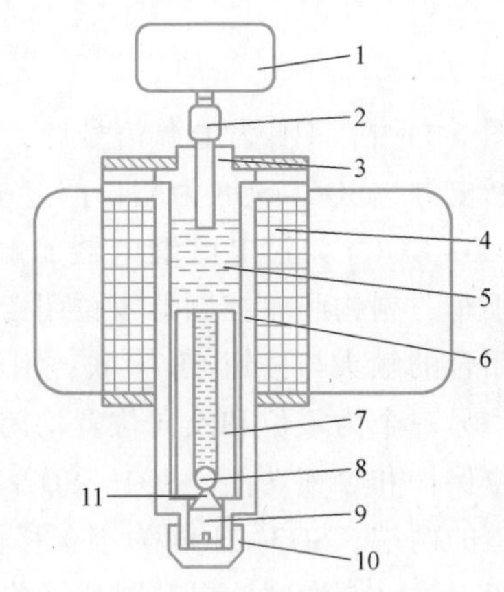

图 6-13　J12 系列过电流继电器的结构示意图

1—微动开关　2—顶杆　3—封口塞　4—线圈

5—硅油　6—导管（油杯）　7—动铁心　8—钢珠

9—调节螺钉　10—封帽　11—油孔

JL12 系列过电流继电器有两个线圈，串入电动机定子的两根相线中，线圈中各有可吸上的衔铁，当流过线圈的电流超过一定值时，动铁心吸上，顶住顶杆打开微动开关，起保护作用。由于该衔铁置于阻尼剂（硅油）中，当动铁心在电磁力作用下向上运动时，必须克服阻尼剂的阻力，所以只能缓缓向上移动，直至推动微动开关动作。由于有硅油的阻尼作用，继电器具有反时限保护功能，即动作时间随过电流量的大小而变化，因此除用作短路保护外，还可兼用作过载保护。JL12 系列过电流继电器的反时限特性见表 6-3。

表 6-3 JL12 系列过电流继电器的反时限特性

电流	动作时间
I_N	不动作(持续通电 1h 不动作为合格)
$1.5I_N$	小于 3min(热态)
$2.5I_N$	(10±6)s(热态)
$6I_N$	环境温度大于 0℃，动作时间小于 1s；环境温度小于 0℃，动作时间小于 3s

当过电流继电器动作后，电动机故障一旦解除，动铁心因自重而返回原位。

阻尼剂（硅油）的黏度受周围环境的温度影响，温度升高或降低时，将影响动作的时间。使用时应根据环境温度通过继电器下端的调节螺钉来调整铁心的上下位置，以达到反时限特性的要求。

过电流继电器的整定值应调整合适：整定电流过大，不能保护电动机；整定值过小，就会经常动作。各个电动机的过电流继电器的整定值为额定电流的 2.25~2.5 倍。总过电流继电器（瞬时动作）的整定值为 2.5 倍的最大一台电动机的额定电流加上其余电动机的额定电流之和。瞬时动作过电流继电器的额定电流及保护范围见表 6-4，JL12 系列过电流继电器的额定电流及保护范围见表 6-5。

表 6-4 瞬时动作过电流继电器的额定电流及保护范围

过电流继电器的额定电流/A		被保护电动机功率范围/kW
JL5	JL15	
6	10	1.0~2.2
15	20	3.5~7.5(6 对磁极)
40	40	7.5(8 对磁极)~16
80	80	20~30

表 6-5 JL12 系列过电流继电器的额定电流及保护范围

过电流继电器的额定电流/A	被保护电动机功率/kW	过电流继电器的额定电流/A	被保护电动机功率/kW
5	2.2	30	11
10	3.5	40	16
15	5.0	60	22
20	7.5	75	30

4. 行程开关

在起重机上，行程开关按其用途不同可分为限位开关（终点开关）和安全开关（保护开关）两种。限位开关用来限制工作机构在一定允许范围内运行，安装在工作机构行程的终点，如大车、小车、主钩和副钩所用的行程开关。安全开关用来保护人身安全，如桥式起重机在操纵室通往上部大车走台舱口处安装的舱口开关、横梁门开关等。

桥式起重机上应用最多的限位开关为 LX7、LX10、LX22 系列，安全开关为 LX8、LX19 系列。其中，LX7 系列行程开关是专门用于提升机构的限位保护开关，主要由触头系统、传动装置和外壳组成。传动装置由蜗轮、蜗杆、凸轮片和动触臂等组成。蜗杆的传动由提升卷筒带动，通过蜗轮、蜗杆在吊钩升到允许高度时，将 LX7 触头断开。而 LX10 系列行程开关由于外形构造不同，适用于提升、运行等机构的限位保护。LX10-11 和 LX10-12 行程开关的外形图如图 6-14 所示。当撞块推压操作臂时，操作臂带动转轴旋转，使常闭触头打开而断电；撞块松开后，操作臂借助弹簧的作用恢复到原来位置。

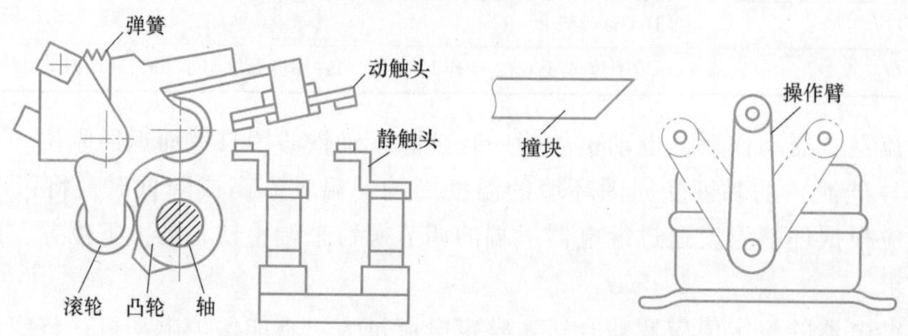

图 6-14　LX10-11 和 LX10-12 系列行程开关外形图

图 6-15 所示为 LX10-31 和 LX10-32 行程开关的外形图。它具有带平衡重块的杠杆操作臂。重块由于本身的重量将行程开关的右操作臂压向挡板，使触头处于闭合状态。此重块的位置用套环来固定，套环套住挂有吊钩的钢丝绳，当吊钩升到最高点时，角钢碰上重块，并将它提起，而在另一对重块的作用下，转轴旋转，触头断开。

LX22 系列行程开关也是适用于提升、运行等机构的限位保护开关，其特点为动作速度与操作臂的动作速度无关，其触头分断速度快，有利于电弧的熄灭。其中，LX22-1、LX22-2、LX22-3 和 LX22-4 常用于平移机构，LX22-5 常用于提升机构。

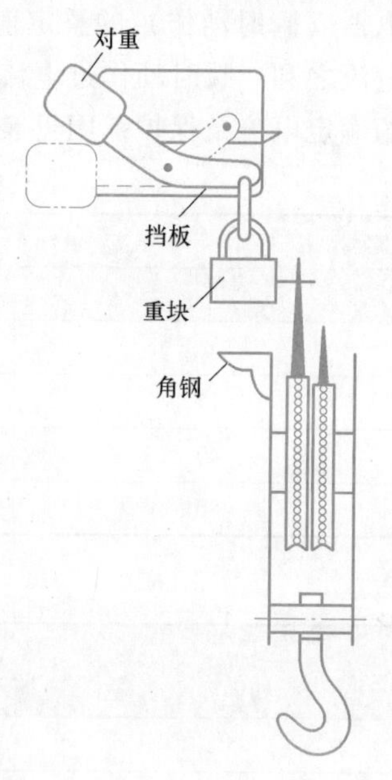

图 6-15　LX10-31 和 LX10-32 行程开关的外形图

八、制动器与制动电磁铁

桥式起重机是一种间歇工作的设备，经常处在起动和制动状态；另外，为了提高生产率，缩短非生产的停车时间，确保准确停车和生产安全，常采用电磁抱闸。电磁抱闸是由制动器和制动电磁铁组成的，它既是工作装置又是安全装置，是桥式起重机的重要部件之一。平时制动器抱紧制动轮，当起重机工作、电动机通电时才松开，因此在任何时候停电都会使制动器闸瓦抱紧制动轮，实现机械制动。

1. 制动器的分类

制动器按结构分类如下：

1）块式制动器。按其作用原理有重物式和弹簧式两种。

2）带式制动器。

2. 制动电磁铁的分类

制动电磁铁按励磁电流种类分类如下：

（1）交流制动电磁铁　单相有 MZD1 系列，三相有 MZS1 系列，可以接成Y或△，与电动机并联。

从结构上看，交流制动电磁铁可分为长行程和短行程两种。交流电磁铁的接通次数与它的行程长短有关，当电磁铁开始通电时，气隙大，冲击电流可达额定电流的10~20倍，因而要增加接通次数，就必须调小最大行程，以降低线圈的冲击电流。

（2）直流制动电磁铁　直流制动电磁铁按励磁方式分为串励电磁铁和并励电磁铁。

1）串励电磁铁：与电动机串联，线圈电感小、动作快，但它的吸力受电动机负载电流的影响，很不稳定。所以，在选择电磁铁时，其吸力应有足够的余量，以便在大负载时，仍有足够的吸引力。例如，在提升机构中，应保持在40%I_N时仍能吸合，移行机构为60%I_N（其中I_N为额定电流）。因此，串励电磁铁多用于负载变化较小的大车和小车移行机构中。由于与电动机串联，在电动机断电时，电磁铁也断电，能立即刹车。所以，串励电磁铁可靠性高。

2）并励电磁铁：与电动机并联，线圈匝数多、电感大，因而动作缓慢，但它的吸力不受负载变化的影响。所以，它的可靠性没有串励电磁铁高。

从衔铁行程来看，也有长行程和短行程两种。长行程制动电磁铁由于杠杆具有较大的力臂，故适用于需要较大制动转矩的场合；但力矩过大，会使杠杆铰接处磨损，机构变形，降低可靠性，同时制动器尺寸比较大，松闸与放闸缓慢，工作准确性较差，适用于要求较大制动转矩的提升机构。短行程制动电磁铁的特性与长行程正好相反，适用于要求较小制动转矩的移行机构。

3. 制动器与制动电磁铁配合应用

（1）MZS1系列交流制动电磁铁　MZS1系列交流制动电磁铁的衔铁运动方式为抽吸式直线运动，E形铁心上绕有三相励磁绕组，这类电磁铁的特点是吸力大，行程长，动作时间长，接电瞬间电流较大，可达15I_N，故接电次数不能多，多与重物式制动器配合使用，用在要求制动转矩大的提升机构上。

（2）MZD1系列交流制动电磁铁　MZD1系列交流制动电磁铁的衔铁运动方式为转动式，单相励磁绕组与短路环套在Π形铁心上，行程短。这类电磁铁的特点是吸力较小、动作迅速、接电瞬间电流小，宜于与小型弹簧式制动器配合使用，多用于起重较小的大车和小车移行机构上。

（3）ZWZA系列直流电磁块式制动器　ZWZA系列直流电磁块式制动器具有动作频率高、节能、制动平稳、无噪声及维修方便等优点，广泛用于起重、运输、冶金、矿山、港口和建筑机械等机械驱动装置的减速或停车制动。图6-16所示为ZWZA-400型直流电磁块式制动器实物图。

图6-16　ZWZA-400型直流电磁块式制动器实物图

4. 制动电磁铁的选择

根据用途和要求（如可靠性、制动时间、接电次数和制动转矩），可以确定电磁铁的种类，另外还要确定电磁铁的等级、线圈电压和负载持续率，据此选出电磁铁的型号和规格。具体的选择方法和步骤如下：

1）确定制动转矩。制动器主要是根据制动转矩来选择的，而制动转矩的大小取决于所需的制动时间、允许最大减速度、制动行程等。

2）根据制动转矩在制动器产品目录中选取制动器，并查出制动器的制动直径 D、宽度 B 和闸瓦间隙 ε 等，再根据这些数据，求出制动器在制动时所做的功，然后选配与之相应的电磁铁。

3）求制动器在抱闸时所做的功。有的制动器目录中给出闸瓦对制动轮的压力 F_N，如果缺乏此数据，可以用下述方法概略求出：

$$T_B = F_f D = \mu F_N D \tag{6-2}$$

$$F_N = \frac{T_B}{\mu D} \tag{6-3}$$

式中，T_B 是制动器的制动转矩（N·m）；D 是制动轮直径（m）；F_f 是闸瓦与制动轮间的摩擦力（N）；F_N 是闸瓦对制动轮的压力（N）；μ 是闸瓦与制动轮间的摩擦系数，与闸瓦和制动的材料有关，一般 μ 在 0.15~0.9 之间。

因此，抱闸所做的功为 $2F_N\varepsilon$，若考虑杠杆机构的损耗，则所需的功应为

$$P = \frac{2F_N\varepsilon}{\eta} \tag{6-4}$$

4）选出制动电磁铁。抱闸时制动器所做的功显然等于松闸时电磁铁所做的功。对于衔铁做直线运动的电磁铁，有如下关系：

$$F_1 h K_1 \geqslant \frac{2F_N\varepsilon}{\eta}$$

即

$$F_1 h \geqslant \frac{2F_N\varepsilon}{K_1\eta} \tag{6-5}$$

对于衔铁做转动运动的电磁铁，有如下关系：

$$T_1 \varphi K_1 \geqslant \frac{2F_N\varepsilon}{\eta}$$

即

$$T_1 \varphi \geqslant \frac{2F_N\varepsilon}{K_1\eta} \tag{6-6}$$

式中，F_1 为电磁铁的吸力（N）；h 为电磁铁衔铁的行程（m）；T_1 为电磁铁转矩（N·m）；φ 为电磁铁转角（rad）；K_1 为衔铁行程的运用系数，通常取 0.8~0.85，是为闸瓦磨损及杠杆系统变形而储备的；η 为制动器杠杆系统的效率，对于铰链连接的结构，通常取 0.9~0.95。

求出 F_1h 或 $T_1\varphi$ 后，可以从产品目录中选出相应的电磁铁，还应考虑接电次数和 $ZC\%$ 值。表 6-6~表 6-8 分别为重物-弹簧式制动器、MZD1 系列单相制动电磁铁和 MZS1 系列三相电磁铁的技术数据。

表 6-6 重物-弹簧式制动器的技术数据

制动转矩 T_B/N·m	230	420	720	1350	2800	4100
制动轮直径 D/mm	150	225	300	400	500	600
制动轮宽 B/mm	80	100	125	140	150	160
闸瓦间隙 ε/mm	0.7	0.8	1.0	1.25	1.5	1.5
飞轮力矩 GD^2/N·m²	0.12	1.2	3.2	11.2	25	—

表 6-7 MZD1 系列单相制动电磁铁的技术数据

型号	电磁铁转矩/N·m		衔铁重力转矩/N·m	回转角度/(°)	吸引时电流值/A
	$ZC\%=25\%$	$ZC\%=40\%$			
MZD1-100	5.5	3	0.5	7.5	0.8
MZD1-200	40	20	3.5	5.5	3
MZD1-300	100	40	9.2	5.5	8

表 6-8 MZS1 系列三相电磁铁的技术数据

型号	最大吸力/N	衔铁重/kg	最大行程/mm	每小时接电次数为 150、300、600 次允许行程/mm						视在功率/V·A		铁心合上时有效功率/W
				$ZC\%=25\%$			$ZC\%=40\%$			接电时	吸合时	
				150	300	600	150	300	600			
MZS1-6	80	2	20	20			20			2700	230	70
MZS1-7	100	2.8	40	40	30	20	40	25	20	7700	500	90
MZS1-15	200	4.5	50	50	35	25	50	35	25	14000	600	125
MZS1-25	350	9.7	50	50	35	25	50	35	25	23000	750	200
MZS1-45	700	19.8	50	50	35	25	50	35	25	44000	2500	600
MZS1-100	1400	42	80	80	55	40	80	50	35	120000	5500	1000

例 6-1 某桥式起重机提升机构的电动机为交流绕线转子感应电动机，$P_N=60\text{kW}$，$n_N=720\text{r/min}$，$U_N=380\text{V}$，$I_{2N}=160\text{A}$，负载持续率 $ZC\%=25\%$，闸瓦与制动轮间的摩擦系数 μ 取 0.45，最大负载转矩等于电动机额定转矩，试选择制动器与制动电磁铁。

解：电动机的额定转矩 $T_N=9550\cdot\dfrac{P_N}{n_N}=9550\cdot\dfrac{60}{720}\text{N}\cdot\text{m}=796\text{N}\cdot\text{m}$

若忽略传动机构的摩擦阻力，则负载在电动机轴上产生的转矩仍为 T_N。提升机构的制动转矩应考虑制动安全系数，所以 $T_B=KT_N$，按起重设备规定：

轻级工作制 $K=1.75$。

中级工作制 $K=2$。

重级工作制 $K=2.5$。

按此起重机为中级工作制，则 $T_B=2T_N=1592\text{N}\cdot\text{m}$，根据制动转矩从表 6-6 中选制动器，应选制动转矩为 2800N·m 的制动器，则 $D=0.5\text{m}$，$\varepsilon=0.0015\text{m}$。

$$F_N=\frac{T_B}{\mu D}=\frac{1592}{0.45\times0.5}\text{N}=7076\text{N}$$

取 $K_1=0.85$、$\eta=0.95$，则抱闸所做的功为

$$\frac{2F_N\varepsilon}{K_1\eta}=\frac{2\times7076\times0.0015}{0.85\times0.95}\text{N}\cdot\text{m}=26.29\text{N}\cdot\text{m}$$

一般交流电动机选交流电磁铁，从产品目录查到 MZS1-45 电磁铁的吸引力为 700N，当 $ZC\%=25\%$时，最大行程为 0.05m，故在衔铁最大行程时，电磁铁所做的功为：$Fh=700\times0.05\text{N}\cdot\text{m}=35\text{N}\cdot\text{m}>26.29\text{N}\cdot\text{m}$。显然，此电磁铁是合适的。

对于 MZZIA 系列电磁驱动的带式制动器，因为制动电磁铁与制动器组合在一起成套供应，选择是比较简单的，直接从产品目录按 T_B 和 $ZC\%$ 选择即可。

我国生产的起重机大多数采用电磁铁制动器，此外，还有液压推杆式电磁铁制动器，液压电磁铁实质上是一个直流长行程电磁铁，其特点是动作平稳、无噪声、寿命长、接通次数高，但结构复杂、价格贵，是一种较好的制动装置。常用的液压推动器为 YT1 系列，配用的制动器为 YWZ 系列，驱动电动机功率有 60W、120W、250W 和 400W 几种。

九、主钩升降机构的控制电路分析

由于拖动主钩升降的电动机容量较大，不适用于转子三相电阻不对称调速，因此采用主令控制器 LK1-12/90 型和 PQR10A 系列控制屏组成的磁力控制器来控制主钩升降，并将尺寸较小的主令控制器安装在驾驶室，控制屏安装在大车顶部。采用磁力控制器控制后，由于是用主令控制器的触头来控制接触器，再由接触器的触头控制电动机，要比用凸轮控制器直接接通主电路更可靠，维护更方便，减轻了操作强度。同时，由于用接触器触头来控制绕线转子感应电动机转子电阻的切换，不受控制器触头数量和容量限制，转子可以串入对称电阻，进行对称性切换，可获得较好的调速性能，更好地满足起重机的要求，因此适用于繁重的工作状态。但磁力控制器控制系统的电气设备比凸轮控制器投资大，且复杂得多，因此多用于主钩升降机构上。

图 6-17 所示为 LK1-12/90 型主令控制器与 PQR10A 系列控制屏组成的磁力控制器控制原理图。主令控制器 SA 有 12 对触头，提升与下降各有 6 个位置。通过主令控制器这 12 对触头的闭合与分断来控制电动机定子电路和转子电路的接触器，并通过这些接触器来控制电动机的各种工作状态，拖动主钩按不同速度提升和下降。由于主令控制器为手动操作，所以电动机工作状态的变化由操作者掌握。

KM1、KM2 为控制电动机正转与反转的接触器；KM3 为控制三相制动电磁铁 YB 的接触器，称为制动接触器；KM4、KM5 为反接制动接触器，控制反接制动电阻 1R 和 2R；KM6~KM9 为起动加速接触器，用来控制电动机转子外加电阻的切断和串入，电动机转子电路串有 7 段三相对称电阻，其两段 1R、2R 为反接制动限流电阻，3R~6R 为起动加速电阻，7R 为常接电阻，用来软化机械特性。SQ1、SQ2 为上升与下降的极限限位开关。

1. 电路工作情况

当合上电源开关 QS1 和 QS2，主令控制器手柄置于零位时，零电压继电器 KV 线圈得电并自锁，为电动机起动做好准备。

(1) 提升重物电路工作情况　提升时主令控制器的手柄有 6 个位置。当主令控制器 SA 的手柄扳到“上升 1”位置时，触头 SA3、SA4、SA6、SA7 闭合。

SA3 闭合，将提升限位开关 SQ1 串联于提升控制电路中，实现提升极限限位保护。

SA4 闭合，制动接触器 KM3 得电吸合，接触制动电磁铁 YB，松开电磁抱闸。

SA6 闭合，正转接触器 KM1 得电吸合，电动机定子接上正向电源，正转提升，电路串入 KM2 常闭触头为互锁触头，与自锁触头 KM1 并联的常闭联锁触头 KM9 用来防止接触器 KM1 在转子中完全切断起动电阻时得电。KM9 常闭辅助触头的作用是互锁，防止当 KM9 得电，转子中起动电阻全部切断时，KM1 得电，电动机直接起动。

SA7 闭合，反接制动接触器 KM4 得电吸合，切断转子电阻 1R。此时，电动机运行在

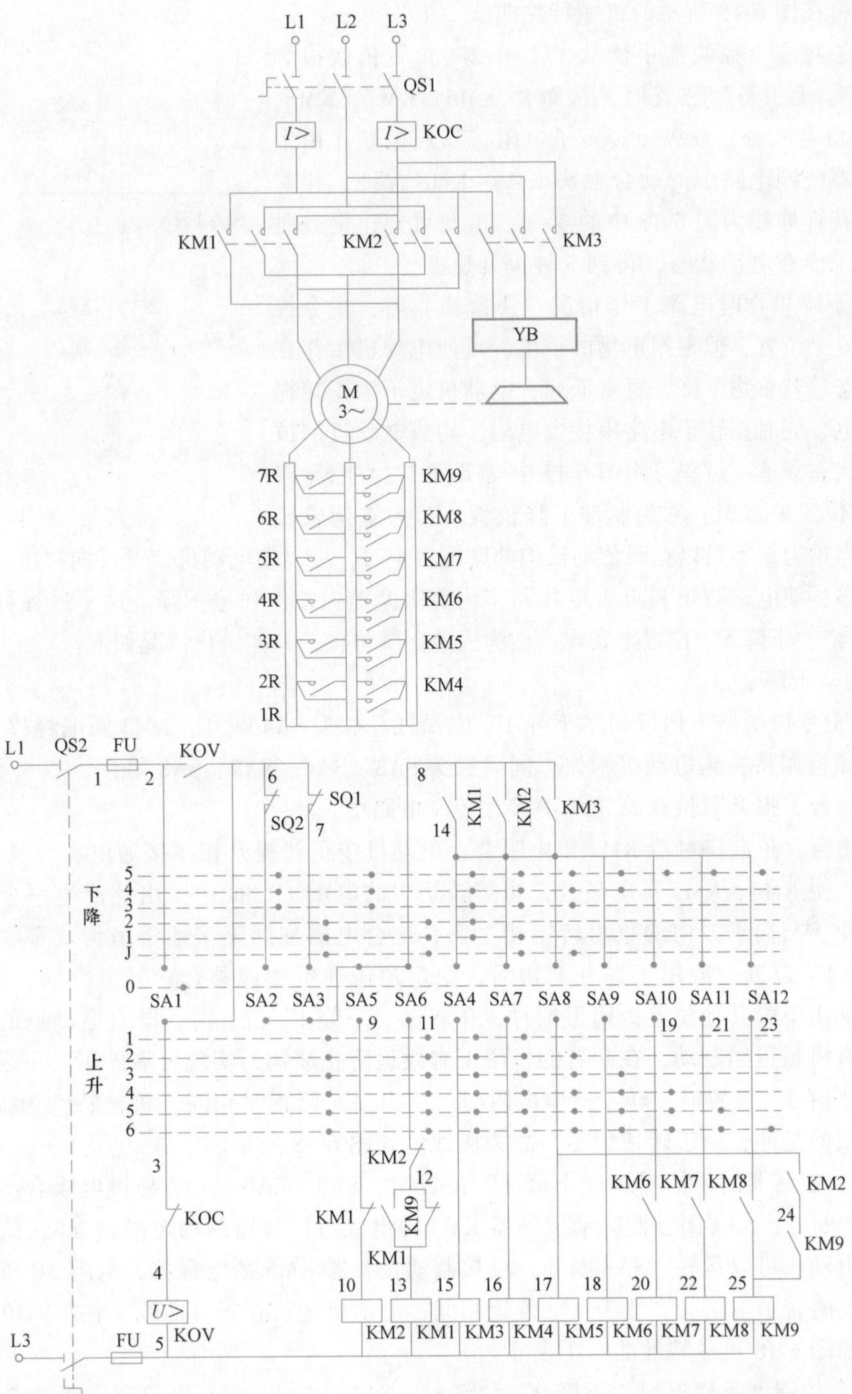

图 6-17 磁力控制器控制原理图

图 6-18 所示的机械特性曲线 1 上，由于这条特性对应的起动转矩较小，一般吊不起重物，只作为张紧钢丝绳、消除吊钩传动系统齿轮间隙的预备起动级。

当主令控制器手柄扳到“上升 2”位置时，除“上升 1”位置已闭合的触头仍然闭合外，SA8 闭合，反接制动接触器 KM5 得电吸合，切断转子电阻 2R，转矩略有增加，电动机加速，运行在图 6-18 所示的机械特性曲线 2 上。

同样，将主令控制器手柄从“上升 2”位置依次扳到“上升 3”~“上升 6”位置时，接触器 KM6、KM7、KM8、KM9 依次得电吸合，逐级短接转子电阻，其通电顺序由上述各接触器线圈电路中的动合触头 KM6~KM8 保证，相对应的机械特性曲线为图 6-18 中的 3~6。由此可知，提升时电动机均工作在电动状态，得到 5 种提升速度。

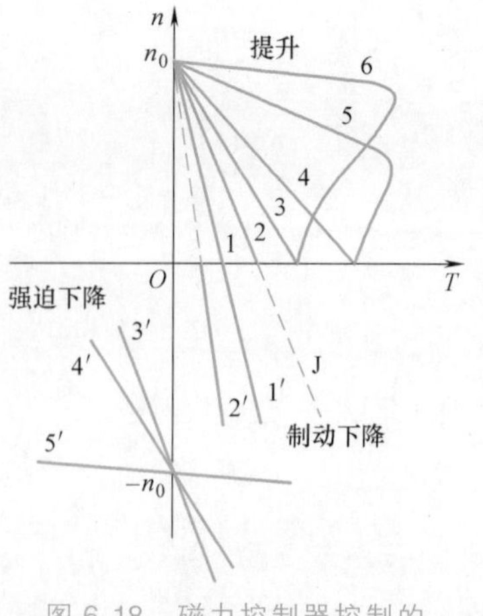

图 6-18　磁力控制器控制的电动机机械特性

（2）下降重物时电路工作情况　下降重物时，主令控制器也有 6 个位置，但根据重物的重量，可使电动机工作在不同的状态。若重物下降，要求低速，电动机定子为正转提升方向接电，同时在转子电路串接大电阻，构成电动机倒拉反接制动状态。这一过程可用图 6-17 中“下降 J”“下降 1”“下降 2”位置来实现，称为制动下降位置。若为空钩或轻载下降，当重力矩不足以克服传动机构的摩擦力矩时，可以使电动机定子反向接电，运行在反向电动状态，使电磁转矩和重力矩共同作用克服摩擦力矩，强迫下降。这一过程可用“下降 3”“下降 4”“下降 5”位置来实现，称为强迫下降位置，具体工作情况如下：

1）制动下降。

① 当主令控制器手柄扳到“下降 J”位置时，触头 SA4 断开，KM3 断电释放，YB 断电释放，电磁抱闸将主钩电动机闸住。同时触头 SA3、SA6、SA7、SA8 闭合。

SA3 闭合，提升限位开关 SQ1 串接在控制电路中。

SA6 闭合，正向接触器 KM1 得电吸合，电动机按正转提升相序接通电源。又由于 SA7、SA8 闭合，使 KM4、KM5 得电吸合，短接转子中的电阻 1R 和 2R，由此产生一个提升方向的电磁转矩，与向下方向的重力转矩相平衡，配合电磁抱闸牢牢地将吊钩及重物闸住。所以，“下降 J”位置一般用于提升重物后，稳定地停在空中或移行；另一方面，当重载时，控制器手柄由下降其他位置扳回零位时，在通过“下降 J”位置时，既有电动机的倒拉反接制动，又有机械抱闸制动，在两者的作用下有效地防止溜钩，实现可靠停车。主令控制器手柄扳到“下降 J”位置时，转子所串电阻与“上升 2”位置时相同，机械特性为提升曲线 2 在第四象限的延伸，由于转速为零，故为虚线。如图 6-18 所示。

② 主令控制器的手柄扳到“下降 1”位置时，SA3、SA6、SA7 仍得电吸合，同时 SA4 闭合，SA8 断开。SA4 闭合使制动接触器 KM3 得电吸合，接通制动电磁铁 YB，使之松开电磁抱闸，电动机可以运转。SA8 断开，反接制动接触器 KM5 断电释放，电阻 2R 重新串入转子电路，此时转子电阻与“上升 1”位置相同，电动机运行在提升曲线 1 在第四象限的延伸部分上，如图 6-18 机械特性曲线 1′所示。

③ 主令控制器手柄扳到“下降 2”位置时，SA3、SA4、SA6 仍闭合，而 SA7 断开，使反接制动接触器 KM4 断电释放，1R 重新串入转子电路，此时转子电路的电阻全部串入，机械特性更软，获得图 6-18 机械特性曲线 2′。

由分析可知，在电动机倒拉反接制动状态下，可获得两级重载下放速度。但对于空钩或轻载下放时，切不可将主令控制器手柄停留在“下降 1”或“下降 2”位置，因为这时电动机产生的电磁转矩将大于负载重力转矩，所以电动机不是处于倒拉反接下放状态，而是变为电动机提升状态。为此，应将手柄迅速推过“下降 1”“下降 2”位置。为了防止误操作，产生上述现象甚至上升超过上极限位置，控制器处于“下降 J”“下降 1”“下降 2”三个位置时，触头 SA3 闭合，串入上升极限开关 SQ1，实现上升限位保护。

2）强迫下降。

① 主令控制器手柄扳到“下降 3”位置时，触头 SA2、SA4、SA5、SA7、SA8 闭合，SA2 闭合的同时 SA3 断开，将提升限位开关 SQ1 从电路切除，接入下降限位开关 SQ2。SA4 闭合，KM3 得电吸合，松开电磁抱闸，允许电动机转动。SA5 闭合，反向接触器 KM2 得电吸合，电动机定子接入反相序电源，产生下降方向的电磁转矩。SA7、SA8 闭合，反接接触器 KM4、KM5 得电吸合，断转子电阻 1R 和 2R。此时，电动机所串转子电阻情况与提升“上升 2”位置时相同，电动机运行在图 6-18 中机械特性曲线 3′上，为反转下降电动状态。若重物较重，则下降速度将超过电动机同步转速，而进入发电制动状态，电动机将运行于图 6-18 中机械特性曲线 3′在第四象限的延长线上，形成高速下降，这时应立即将手柄扳到下一位置。

② 主令控制器手柄扳到“下降 4”位置时，在“下降 3”位置闭合的所有触头仍闭合，另外 SA9 触头闭合，接触器 KM6 得电吸合，切除转子电阻 3R，此时转子电阻情况与“上升 3”位置时相同。电动机运行在图 6-18 中机械特性曲线 4′上，为反转电动状态若重物较重，则下降速度将超过电动机的同步转速，进入再生发电制动状态。电动机将运行在图 6-18 中机械特性曲线 4′在第四象限的延长线上，形成高速下降，这时应立即将手柄扳到下一位置。

③ 主令控制器手柄扳到“下降 5”位置时，在“下降 4”位置闭合的所有触头仍闭合，另外，SA10 ~ SA12 触头闭合，接触器 KM7 ~ KM9 按顺序相继得电吸合，转子电阻 4R ~ 6R 依次被切除，从而避免了过大的冲击电流，最后转子各相电路中仅保留一段常接电阻 7R。电动机运行在图 6-18 中机械特性曲线 5′上，为反转电动状态。若重物较重，电动机变为再生发电制动，工作在机械特性曲线 5′在第四象限的延长线上，下降速度超过同步转速，但比在“下降 3”、“下降 4”位置时下降速度要小得多。

由上述分析可知：主令控制器手柄的“下降 J”位置用于提起重物后稳定地停在空中或吊着重物移行，或在重载时准确停车；“下降 1”位置与“下降 2”位置用于重载时低速下降；“下降 3”~“下降 5”位置用于轻载或空钩时低速强迫下降。

2. 电路的保护与联锁

1）下放较重的重物时，为避免高速下降而造成事故，应将主令控制器的手柄放在的“下降 1”位置和“下降 2”位置上。但由于司机对货物的重量估计失误，下放较重重物时，手柄扳到了“下降 5”位置上，重物下降速度将超过同步转速进入再生发电制动状态。这时要取得较低的下降速度，手柄应从“下降 5”位置换成“下降 2”“下降 1”位置。在手柄换位过程中必须经过“下降 4”“下降 3”位置，由以上分析可知，对应“下降 4”“下降 3”位置的下降速度比“下降 5”位置还要快得多。为了避免经过“下降 4”“下降 3”位置时造成更危险的超高速，线路中采用了接触器 KM9 的常开触头（24-25）和接触器 KM2 的常开触头（17-24）串接后接于 SA8 与 KM9 线圈之间，这时手柄置于“下降 5”位置时，KM2、KM9 得电吸合，利用这两个触头自锁。当主令控制器的手柄从“下降 5”位置扳动，经过“下降 4”位置和“下降 3”位置时，由于 SA8、SA5 始终是闭合的，KM2 始终得电，从而保证了 KM9 始终得电，转子电路只接入电阻 7R，电动机始终运行在下降机械特性曲线

5′上，而不会使转速再升高，实现了对强迫下降过渡到制动下降时出现高速下降的保护。在KM9自锁电路中串入KM2常开触头（17-24）的目的是：在电动机正转运行时，KM2是断电的，此电路不起作用，从而不会影响提升时的调速。

2）保证反接制动电阻串入的条件下才进入制动下降的联锁。主令控制器的手柄由“下降3”位置转到“下降2”位置时，触头SA5断开、SA6闭合，反向接触器KM2断电释放，正向接触器KM1得电吸合，电动机处于反接制动状态。为防止制动过程中产生过大的冲击电流，在KM2断电后应使KM9立即断电释放，电动机转子电路串入全部电阻后，KM1再得电吸合。一方面，在主令控制器触头闭合顺序上保证了SA8断开后SA6才闭合；另一方面，设计了用KM2（11-12）、KM9（12-13）与KM1（9-10）构成互锁环节。这就保证了只有在KM9断电释放后，KM1才能接通并自锁。此环节还可防止因KM9主触头熔焊，转子在只剩下常串电阻7R时电动机正向直接起动的事故发生。

3）当主令控制器的手柄在“下降2”位置与“下降3”位置之间转换，控制正向接触器KM1与KM2进行换接时，由于二者之间采用了电气和机械联锁，必然存在有一瞬间一个已经释放，另一个尚未吸合的现象，电路中触头KM1（8-14）、KM2（8-14）均断开，此时容易造成KM3断电，导致电动机在高速下进行机械制动，引起不允许的强烈振动。为此引入KM3自锁触头（8-14）与KM1（8-14）、KM2（8-14）并联，以确保在KM1与KM2换接瞬间KM3始终得电。

4）加速接触器KM6、KM8的常开触头串接下一级加速接触器KM7、KM9电路中，实现短接转子电阻的顺序联锁作用。

5）该电路的零位保护是通过电压继电器KOV与主令控制器SA实现的；过电流保护是通过电流继电器KOC实现的；重物上升、下降的限位保护是通过限位开关SQ1、SQ2实现的。

十、起重机的供电

桥式起重机的大车与厂房之间、小车与大车之间都存在相对运动，因此其电源不能像一般固定的电气设备那样采用固定连接，而必须适应其工作经常移动的特点。小型起重机供电方式采用软电缆供电，随着大车和小车的移动，供电电缆随之伸长和叠卷；大中型起重机常用滑线和电刷供电。三相交流电源接到沿车间长度架设的三根主滑线上，再通过大车上的电刷引入到操纵室中保护箱的总电源刀开关上，再由保护箱将导线经由大车电动机、大车电磁抱闸及交流控制站，送至大车一侧的辅助滑线。主钩、副钩、小车上的电动机、电磁抱闸、提升限位的供电和转子电阻的连接，是由架设在大车侧的辅助滑线与电刷来实现的。

十一、桥式起重机总体控制电路

这里以15/3t（重级）桥式起重机为例，介绍桥式起重机的总体控制电路。

图6-19所示为15/3t桥式起重机电气控制原理图。它有两个吊钩，主钩15t、副钩3t。大车运行机构由两台YZR160L-6型电动机联合拖动，用KT14-60J/2型凸轮控制器控制；小车运行机构由一台ZR160M1-6型电动机拖动，用KT14-25J/1型凸轮控制器控制；副钩升降机构由一台YZR180L-6型电动机拖动，用KT14-25J-1型凸轮控制器控制。这四台电动机由XQB1-150-4F交流保护箱进行保护。主钩升降机构由一台YZR280M-10型电动机拖动，用

PQR10B-150 型交流控制屏与 LK1-12-90 型主令控制器组成的磁力控制器控制。上述机构的控制原理在前面均已讨论过，在此不再重复。

在图 6-19a 中，M5 为主钩电动机，M4 为副钩电动机，M3 为小车电动机，M1、M2 为大车电动机，它们分别由主令控制器 SA5 和凸轮控制器 SA1、SA2、SA3 控制。SQ 为主钩提升限位开关，SQ5 为副钩提升限位开关，SQ3、SQ4 为小车两个方向的限位开关，SQ1、SQ2 为大车两个方向的限位开关。

a)

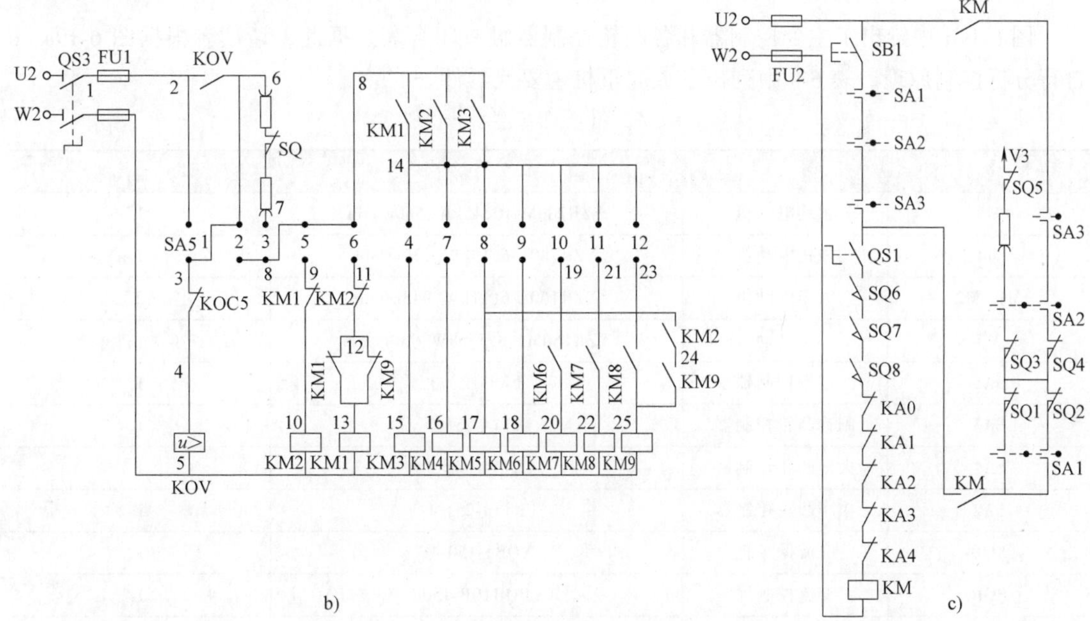

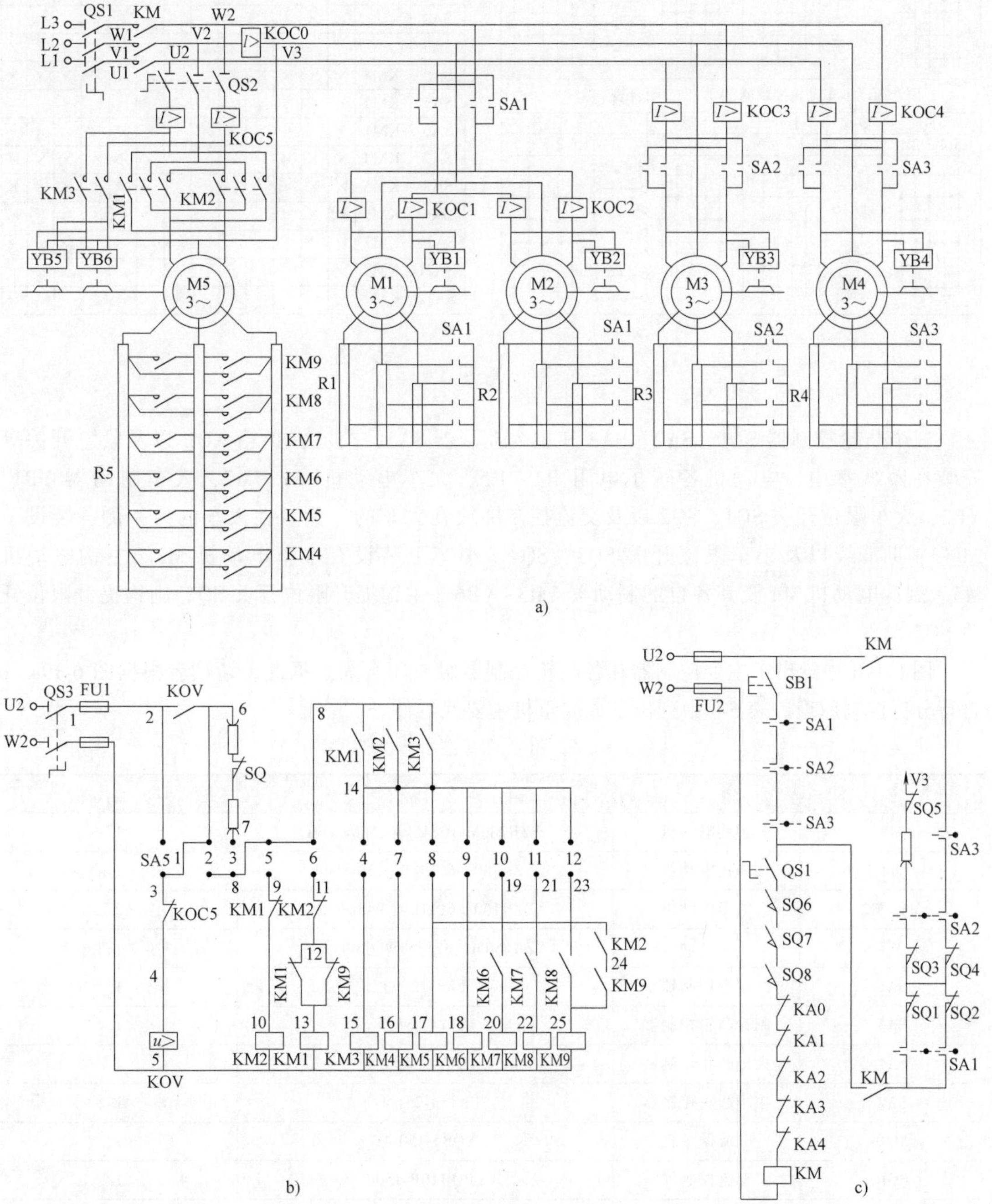

图 6-19　15/3t 桥式起重机电气控制原理图

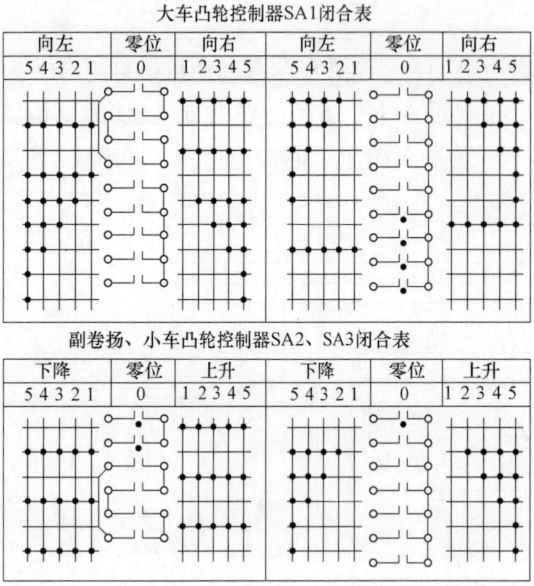

大车凸轮控制器SA1闭合表

向左	零位	向右	向左	零位	向右
5 4 3 2 1	0	1 2 3 4 5	5 4 3 2 1	0	1 2 3 4 5

副卷扬、小车凸轮控制器SA2、SA3闭合表

下降	零位	上升	下降	零位	上升
5 4 3 2 1	0	1 2 3 4 5	5 4 3 2 1	0	1 2 3 4 5

主令控制器触头闭合表

触头	符号	下降						零位	上升					
		强力			制动									
		5	4	3	2	1	J	0	1	2	3	4	5	6
SA1								×						
SA2		×	×	×										
SA3					×	×	×		×	×	×	×	×	×
SA4	KM3	×	×	×	×	×			×	×	×	×	×	×
SA5	KM2	×	×	×										
SA6	KM1				×	×	×		×	×	×	×	×	×
SA7	KM4	×	×	×		×	×		×	×	×	×	×	×
SA8	KM5	×	×	×			×			×	×	×	×	×
SA9	KM6	×	×								×	×	×	×
SA10	KM7	×										×	×	×
SA11	KM8	×											×	×
SA12	KM9	×												×

d)

图 6-19　15/3t 桥式起重机电气控制原理图（续）

三个凸轮控制器 SA1、SA2、SA3 和主令控制器 SA5，交流保护箱 XQB 以及紧急开关等安装在操纵室中。电动机各转子电阻 R1～R5，大车电动机 M1、M2，大车制动器 YB1、YB2，大车限位开关 SQ1、SQ2 以及交流控制屏放在大车的一侧。在大车的另一侧，装设了 21 根辅助滑线以及小车限位开关 SQ3、SQ4。小车上装设有小车电动机 M3、主钩电动机 M5、副钩电动机 M4 及其各自的制动器 YB3～YB6、主钩提升限位开关 SQ、副钩提升限位开关 SQ5。

图 6-19d 中给出了主令控制器和各凸轮控制器触头闭合表。据此，请读者根据图 6-19a～c 自行分析控制原理。表 6-9 中列出了该起重机主要元器件。

表 6-9　15/3t 桥式起重机元器件表

符号	名称	型号及规格	数量
M5	主钩电动机	YZR280M-10，45kW、560r/min	1
M4	副钩电动机	YZR180L-6，15kW、712r/min	1
M1、M2	大车电动机	YZR160L-6，11kW、945r/min	2
M3	小车电动机	YZR160M1-6，5.5kW、930r/min	1
SA5	主令控制器	LK1-12/90	1
SA3	副钩凸轮控制器	KT14-25J/1	1
SA1	大车凸轮控制器	KT14-60J/2	1
SA2	小车凸轮控制器	KT14-25J/1	1
XQB	交流保护柜	XQB1-150-4F	1
PQR	交流控制屏	PQR10B-150	1
KM	接触器	CJ12-250	1

（续）

符号	名称	型号及规格	数量
KOC0	总过电流继电器	JL12-150A	11
KOC1～KOC4	过电流继电器	JL12-60A、15A、30A、30A	8
KOC5	过电流继电器	JL12-150A	1
SQ1～SQ4	大、小车限位开关	LX1-11	4
SQ6	舱口安全开关	LX19-001	1
SQ7、SQ8	横梁栏杆安全开关	LX19-111	2
YB5、YB6	主钩制动电磁铁	MSZ1-15H	2
YB4	副钩制动电磁铁	MZD1-300	1
YB3	小车制动电磁铁	MZD1-100	1
YB1、YB2	大车制动电磁铁	MZD1-200	2
R5	主钩电阻器	$2P_5$62-10/9D	1
R4	副钩电阻器	RT41-8/1B	1
R1、R2	大车电阻器	RT31-6/1B	2
R3	小车电阻器	RT12-6/1B	1

知识拓展

下面介绍一下桥式起重机维护保养操作规程。

由于桥式起重机的部件较多，针对各个部件的不同技术特性，人们在实际工作中将维护、检查的周期分为周、月、年。

一、每周检查与维护

每周检查与维护一次，具体内容如下：

1）检查制动器上的螺母、开口销、定位板是否齐全、松动，制动轮上的销钉螺栓及缓冲垫圈是否松动、齐全；制动器是否制动可靠。制动器打开时制动瓦块的开度应小于1.0mm，且与制动轮的两边距离间隙应相等，各轴销不得有卡死现象。

2）检查安全保护开关和限位开关是否定位准确、工作灵活可靠，特别是上升限位是否可靠。

3）检查卷筒和滑轮上的钢丝绳缠绕是否正常，有无脱槽、串槽、打结和扭曲等现象，钢丝绳压板螺栓是否紧固，是否有双螺母防松装置。

4）检查起升机构的联轴器密封盖上的紧固螺钉是否松动、短缺。

5）检查各机构的传动是否正常，有无异常响声。

6）检查所有润滑部位的润滑状况是否良好。

7）检查轨道上是否有阻碍桥式起重机运行的异物。

二、每月检查与维护

每月检查与维护一次，具体内容除了包括每周的内容外还有如下几项：

1）制动器瓦块衬垫的磨损量不应超过 2mm，衬垫与制动轮的接触面积不得小于 70%；检查各销轴安装固定的状况及磨损和润滑状况，各销轴的磨损量不应超过原直径的 5%；小轴和心轴的磨损量不应大于原直径的 5%，椭圆度应小于 0.5mm。

2）检查钢丝绳的磨损情况，是否有断丝等现象，检查钢丝绳的润滑状况。

3）检查吊钩是否有裂纹，其危险截面的磨损是否超过原厚度的 5%；吊钩螺母的防松装置是否完整，吊钩组上的各个零件是否完整可靠。吊钩应转动灵活，无卡阻现象。

4）检查所有的螺栓是否有松动与短缺现象。

5）检查电动机、减速器等底座的螺栓紧固情况，并逐个紧固。

6）检查减速器的润滑状况，其油位应在规定的范围内，对渗油部位应采取措施防渗漏。

7）对齿轮进行润滑。

8）检查平衡滑轮处钢丝绳的磨损情况，对滑轮及滑轮轴进行润滑。

9）检查滑轮状况，看其是否灵活，有无破损、裂纹，特别注意定滑轮轴的磨损情况。

10）检查制动轮，其工作表面凹凸不平度不应超过 1.5mm；制动轮不应有裂纹，其径向圆跳动应小于 0.3mm。

11）检查联轴器，其上键和键槽不应损坏、松动；两联轴器之间的传动轴轴向串动量应为 2~7mm。

12）检查大小车的运行状况，不应产生啃轨、三个支点、起动和停止时扭摆等现象。检查车轮的轮缘和踏面的磨损情况，轮缘厚度磨损情况不应超过原厚度的 50%，车轮踏面磨损情况不应超过车轮原直径的 3%。

13）检查大车轨道情况，看其螺栓是否松动、短缺，压板是否固定在轨道上，轨道有无裂纹和断裂；两根轨道接头处的间隙是否为 1~2mm（夏季）或 3~5mm（冬季），接头上下、左右错位是否超过 1mm。

14）对起重机进行全面清扫，清除其上污垢。

三、半年检查与维护

每半年检查与维护一次，具体内容除了包括月检查内容外还应有如下几项：

1）检查所有减速器的齿轮啮合和磨损情况，齿面点蚀损坏不应超过啮合面的 30%，且深度不超过原齿厚度的 10%（固定弦齿厚）；齿轮的齿厚磨损量与原齿厚的百分比不得超过 15%；检查轴承的状态；更换润滑油。

2）检查大、小车轮状况，对车轮轴承进行润滑，消除啃轨现象。

3）检查主梁、端梁各主要焊缝是否有开焊、锈蚀现象，锈蚀不应超过原板厚的 10%，各主要受力部件是否有疲劳裂纹；各种护栏、支架是否完整无缺；检查主梁、端梁螺栓并紧固一遍。

4）检查主梁的变形情况。检查小车轨道的情况。空载时主梁下扰不应超过其跨度的 1/2000；主梁向内水平旁弯不得超过测量长度的 1/1500；小车的轨道不应产生卡轨现象，轨道顶面和侧面磨损（单面）量均不得超过 3mm。

5）检查卷筒情况，卷筒壁磨损不应超过原壁厚的 20%，绳槽凸峰不应变尖。

6）拧紧起重机上所有连接螺栓和紧固螺栓。

四、桥式起重机的润滑

润滑是保证机器正常运转、延长机件寿命、提高效率及安全生产的重要措施之一。维护人员应充分认识设备润滑的重要性，经常检查各运动点的润滑情况，并定期向各润滑点加注润滑油（脂）。

1）保持润滑油（脂）的洁净。

2）不同牌号的润滑油（脂）不可混合使用。

3）选用适宜的润滑油（脂）按规定时间进行润滑。

4）采用压力注脂法（用油枪或油泵，旋盖式的油杯）添加润滑脂，把润滑脂挤到摩擦面上，防止用手抹时进不到摩擦面上。

5）潮湿地区不宜选用钠基润滑脂，因其亲水性强，容易失效。

6）设有注油点的转动部位，应定期用稀油在各转动缝隙中润滑，以减少机件的摩擦并防止锈蚀。

任务 6-2 组合机床动力滑台 PLC 电气控制系统

任务导入

近年来，科学技术的飞速发展促进了机床改造技术的深化与完善，也使各种新型机床结构不断涌现，为现代化工业生产做出了巨大的贡献。组合机床在目前的工业生产中较常见，也是应用较为广泛的一种新型机床结构。本任务主要介绍组合机床动力滑台 PLC 电气控制系统。通过学习，读者应掌握组合机床动力滑台的分类及优缺点、组合机床动力滑台的工作过程，重点是掌握采用 PLC 实现组合机床动力滑台的电气控制。

任务分析

组合机床是由通用部件和部分专用部件组成的高效专用机床。而动力滑台是组合机床的一种重要通用部件。可以根据不同工件的加工要求，通过电气控制系统的配合实现动力头各种动作循环。传统的组合机床液压动力滑台的电气部分采用继电器控制系统，存在可靠性不高、故障发生率高、维护困难；继电器线路接线复杂；若工艺流程改变，则需要改变相应的继电器控制系统的接线等问题。由于 PLC 具有较高的可靠性，控制过程中能得到良好的控制精度，能够轻而易举地实现工业自动化；另外，还具有易维护、操作简便等一系列优点。PLC 在现代工业中得到了大量而广泛的应用。本任务采用 PLC 进行组合机床动力滑台的设计。

任务实施

一、组合机床概述

组合机床是一种在制造领域中用途广泛的半自动专用机床，这种机床既可以单机使用，也可以多机配套组成加工自动线。组合机床由通用部件（如动力头、动力滑台、床身、立柱等）和专用部件（如专用动力箱、专用夹具等）两大类部件组成，有卧式、立式、倾斜式和多面组合式等多种结构形式。组合机床具有加工精度较高、生产效率高、自动化程度高、设计制造周期短、制造成本低、通用部件能够被重复使用等诸多优点，因而，被广泛应用于大批大量生产的机械加工流水线或自动线中，如汽车零部件制造中的许多生产线。

组合机床的主运动由动力头或动力箱实现，进给运动由动力滑台的运动实现。动力滑台与动力头或动力箱配套使用，可以对工件完成钻孔、扩孔、铰孔、镗孔、铣平面、拉平面或圆弧、攻丝等孔和平面的多种机械加工工序。

二、组合机床动力滑台的分类及优缺点

动力滑台按驱动方式不同分为液压滑台和机械滑台两种形式，它们各有优缺点，分别应用于不同运动与控制要求的加工场合。

1. 优点

（1）液压滑台

1）在相当大的范围内进给量可以无级调速。

2）可以获得较大的进给力。

3）液压驱动，零件磨损小，使用寿命长。

4）工艺上要求多次进给时，通过液压换向阀很容易实现。

5）过载保护简单可靠。

6）由行程调速阀来控制滑台的快进转工进，转换精度高，工作可靠。

（2）机械滑台

1）进给量稳定，慢速无爬行，高速无振动，可以降低工件的表面粗糙度值。

2）具有较好的抗冲击能力，断续铣削、钻头钻通孔将要出口时，不会因冲击而损坏刀具。

4）运行安全可靠，不易发现故障，调整维修方便。

5）没有液压驱动管路，无泄漏、噪声等问题。

2. 缺点

（1）液压滑台

1）进给量受载荷的变化和温度的影响而不够稳定。

2）液压系统漏油影响工作环境，浪费能源。

3）调整维修比较麻烦。

（2）机械滑台

1）只能有级变速，变速比较麻烦。

2）一般没有可靠的过载保护。

3）快进转工进时，转换位置精度较低。

三、PLC 概述

1. PLC 控制系统与继电器控制系统的比较

1）控制方式。继电器控制系统的控制是通过硬件接线实现的，利用继电器机械触头的

串联或并联及延时继电器的滞后动作等组合形成控制逻辑，只能完成既定的逻辑控制。PLC控制系统采用存储逻辑，其控制逻辑是以程序方式存储在内存中，要改变控制逻辑，只需改变程序即可。

2）工作方式。继电器控制系统采用并行的工作方式，PLC 控制系统采用串行工作方式。

3）控制速度。继电器控制系统的控制逻辑依靠触头的机械动作来实现，工作频率低，约为 1Hz，机械触头有抖动现象。PLC 控制系统由程序指令控制半导体电路来实现控制，速度快，微秒级，严格同步，无抖动。

4）定时与计数控制。继电器控制系统靠时间继电器的滞后动作实现延时控制，而时间继电器定时精度不高，受环境影响大，调整时间困难。继电器控制系统不具备计数功能。PLC 控制系统用半导体集成电路作定时器，时钟脉冲由晶体振荡器产生，精度高，调整时间方便，不受环境影响。PLC 控制系统具备计数功能。

5）可靠性和维护性。继电器控制系统可靠性较差，电路复杂，维护工作量大；PLC 控制系统可靠性较高，外部电路简单，维护工作量小。

2. PLC 的基本工作原理

1）扫描工作方式。当 PLC 投入运行后，其工作过程一般分为三个阶段：输入采样、用户程序执行和输出刷新。完成上述三个阶段称作一个扫描周期。在整个运行期间，PLC 的 CPU 以一定的扫描速度重复执行上述三个阶段。

2）PLC 程序的执行过程。在输入采样阶段，PLC 以扫描方式依次地读入所有输入状态和数据，并将它们存入 I/O 映像区中的相应的单元内。输入采样结束后，转入用户程序执行和输出刷新阶段。在这两个阶段中，即使输入状态和数据发生变化，I/O 映像区中的相应单元的状态和数据也不会改变。因此，如果输入的是脉冲信号，则该脉冲信号的宽度必须大于一个扫描周期，以保证在任何情况下，该输入均能被读入。

在用户程序执行阶段，PLC 按由上而下的顺序依次扫描用户程序。在扫描每一条梯形图时，先扫描梯形图左边的由各触头构成的控制电路，并按先左后右、先上后下的顺序对由触头构成的控制电路进行逻辑运算，然后根据逻辑运算的结果，刷新该逻辑线圈在系统 RAM 存储区中对应位的状态；或者刷新该输出线圈在 I/O 映像区中对应位的状态；或者确定是否要执行该梯形图所规定的特殊功能指令，这个结果在全部程序未执行完毕之前不会被送到输出端口上。

当扫描用户程序结束后，PLC 就进入输出刷新阶段。在此期间，CPU 按照 I/O 映像区内对应的状态和数据刷新所有的输出锁存电路，再经输出电路驱动相应的外部负载。这时才是 PLC 的真正输出。

一般来说，PLC 的扫描周期等于自诊断、通信、输入采样、用户程序执行以及输出刷新等所有时间的总和。

四、组合机床动力滑台控制设计

（一）控制要求

某组合机床液压动力滑台的工作循环示意图和液压元器件动作表如图 6-20 所示。

控制要求如下：

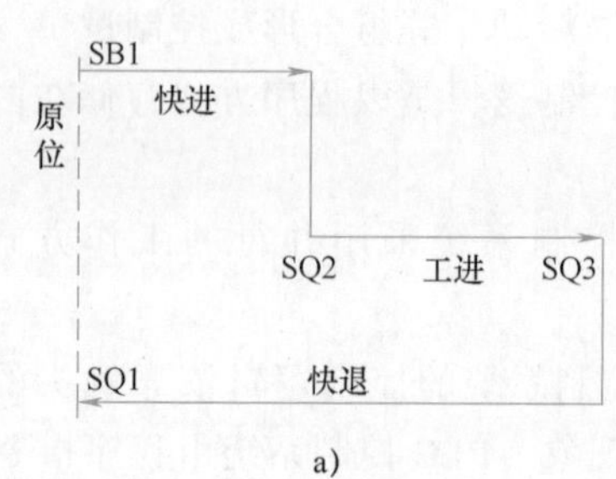

工步 \ 器件	YV1	YV2	YV3
原位	–	–	–
快进	+	–	–
工进	+	–	+
快退	–	+	–

b)

图 6-20　液压动力滑台的工作循环示意图和液压元器件动作表

a）工作循环示意图　b）液压元器件动作表

1）液压动力滑台具有自动和手动调整两种工作方式，由转换开关 SA 进行选择。当 SA 接通时为手动调整方式，当 SA 断开时为自动方式。

2）选择自动方式时，其工作过程为：按下起动按钮 SB1，滑台从原位开始快进，快进结束后转为工进，工进结束后转为快退至原位，结束一个周期的自动工作，然后自动转入下一周期的自动循环。如果在自动循环过程中按下停止按钮 SB2 或将转换开关 SA 拨至手动位置，则滑台完成当前循环后返回原位停止。

3）选择手动调整方式时，用按钮 SB3 和 SB4 分别控制滑台的点动前进和点动后退。

（二）组合机床动力滑台控制设计

1. 分析控制要求，确定输入/输出设备

通过对动力滑台控制要求的分析，可以归纳出该电路有 8 个输入设备，即起动按钮 SB1、停止按钮 SB2、点动前进按钮 SB3、点动后退按钮 SB4、行程开关 SQ1 ~ SQ3、转换开关 SA；3 个输出设备，即液压电磁阀 YV1 ~ YV3。

2. 对输入/输出设备进行 I/O 地址分配

本任务采用 S7-200 型 PLC 进行组合机床动力滑台的设计。根据 I/O 个数，进行 I/O 地址分配见表 6-10。

表 6-10　I/O 地址分配

输入设备			输出设备		
名称	符号	地址	名称	符号	地址
转换开关	SA	I0.0	液压电磁阀	YV1	Q0.0
起动按钮	SB1	I0.1	液压电磁阀	YV2	Q0.1
停止按钮	SB2	I0.2	液压电磁阀	YV3	Q0.2
前进按钮	SB3	I0.3			
后退按钮	SB4	I0.4			
行程开关	SQ1	I0.5			
行程开关	SQ2	I0.6			
行程开关	SQ3	I0.7			

3. 绘制 PLC 外部接线图

根据 I/O 地址分配结果，绘制 PLC 外部接线图，如图 6-21 所示。

4. PLC 程序设计

通过选择开关 SA（I0.0）建立自动循环和手动调整两个选择，并采用 M1.0 作为自动循环过程中有无停止按钮动作的记忆元器件。当 SA 闭合时，程序跳转至标号 2 处执行手动

程序，此方式下，按下 SB3（I0.3）或 SB4（I0.4）可实现相应的点动调整。为使液压动力滑台只有在原位才可以开始自动工作，采用了 $\overline{\text{SA}}$（$\overline{\text{I0.0}}$）与 SQ1（I0.5）相“与”作为进入自动工作的转换条件，即当 $\overline{\text{I0.0}}$·I0.5 条件满足时，程序跳转至标号 1 处等待执行自动程序。按下起动按钮 SB1（I0.1），系统开始工作，并按快进（M0.0）→工进（M0.1）→快退（M0.2）的步骤自动顺序进行。当快退工步完成时，如果停止按钮 SB2（I0.2）无按动记忆（M1.0 不得电），则自动返回到快进，进行下一循环；如果停止按钮 SB2 有按动记忆（M1.0 得电），则返回原位停止，再次按动起动按钮 SB1 后，才进入下一次自动循环的起动。如果在自动循环过程中，将转换开关 SA 拨至手动位置，应不能立刻实施手动调整，需在本循环结束后才能实施。为此，将 M0.0~M0.2 常开触头分别与 $\overline{\text{I0.0}}$·I0.5 并联，作为执行自动程序的条件，保证在自动循环过程中不能接通手动调整程序；将 M0.0~M0.2 的常闭触头分别与 I0.0 串联，作为执行手动调整程序的条件。

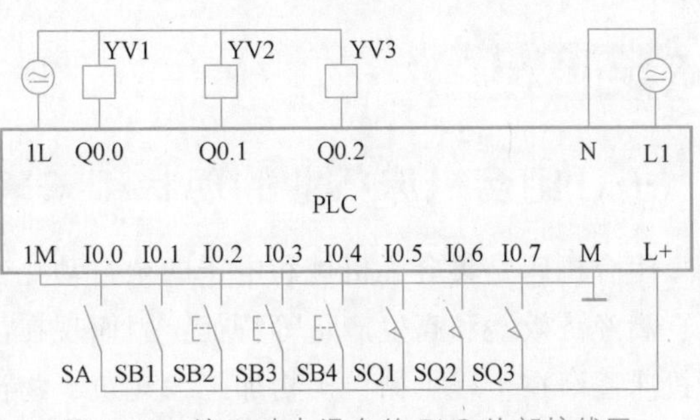

图 6-21 液压动力滑台的 PLC 外部接线图

根据控制电路要求，采用跳转/标号指令设计 PLC 梯形图程序或语句表程序，梯形图程序如图 6-22 所示。

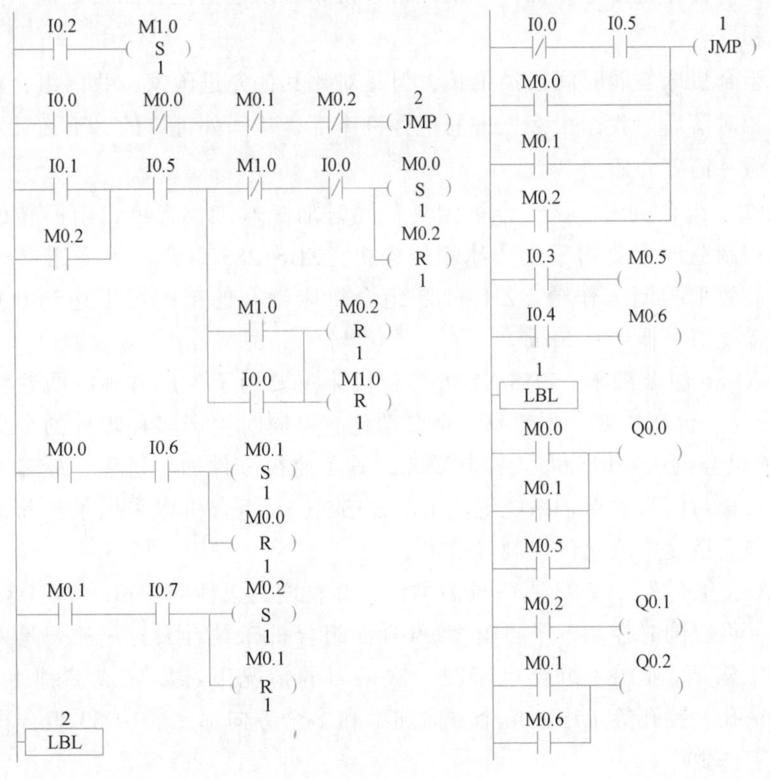

图 6-22 梯形图程序

知识拓展

一、组合机床行业的现状和未来发展趋势

组合机床是集合了机械和电子的全自动化生产设备。组合机床具备了高效率、低生产成本、高经济效益和高生产量等特征，因而现在已经被大量企业用于零件的生产和制造中。组合机床逐渐在工程机械、矿物加工、建筑、物流管理和轻型工业等行业中崭露头角。目前，我国老式的机床大都用在机电化生产和液压领域中。组合机床的加工物主要有中型汽车的油箱、汽车用的主轴和齿轮等零部件。现在先进的组合机床还可以用来加工汽车底盘的连杆机构以及变速箱等零部件。组合机床可以完成机械加工中的大部分工序，如车、磨、刨、钻孔及镗孔等。

组合机床按大小可以分为大型组合机床、中型组合机床和大型机床；按加工面的多少可以分为单面加工机床、两面加工机床和多面加工机床；按机床的外形可以分为卧式组合机床、立式组合机床、复合式组合机床和倾斜式组合机床。随着科学技术的日益变化，组合机床技术也得到了高速发展，众多设计人员将柔性组合的理论用到了组合机床当中来，并发明了柔性组合机床。柔性组合机床因为生产时可以同时进行多项任务，且任务可以根据重要性依次安排先后顺序等特点得到许多机械制造企业的喜欢。柔性组合机床配有主轴箱、大容量油箱和可编程控制操作设备等零部件。柔性组合机床可以根据任务的重要性，随时调换组合机床的工作过程。

尽管我国组合机床发展时间已经很长，但是对比其他先进国家，我国组合机床的技术含量和性能还是相对落后。我国很多先进的组合机床都是从国外进口的。下面针对我国几个大型的组合机床做一简要介绍。

(1) ZHS1283 组合机床　该组合机床具备同时加工八工位且可自由回转的能力。该组合机床在电冰箱制造厂主要用于生产冰箱压缩机。ZHS1283 组合机床采用交流伺服控制系统，可以自由高效地控制工作台。ZHS1283 组合机床镗孔的精度可以达到 0.004mm 以下，零件的表面粗糙度值可低于 0.5μm。

(2) ZHS-XU86 组合机床　ZHS-XU86 组合机床主要用于生产常规的凸轮轴承盖。ZHS-XU86 组合机床是一台高精度、高效率、全自动化、可同时生产多种零件的全自动化生产机床。ZHS-XU86 组合机床采用分布式控制系统，具备监视零件加工过程、故障及时诊断、故障随时报警以及全封闭自动保护系统等功能。ZHS-XU86 组合机床采用了当前最先进的气体浮力输送装置和高精度电液比例控制等技术。

(3) UD83 组合机床　UD83 是一种高柔性、高精度的柔性数控机床。UD83 组合机床具备五个坐标系，可以同时控制五个自由度。UD83 组合机床具有大容量的刀具库，可以适应不同零件的加工需要。UD83 组合机床在一次换刀的情况下可以完成多种工序，例如车、磨、刨、铣、钻孔、镗孔等工序的单个方向加工和多个方向加工。UD83 组合机床主要用于大、中批量的零件生产。

组合机床行业发展迅速，技术不断更新，未来组合机床将逐渐向自动化、高效率、高精度和高可靠性方向发展。

任务 6-3 变频器在冷却塔风机控制系统中的应用

任务导入

在工业生产中，旧的机电设备由于能耗太高，已然不符合现代的节能环保要求，故要对其进行更新改造。在机电设备方面，变频调速技术是一个新的发展方向。

本任务主要介绍变频器在冷却塔风机控制系统中的应用。通过学习，读者应掌握风机、泵的节能原理，风机实现变频调速的要点及控制系统设计方法，重点是掌握冷却塔风机控制系统的设计方法。

任务分析

风机、泵类是工业企业中使用较广泛又较耗能的机械。采用传统的恒速电力拖动系统驱动风机和泵，当季节、时间或生产状况发生变化，需要对负荷（负载）进行调整时，就要同时调整阀门或风门，使之与负荷的变化相适应。采用这种方法，系统从电网吸收的能量并没有减少，电动机的功率也基本没有改变，虽然阀门或风门的输出量达到了工况要求，但是能量有效应用的比例减小了，损耗增加了，在这种情况下，存在大量浪费能源的现象，不会有节能、节电效果。随着变频调速技术的不断发展、性价比的逐步提高，变频调速正逐渐成为风机、泵类调速的首选方案。

任务实施

一、风机、泵的特性与节能原理

大多数风机属于二次方律负载，采用变频调速后节能效果极好，可节电 20%～60%，有些场合甚至可节电超过 70%。由于各类风机在工矿企业中消耗电能的比例是所有生产机械中最大的，所以推广风机的变频调速具有十分重要的意义。

（一）风机和泵的特性

风机和泵的电动机功率 P 与其流量（风量）Q、扬程（压力）H 之间的关系为

$$P \propto QH \tag{6-7}$$

当流量由 Q_1 变化到 Q_2 时，电动机的转速由 n_1 变为 n_2，此时 Q、H、P 相对于转速的关系如下：

$$Q_2 = Q_1 \frac{n_2}{n_1} \tag{6-8}$$

$$H_2 = H_1 \left(\frac{n_2}{n_1}\right)^2 \tag{6-9}$$

$$P_2 = P_1\left(\frac{n_2}{n_1}\right)^3 \tag{6-10}$$

由于电动机的功率 P 和转矩 T 的关系为

$$T \propto \frac{P}{N}$$

所以有

$$T_2 = T_1\left(\frac{n_2}{n_1}\right)^2 \tag{6-11}$$

由上述关系式可以看出，风机和泵的电动机的轴功率与转速的三次方成比例，而转矩与转速的二次方成比例。

（二）节能原理分析

在风机和泵类负载中，输出量的主要标志是空气和液体的流量。在实际工作中，流量是需要不断进行调节的。例如，轧钢用的加热炉要根据炉温来调节风量，自来水公司的水泵要根据用户的用水情况来调节供水流量等。

流量调节的方法有如下两种：

1）电动机的转速恒定，通过改变流体通道的大小来调节流量，风机调节风门，泵类则调节阀门的开度。

2）由于流量 Q 和电动机的转速成正比，因此可以将风门（或阀门）完全打开，通过调节电动机的转速 N 来调节流量 Q。

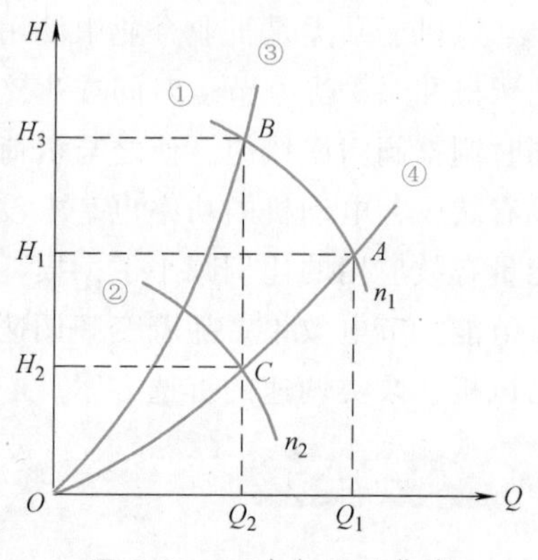

图 6-23　压力与风量曲线

图 6-23 给出了风门调节和变频调速两种调节方式下风路的压力-风量（H-Q）关系。其中，曲线①和曲线②是风机在不同转速下的 H-Q 曲线（二者风门开度一致），且 $n_1>n_2$；曲线③和曲线④是风机在不同开度下的 H-Q 曲线（二者转速一致），且曲线③的风门开度小于曲线④的风门开度。

可以看出，当实际工况的风量由 Q_1 下降到 Q_2 时，在风机以相同转速运转的条件下，调节风门开度，则工况点沿曲线①由 A 点移动到 B 点，压力差为 $\Delta H_1=H_3-H_1$；在风门开度保持不变的情况下，用变频器调节风机的转速，则工况点沿曲线④由 A 点移动到 C 点，压力差为 $\Delta H_2=H_1-H_2$。显然，ΔH_1 小于 ΔH_2，也就是说，风机在变频调速运行方式下节能效果更为显著。

图 6-24 给出了风门调节和变频调速两种调节方式下风路的功率-风量（P-Q）关系。其中，曲线⑤为变频控制方式下的 P-Q 曲线，曲线⑥为风门调节方式下的 P-Q 曲线。可以看出，在相同的风量下，变频控制方式比风门调节能耗更少，二者之差可由下述经验公式表示：

$$\Delta P = \left[0.4+\frac{0.6Q}{Q_e}-\left(\frac{Q}{Q_e}\right)^3\right]P_e \tag{6-12}$$

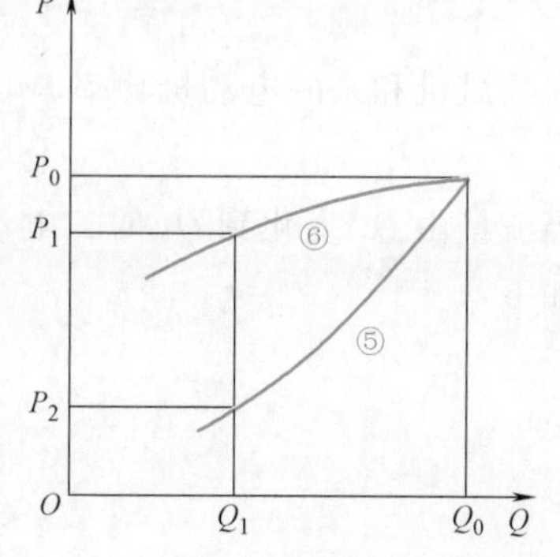

图 6-24　功率与风量曲线

式中，Q 为实际负载风量；Q_e 为额定负载风量；P_e 为额定负载功率；ΔP 为功率节省值。可以算出，当负载风量下降到额定风量的50%时，节电率可达到57.5%。

二、风机实现变频调速的要点

（一）变频器的选择

风机大多在长期连续运行的状态下工作，属于连续恒定负载，因此只要转速不超过额定值，电动机也不会过载，所以变频器的容量只需按照说明书上标明的“配用电动机容量”进行选择即可。

（二）控制方式的选择

由于风机在低速时阻转矩很小，不存在低频时能否带动的问题，故采用 U/f 控制方式就能满足控制要求。

（三）变频器的功能预置

1. 上限频率

因为风机的机械特性具有二次方律特点，也就是说，负载转矩是和转速的二次方成正比的，所以一旦转速超过额定转速，转矩将增大很多，就会造成电动机和变频器的严重过载。因此，在变频调速时，应绝对禁止在额定频率以上运行，即上限频率不应超过额定频率。

2. 斜坡上升/下降时间

风机大多长期连续运行，起动和停止次数很少，也就是说斜坡上升/下降时间设定的长短一般不会影响正常生产。因此，一般情况下，风机的斜坡上升/下降时间应预置得长一些，具体时间视风机的容量大小而定。一般来说，容量越大，时间设定得越长。

3. 加/减速方式

风机在低速时阻转矩很小，随着转速的增加，阻转矩增大得很快；反之，在开始停机时，由于惯性的原因，转速下降较慢，阻转矩下降更慢，因此，风机在加/减速时以采用半S方式比较适宜，如图6-25所示。

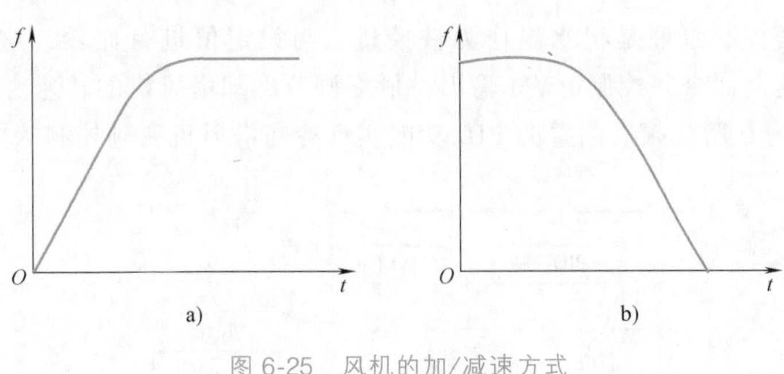

图6-25 风机的加/减速方式

a）加速方式 b）减速方式

4. 起动前的直流制动

风机在停机状态下，其叶片常常因遇到强风而空转，如果此时起动电动机，则易使电动机处于“反接制动”状态而产生很大的冲击电流。为避免这种情况的发生，许多变频器设置了“起动前的直流制动功能”，在起动前首先使用此功能，以保证电动机能够在“零速”状态下安全起动。

5. 回避频率

风机属于大惯性负载，有其固有的振动频率。当变频器输出频率与风机的固有频率接近时，就会发生机械共振，使运行状态恶化。为避免这种情况的发生，除了要注意紧固所有的螺钉及其他紧固件外，还要考虑预置回避频率。预置前，先缓慢地反复调节频率，观察产生机械谐振的频率范围，然后进行预置。

三、冷却塔风机控制系统分析

随着社会的发展和人们生活水平的不断提高，中央空调的应用已经非常普遍。中央空调控制系统主要由冷冻机组、冷却水塔和外部热交换系统等部分组成。为了使机组中加热了的水降温冷却，重新循环使用，常常使用冷却塔。冷却风机为机械通风冷却塔的关键部件，水在冷却塔内流动时，冷却风机使循环水与空气较充分地接触，将热传递给周围空气，从而使水温降下来。

冷却塔的设备容量是根据夏天最大热负载的条件选定的，也就是为适应最恶劣的条件选定的，但在实际运行中，季节、气候及工作负载的等效热负载等诸多因素都决定了机组设备通常是处于较低热负载的情况下运行的，所以机组的耗电常常是不必要且浪费的。因此，使用变频调速控制冷却风机的转速，在夜间或在气温较低的气候条件下，调节冷却风机的转速和冷却风机的开启台数，节能效果非常显著。

某空调冷却系统有三台冷却风机，原来是根据季节变化手动选择运行台数进行水温控制的，导致年用电量居高不下，水温过低，造成了浪费。为改善这种状况，现要求对冷却系统进行自动化改造，要求每次运行其中的两台来调节冷却水温度，另一台备用。另外，为平衡每台泵的工作量，要求每隔 10 天对三台泵进行一次轮换。

对于中央空调内冷却塔风机的控制可以采取两种方式：一种是利用 PLC 或变频器内置的 PID 功能，组成以冷却水温度为被控对象的闭环控制；另一种是利用变频器的多段速控制功能进行调节。

典型的冷却塔控制原理是将水温作为被控量，与设定值进行比较，这一差值经过 PID 控制器后，送出速度命令并控制 PWM 输出，最终调节冷却塔风机的转速。

图 6-26 所示为利用变频器内置的 PID 功能实现冷却塔风机变频控制的原理。

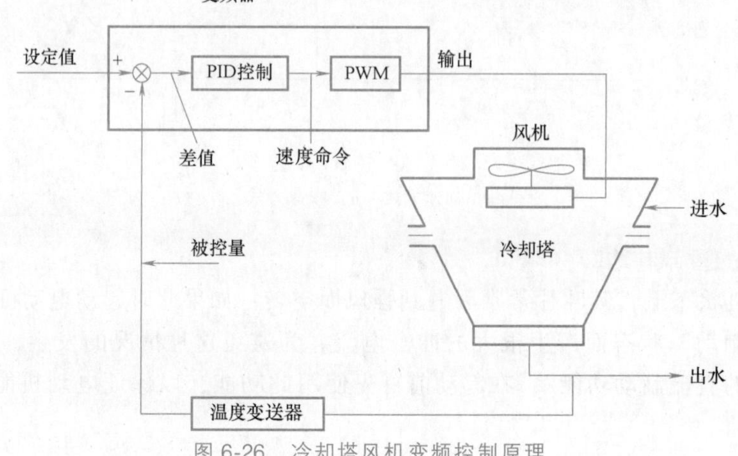

图 6-26　冷却塔风机变频控制原理

由于三台冷却风机要定期轮换，也就是说每台风机要轮流处于工频、变频和备用三种状态，这就涉及电动机变频-工频相互切换的过程。设计时要注意相互之间的互锁，确保安全。

四、冷却塔风机控制系统设计

（一）控制方案

本任务是利用PLC内置的PID调节功能来实现中央空调的自动恒温控制。

在PLC系统中，需要用到两路模拟量输入，一路模拟量输出。其中的模拟量输入AI1用于读取用户通过人机界面设置的温度设定值，AI2用于读取冷却塔中温度变送器反馈回来的温度实际值。PLC将二者的水温差送入PID控制器中，并根据设定的参数计算出相应的频率值，然后将这一结果通过模拟量输出AO1传送到变频器中控制冷却风机。

（二）硬件设计

三台冷却风机分别由电动机M1、M2、M3拖动，工频运行时由KM1、KM3、KM5三个交流接触器控制，变频调速时分别由KM2、KM4、KM6三个交流接触器控制。

冷却塔风机变频调速系统电路原理图如图6-27所示。

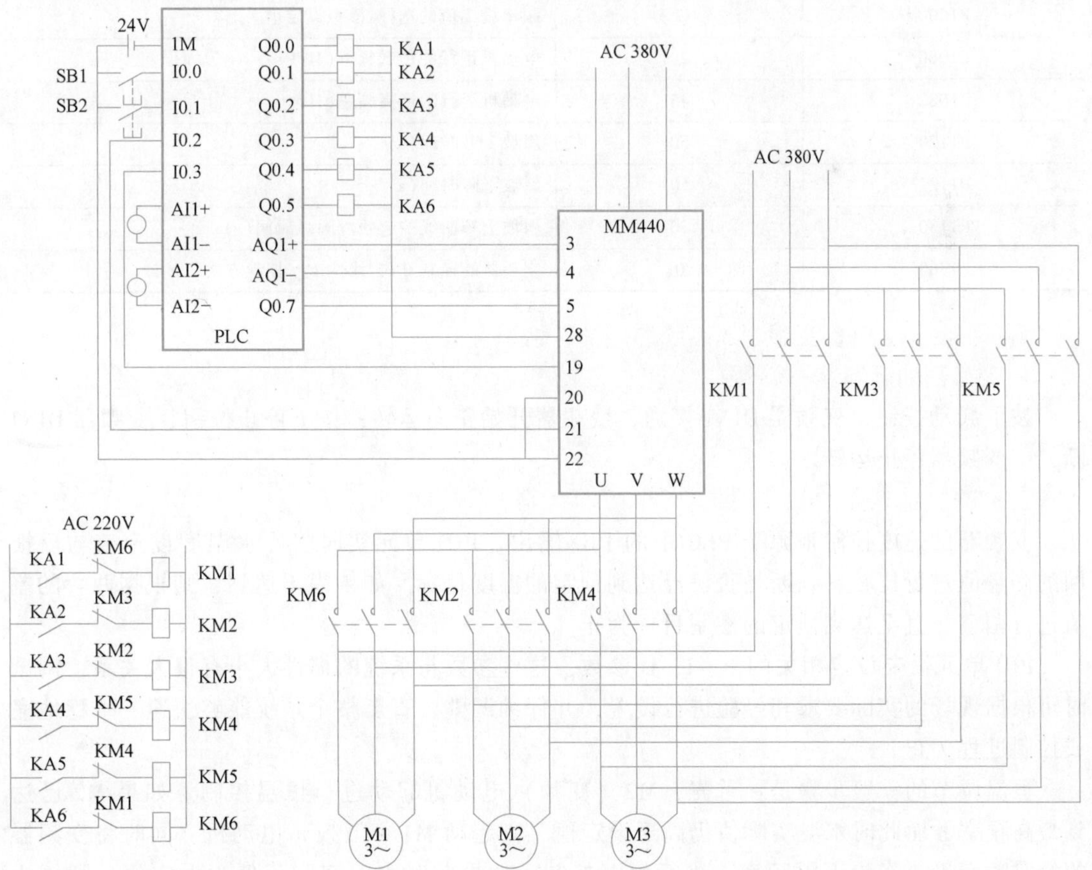

图6-27 冷却塔风机变频调速系统电路原理图

（三）变频器参数设置

变频器调试时需要设置的主要参数见表 6-11。

表 6-11　冷却塔风机变频调速系统的变频器参数设置表

参数号	设定值	说　明
P0100	0	功率以 kW 为单位，频率为 50Hz
P0300	1	电动机类型选择：异步电动机
P0304	380	电动机额定电压（V）
P0305	13	电动机额定电流（A）
P0307	0.55	电动机额定功率（kW）
P0309	91	电动机额定效率（%）
P0310	50	电动机额定频率（Hz）
P0311	1400	电动机额定转速（r/min）
P0700	2	选择命令源“由端子排输入”
P0701	1	DIN1 的功能：ON/OFF1 接通正转/停车命令 1
P0731	52.3	数字输出 1 的功能：变频器故障
P0732	52.7	数字输出 1 的功能：变频器报警
P1000	2	频率设定值的选择：模拟设定值
P1080	20	电动机运行的最低频率（Hz）
P1082	45	电动机运行的最高频率（Hz）
P1120	50	斜坡上升时间（s）
P1121	50	斜坡下降时间（s）
P1130	30	斜坡上升曲线的起始段圆弧时间（s）
P1300	0	变频器的控制方式：线性 U/f 控制方式

（四）冷却塔风机变频调速系统的控制思路

1. 变频器的起停

按下起动按钮，变频器 DIN1 接通，变频器开始正向运转；按下停止按钮，变频器 DIN1 断开，变频器停止运转。

2. 变频器的速度控制

变频器的速度控制来源于 PLC 中的 PID 输出。PID 单元实时将冷水温度设定值与反馈回的测量值进行比较，判断是否已经达到预定的温度目标。如果尚未达到，则根据两者的差值进行调整，直至达到预定的控制目标为止。

PID 单元需要设定相关的 P、I、D 参数，这些参数与系统的惯性大小有很大关系，调试时可根据现场的实际要求和经验进行设置，并仔细调整，直至整个系统能够快速、平稳地完成控制过程为止。

恒温调节的一般步骤是：首先，M2（变频）电动机起动进行恒温控制。如果 M2 已达到最高频率，而此时水温实际值仍高于设定值，则起动 M1（工频）电动机，同时将变频器的给定频率迅速降为下限频率，进行恒温控制。如果此时水温实际值低于设定值，则停止 M1（工频）电动机，由 M2（变频）电动机单独进行恒温控制。

3. 冷却风机切换控制

首先，M1电动机进行工频运转，M2电动机进行变频运转，M3备用；10天后，M2电动机进行工频运转，M3电动机进行变频运转，M1备用；又过了10天后，M3电动机进行工频运转，M1电动机进行变频运转，M2备用。如此利用PLC中的定时器指令（或定时中断模块），实现三台冷却风机的切换控制。

（五） PLC控制系统的I/O地址分配

PLC的I/O地址分配见表6-12。

表6-12 PLC的I/O地址分配表

输入			输出		
输入地址	元器件	作用	输出地址	元器件	作用
I0.0	SB1	起动按钮	Q0.0	KA1	M1工频
I0.1	SB2	停止按钮	Q0.1	KA2	M2变频
I0.2	20、21端	变频器报警	Q0.2	KA3	M2工频
I0.3	19、20端	变频器故障	Q0.3	KA4	M3变频
PIW256	人机界面	温度设定值	Q0.4	KA5	M3工频
PIW258	温度变送器	温度反馈值	Q0.5	KA6	M1变频
			Q0.7	5端	变频器起停
			PQW256	3、4端	频率给定

（六） PLC程序设计

根据地址分配表及控制思路编写PLC控制程序（略）。

一、变频器的用途

变频器是应用变频技术与微电子技术，通过改变电动机工作电源频率的方式来控制交流电动机的电力控制设备。变频器主要由整流（交流变直流）、滤波、再次整流（直流变交流）、制动单元、驱动单元、检测单元和微处理单元等组成。通过改变电源的频率来达到改变电源电压的目的，根据电动机的实际需要来提供其所需要的电源电压，进而达到节能、调速的目的。另外，变频器还有很多保护功能，如过电流、过电压和过载保护等。随着工业自动化程度的不断提高，变频器也得到了非常广泛的应用。

1）风机、泵类、搅拌机、挤压机、精纺机、注塑机、中央空调、洗衣机、抽油机——调速，降低电动机噪声，节能，改善环境。

2）搬运机械、加工设备、生产流水线——多台电动机比例运转、联动运转、同步运转、正反运转，多段速调节，自动化控制，减轻劳动强度。

3）机床、搬运机械、塑料机械、抽油机、球磨机、研磨机、印刷机——调速运转，抽油机对稠油减少冲程次数，提高产量，提高工艺精度及质量。

4）金属加工机械、塑料机——对高速电动机进行高速运转控制，提高设备效率。

5）机床主轴、纺纱机——取代直流电动机，无级调速，减少维修，延长机器使用寿命。

6）造纸机、切纸机、拉丝机、纤维机械——调节最佳速度，恒张力矢量控制，提高质量。

7）恒压供水、供气、音乐喷泉——用于恒转矩、多段速调节等特殊要求场合。

二、变频器的工作原理

变频器通过控制电路来控制主电路，主电路中的整流器将交流电转变为直流电，直流中间电路将直流电进行平滑滤波，逆变器最后将直流电再转换为所需频率和电压的交流电，部分变频器还会在电路内加入 CPU 等部件，用于必要的转矩运算。

变频器的诞生源于交流电动机对无级调速的需求，随着晶闸管、静电感应晶体管、耐高压绝缘栅双极型晶闸管等部件的出现，电气技术有了日新月异的变化，变频器调速技术也随之发展，特别是脉宽调制变压变频调速技术更是让变频器登上了新的台阶。

变频器的工频电源一般是 50Hz 或 60Hz，无论在家用领域还是生产领域，工频电源的频率和电压都是恒定不变的。以工频电源工作的电动机在调速时可能会造成功率的下降，而通过变频器的调整，电动机在调速时就可以减少功率损失。

任务 6-4　变频器在龙门刨床控制系统中的应用

任务导入

龙门刨床的电气控制系统主要包括工作台的主传动和进给机构的逻辑控制两大部分。目前，国内龙门刨床主要采用的主传动系统有三种。一种是 20 世纪 50 年代的电动机扩大机-发电机-电动机组（AC-M）系统。第二种是 20 世纪 70 年代改型的晶闸管-电动机组（V-M）系统。这两种系统的逻辑控制普遍采用继电器控制，故障率高、低速时损耗大、功率因素低，且对电网和机械的冲击很大，维修麻烦。20 世纪 80 年代后，变频技术的高速发展和可编程控制器（PLC）的不断更新为龙门刨床提供了一种更好的控制系统。用这种控制系统的龙门刨床不仅克服了以上控制系统的各个缺点，还大大提高了控制精度和加工质量，更主要的是节约了大量的能源。

本任务主要介绍 PLC、变频器在龙门刨床控制系统中的应用。通过学习，读者应掌握龙门刨床自动化改造的分析过程、主拖动系统的分析过程，重点是掌握 PLC、变频器在龙门刨床控制系统中的设计方法。

任务分析

龙门刨床是机械工业中典型的大型机械设备之一，主要用来加工各种平面、斜面、槽以及大型而狭长的机械零件。它是一种应用广泛的金属切削加工设备，在工业生产中占有重要的地位，龙门刨床的结构如图 6-28 所示。

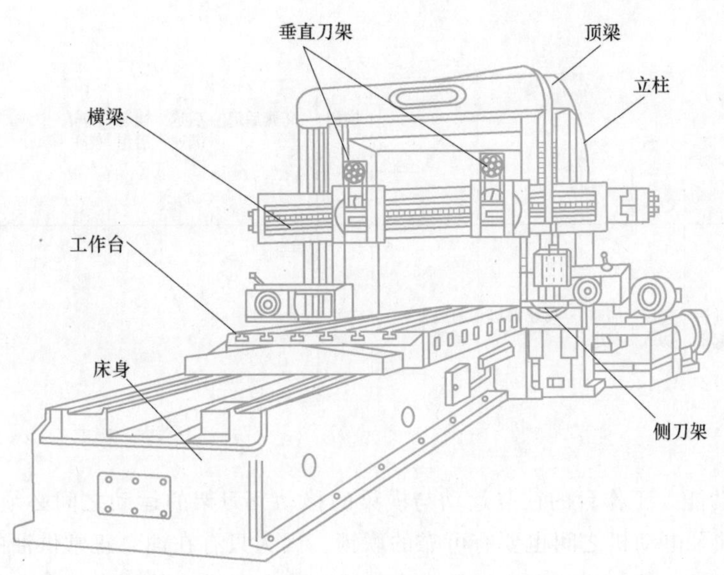

图 6-28 龙门刨床的结构

龙门刨床的运动包括主运动、进给运动与辅助运动。主运动是指工作台的频繁往复运动，进给运动是指刀架的进给，辅助运动是指横梁的夹紧与放松、横梁的上升与下降、刀架的快速移动与抬刀落刀等调整刀具的运动。工作时，工件被固定在工作台上，工件连同工作台一起频繁地往复运动，在工作进程中对工件切削加工，返回进程只进行空运转。刀架的进给运动是在工作台返回进程到工作进程的换向期间进行的。

一、龙门刨床的自动化改造

在龙门刨床传统的控制方式中，拖动电路的电动机较多，控制繁杂，维护、检修相当困难，所以龙门刨床的电路一直被作为考核技师的难题之一。随着工业自动化的发展，变频器、PLC 在工厂设备改造中广泛应用，许多龙门刨床都已进行了自动化改造。

改造后的龙门刨床结构变得简单，因为主拖动系统只需要一台异步电动机就可以了，且由于采用了变频调速，减小了静差，爬行距离容易控制，节能效果非常可观。

龙门刨床电气控制系统主要的控制对象是工作台，控制目标是工作台的自动往复运动和调速。在对龙门刨床进行自动化改造时，需要注意以下几点：

(1) 控制程序　工作台的往复运动必须能够满足刨床的转速变化和控制要求。

龙门刨床的切削速度取决于切削条件（吃刀量、进给量）、刀具（刀具的几何形状、刀具的材料）和工件材料等因素。对于每一种具体情况，都有最佳的切削速度。切削时需要低速，空载返回时为了提高生产效率需要高速，工作台在不同工作进程中应有不同的行进速度。在工作台的一个往复周期中，电动机转速的变化过程如图 6-29 所示。

(2) 转速的调节　刨床的刨削速度和高速返回时的速度都必须能够十分方便地调节。

(3) 点动功能　刨台必须具有点动功能，常称为“刨台步进”和“刨台步退”，方便进行切削前的调整。

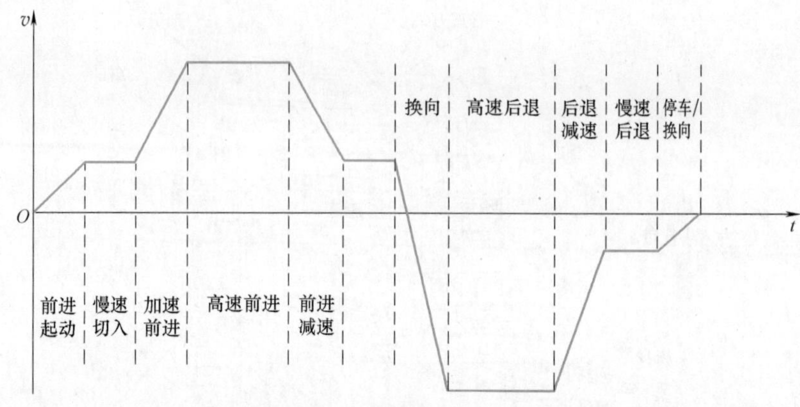

图 6-29　一个往复周期内的工作台电动机转速变化

(4) 联锁功能　工作台的往复运动与横梁的移动、刀架的运动之间必须有可靠的联锁；刨台电动机与油泵电动机之间也要有可靠的联锁，因为只有在油泵正常供油的情况下，才允许进行刨台的往复运动，若油泵电动机发生故障，正在行进中的刨台不允许停止，须等到刨台返回起始位置时方可停止。

二、龙门刨床主拖动系统分析

要完成龙门刨床的控制系统改造，其工作台主拖动系统在运行中频率的变化要满足如下要求：

1) 慢速切入/前进减速：25Hz。

2) 高速前进：45Hz。

3) 高速后退：50Hz。

4) 慢速后退：20Hz。

由龙门刨床主拖动系统的控制要求可知，在加工过程中工作台经常处于起动、加速、减速、制动、换向的状态，也就是说，工作台在不同的阶段需要在不同的转速下运行，为了方便完成这种控制要求，需要用到变频器的多段速控制功能。

多段速控制功能是通过几个开关的通断组合来选择执行不同的运行频率实现的，这些开关是由安装在龙门刨床身一侧的前进减速/换向行程开关、后退减速/换向行程开关以及安装在同侧的撞块与压杆碰撞信号组成的。这些信号都应作为 PLC 的输入信号，经梯形图程序进行逻辑处理后，通过 PLC 输出，然后按多段速既定的组合方式传送到变频器的数字输入端口。

三、龙门刨床拖动系统设计

(一) 控制方案

本任务是利用 PLC 与变频器组成的变频调速系统实现对龙门刨床工作台的控制的。

龙门刨床对机械特性的硬度和动态响应能力的要求较高，工作时常常是铣削和磨削兼用，而铣削和磨削时的进给速度大约只有刨削时的 1%，因此要求拖动系统应具有良好的低速运行性能。如果变频器具有矢量控制功能，将更加完美。

由控制要求可知，工作台在运行中需要有 4 种行进速度，可利用变频器的多段速控制功能来实现。实现 4 段速，需要变频器的 4 个数字量输入端口，再加上正反向的点动，PLC 需要具有 6 个数字量输入点。控制中需要有 9 个数字量输入点，考虑到备用及将来扩充，需要留有裕量，因此选用具有 11 个数字输入点和 7 个数字输出点的 PLC 就可以满足要求。

（二）硬件设计

利用西门子 S7-200 PLC 和 MM440 变频器，绘制硬件接线图，如图 6-30 所示。

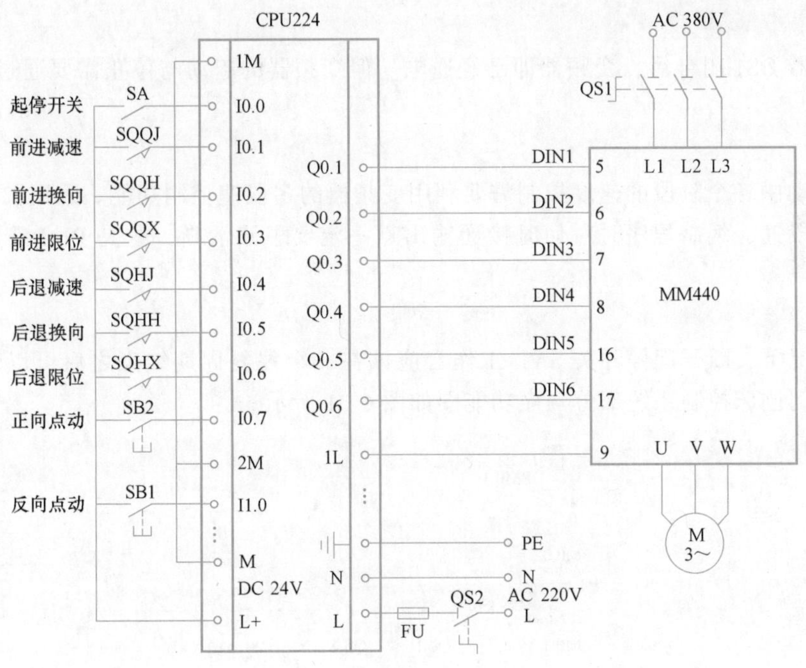

图 6-30 MM440 变频器与西门子 S7-200PLC 联机硬件接线图

（三）变频器参数设置

调试过程中，变频器需要设置的主要参数见表 6-13。

表 6-13 龙门刨床控制系统变频器参数设置表

参数号	设定值	说　明
P0003	3	设定用户访问级为专家级
P0700	2	选择命令源“由端子排输入”
P0701	17	DIN1 的功能：二进制编码的固定频率
P0702	17	DIN2 的功能：二进制编码的固定频率
P0703	17	DIN3 的功能：二进制编码的固定频率
P0704	1	DIN4 的功能：ON/OFF1 接通正转/停车命令 1
P0705	10	DIN5 的功能：正向点动
P0706	11	DIN6 的功能：反向点动
P1000	3	频率设定值的选择：固定频率

（续）

参数号	设定值	说　明
P1001	25	设置固定频率 1Hz
P1002	45	设置固定频率 2Hz
P1003	-50	设置固定频率 3Hz
P1004	-20	设置固定频率 4Hz

（四）龙门刨床调速系统的控制思路

1. 变频器的起停

当断路器 QS1 闭合后，变频器即已经通电。但变频器的起动与停止需要通过开关 SA 来控制。

2. 交频器速度控制

往复运动中各个阶段的速度控制需要利用变频器的多段速控制功能。采用二进制编码的方式实现多段速，编制程序时对何时接通输出点一定要思路清晰，这是 PLC 程序设计中的难点。

3. 停机控制

正常情况下，断开起停开关 SA，工作台应该在一个往复周期结束之后可以切断变频器的电源。龙门刨床控制系统部分顺序功能图如图 6-31 所示。

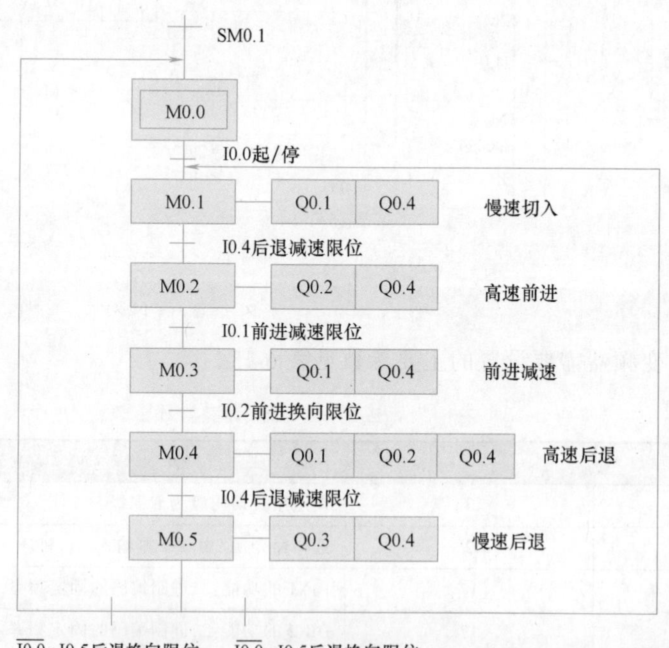

图 6-31　龙门刨床控制系统部分顺序功能图

（五） PLC 控制系统的 I/O 地址分配

PLC 控制系统的 I/O 地址分配见表 6-14。

表 6-14 PLC 控制系统的 I/O 地址分配表

输入			输出		
输入地址	器件	作用	输出地址	器件	作用
I0.0	SA	起动/停止	Q0.1		接至变频器 DIN1
I0.1	SQQJ	前进减速行程开关	Q0.2		接至变频器 DIN2
I0.2	SQQH	前进换向行程开关	Q0.3		接至变频器 DIN3
I0.3	SQQX	前进限位行程开关	Q0.4		接至变频器 DIN4
I0.4	SQHJ	后退减速行程开关	Q0.5		接至变频器 DIN5
I0.5	SQHH	后退换向行程开关	Q0.6		接至变频器 DIN6
I0.6	SQHX	后退限位行程开关			
I0.7	SB2	正向点动按钮			
I1.0	SB1	反向点动按钮			

（六）PLC 程序设计

根据地址分配表及控制思路，编写 PLC 控制程序（略）。

一、龙门刨床定期保养

（1）外表、床身

1）擦洗外表及各死角，清除尘屑油污。

2）拆洗刨床的护罩、挡灰板，实现内外清洁，修刮导轨面上的印痕、毛刺，补齐螺钉、螺帽、手柄和手球。

（2）主传动、变速箱和工作台

1）擦洗变速箱，检查运转是否正常、电动机座螺钉和联轴器连接是否良好、可靠。

2）将工作台移至极端位置，检查蜗杆箱与床身安装是否良好、牢固，紧固蜗杆拼帽，研刮蜗杆面毛刺，确保蜗杆与工作台齿条接触良好。

3）清除工作台面和梯形槽内的铁屑灰尘，研刮工作台面的毛刺、印痕。

（3）垂直刀架、侧刀架和进给变速箱

1）检查擦洗、修整进给箱内的齿轮，确保接触良好，调整丝杠、螺母的间隙至适中。

2）修刮刀架滑板和塞铁，并调整其松紧至适中。

3）调整、刮研抬刀部分实现灵活可靠。

（4）立柱、横梁

1）擦洗立柱、横梁及丝杠、光杠，及时加润滑油。

2）检查、修整夹紧器，调整丝杠、螺母松紧至适中。

3）检查、调整、修刮立柱与横梁的塞铁压板，实现接触面均匀、松紧适中。

（5）润滑

1）擦洗油箱，检查整理油管，拆洗过滤网，检查修整油泵，确保油质良好、油量到位、油管摆放整齐、油路畅通。

2）擦洗油杯、油窗和油线，确保油杯齐全、油窗明亮。

（6）电气

1）清扫擦拭电动机、电器箱外部灰尘，用清洗剂喷洗电器箱内部灰尘，并擦拭按钮，检查修整开关触头。

2）检查修整、紧固电气线路，实现布局合理、安全可靠。

3）用吸尘器清除直流发电机组和交磁放大机（必要时拆开）的内部灰尘、碳粉，修整或更换碳刷。

（7）将保养中解决与否的主要问题记录入档　这个记录可以作为下次保养或安排检修的依据。

（8）把工具箱内外擦拭干净　将工具箱中所有工具、夹具和量具逐个擦拭整理，并给精密量具擦油防护，再按取放方便、避免磕碰的原则，分层分类、整齐地摆放入工具箱。

思考与练习题

1. 桥式起重机由哪几部分组成？它们的主要作用是什么？
2. 桥式起重机提升机构对电力拖动的要求有哪些？
3. 起重机上为何不采用熔断器和热继电器做短路和过载保护？
4. PLC 控制与继电器控制系统比较，有什么不同？

项目7 CHAPTER 7 数控机床的电气控制

学习目标

了解数控机床电气控制系统，掌握数控机床装置的结构及工作原理，了解数控机床故障诊断和维修的目的与意义，了解数控机床故障的来源及分类，掌握数控机床维修的安全规范。

任务 7-1 数控机床电气控制系统的认知

任务导入

数控机床是现代机床技术发展的重要标志，其水平的高低直接反映机械设备制造的工艺水准。数控机床电气控制系统是数控机床的核心部分，对于整体设备的运行情况有重要的影响。所以，对电气控制系统有一个系统的了解十分重要，同时，要做好对电气控制系统的故障诊断和排除工作，并在实际工作中做好预防措施，对整个系统的正常运行有重要的作用。

本任务介绍了数控机床电气控制系统的组成、数控机床装置的结构及工作原理，为后续学习数控机床的故障诊断和维修打下基础。

任务分析

数控机床是集电子技术、计算机技术、自动控制技术和精密机械技术等多种先进技术于一体，具有鲜明特色的高度机电一体化的设备。数控机床的电气控制电路与普通的机床电气控制电路有所不同，除了常用的继电器、接触器控制外，还包括数控系统、伺服系统、检测系统和 PLC 控制等。数控机床电气控制系统在整个机床占有绝对重要的位置。

任务实施

一、数控机床电气控制系统概述

1. 数控机床电气控制系统的组成

数字控制（Numerical Control，NC，简称数控）技术是用数字化信息进行控制的自动控制技术，采用数控技术的控制系统称为数控系统，装备了数控系统的机床即为数控机床。

数控机床电气控制系统由计算机数控（Computer Numerical Control，CNC）装置、主轴驱动系统、进给伺服系统、检测反馈系统、机床强电控制系统及编程装置等组成。数控机床电气控制系统的组成如图 7-1 所示。

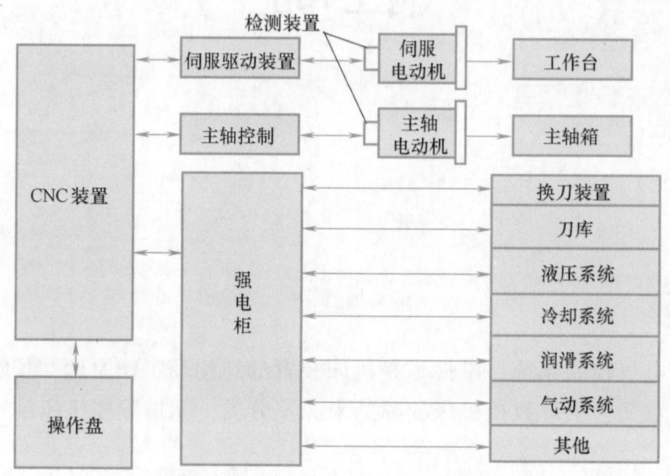

图 7-1 数控机床电气控制系统的组成

（1）计算机数控（CNC）装置 计算机数控（CNC）装置是数控机床的核心。CNC 装置从内部存储器中取出或接收输入装置送来的数控加工程序，经过数控装置的逻辑电路或系统软件进行编译、运算和逻辑处理后，输出各种控制信息和指令，控制机床各部分的工作，使其进行规定的有序运动和动作。零件的轮廓图形往往由直线、圆弧或其他非圆弧曲线组成，刀具在加工过程中必须按零件形状和尺寸的要求进行运动，即按图形轨迹移动。但输入的零件加工程序只能是各线段轨迹的起点和终点坐标值等数据，不能满足要求，因此要进行轨迹插补，也就是在线段的起点和终点坐标值之间进行"数据点的密化"，求出一系列中间点的坐标值，并向相应坐标输出脉冲信号，控制各坐标轴（即进给运动的各执行元件）的进给速度、进给方向和进给位移量等。

（2）主轴驱动系统 主轴驱动系统主要由主轴驱动装置、主轴电动机和速度检测元器件等组成。主轴运动主要完成切削任务，其动力占整台机床动力的 70%～80%。正、反转，准停以及自动换档无级调速是主轴的基本控制功能。

（3）进给伺服系统 进给伺服系统由伺服驱动装置、各轴进给伺服电动机以及速度、位置检测元器件等组成。进给运动主要完成工件或刀具的 X、Y、Z 等方向的精准运动。

（4）检测反馈系统 检测反馈系统的作用是把检测装置检测到的数控机床位置、速度等物理量转化为电量并反馈至数控装置，以便使控制指标达到预定要求。例如，位置检测装置将数控机床各坐标轴的实际位移量检测出来，经反馈系统输入到机床的数控装置，数控装置将反馈回来的实际位移量值与设定值进行比较，控制驱动装置按照指令设定值运动。

（5）强电控制系统 机床强电控制系统主要完成对机床的辅助运动和辅助动作，如刀库、液压系统、气动系统、冷却系统、润滑系统等的控制，以及对各保护开关、行程开关、操作键盘按钮、指示灯、波段开关等的检测和控制。

（6）编程装置 数控机床加工程序可通过键盘用手工方式直接输入数控系统，还可由编程计算机或采用网络通信方式传送到数控系统中。数控系统的工作过程如图 7-2 所示。

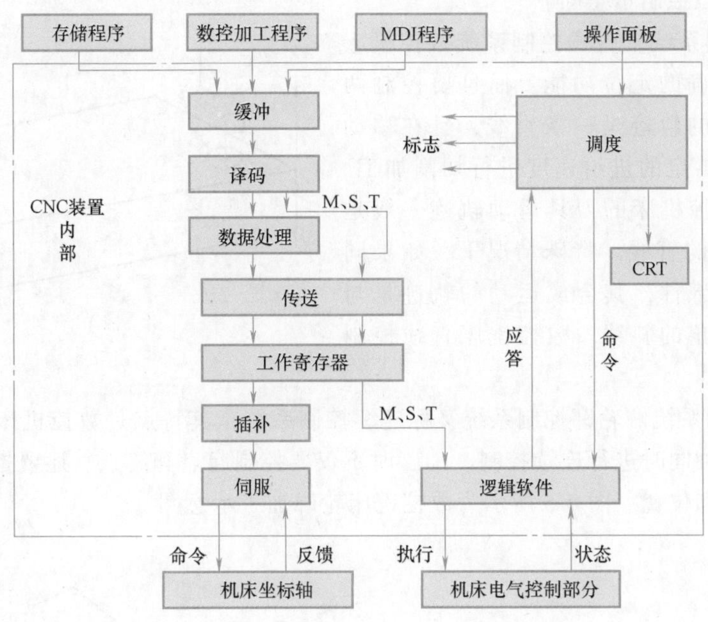

图 7-2 数控系统的工作过程

2. 数控机床的特点

数控机床是一种高度自动化机加工设备，与普通机床相比有以下特点：

1）对零件加工的适应性强、灵活性好。因为数控机床能实现若干个坐标联动；加工程序可按对加工零件的要求而变换，不需改变机械部分和控制部分的硬件，所以其适应性强、灵活性好。

2）加工精度高、加工质量稳定。在数控机床上加工零件，加工的精度和质量由机床保证，消除了操作者的人为误差。

3）生产效率高。在数控机床上可以采用较大的切削用量，有效地节省了加工时间；具有自动换刀、自动换速和其他辅助操作等功能，且无需工序间的检验与测量，故使辅助时间大为缩短。

4）能完成复杂型面的加工。普通机床无法实现许多复杂曲线和曲面的加工，而数控机床则完全可以做到。

5）减轻劳动强度，改善劳动条件。数控机床的加工，除了装卸零件、操作键盘、观察机床运行外，其他机床动作都是按照程序自动连续地进行切削加工，操作者不需要进行繁重的重复手工操作。因此能减轻工人劳动强度，改善劳动条件。

6）有利于生产管理。采用数控设备，有利于向计算机控制和管理生产方向发展，为实现制造和生产管理自动化创造了条件。

3. 数控机床的分类

（1）按运动轨迹分类

1）点位控制系统。点位控制系统数控机床只要求控制一个位置到另一个位置的精确移动，在移动过程中不进行任何加工。为了精确定位和提高生产率，一般先快速移动到终点附近，然后再减速移动到定位点，以保证良好的定位精度，而对移动路径不做要求。图 7-3 所示为数控钻床点位控制示意图。

2）直线控制系统。直线控制系统数控机床不仅要求具有准确的定位功能，而且要控制两点之间刀具移动的轨迹是一条直线，且在移动过程中刀具能以给定的进给速度进行切削加工。直线控制系统数控机床的刀具运动轨迹一般是平行于各坐标轴的直线。特殊情况下，如果同时驱动两套运动部件，其合成运动的轨迹是与坐标轴呈一定夹角的斜线。数控铣床直线控制如图 7-4 所示。

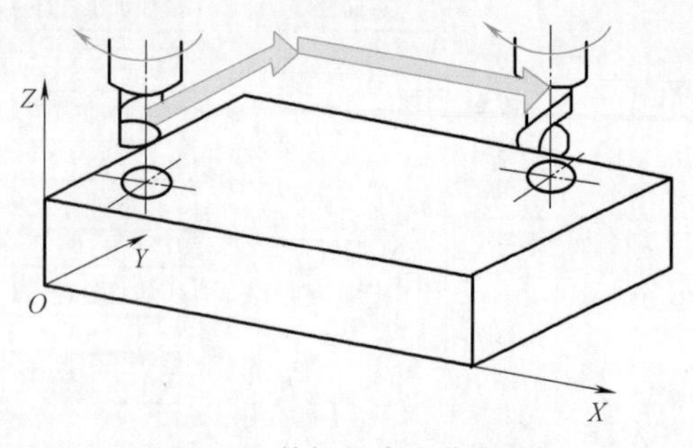

图 7-3　数控钻床点位控制

3）轮廓控制系统。轮廓控制系统又称连续控制系统，其特点是数控机床能够对两个或两个以上的坐标轴同时进行连续控制。加工时不仅要控制起点和终点，还要控制整个加工过程中每点的速度和位置。图 7-5 所示为数控铣床轮廓加工示意图。

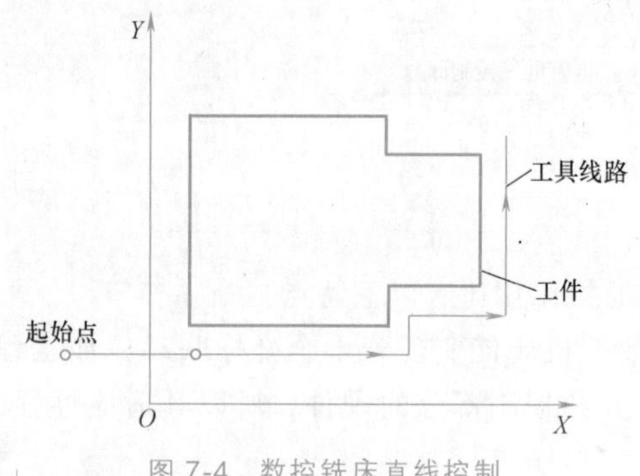

图 7-4　数控铣床直线控制

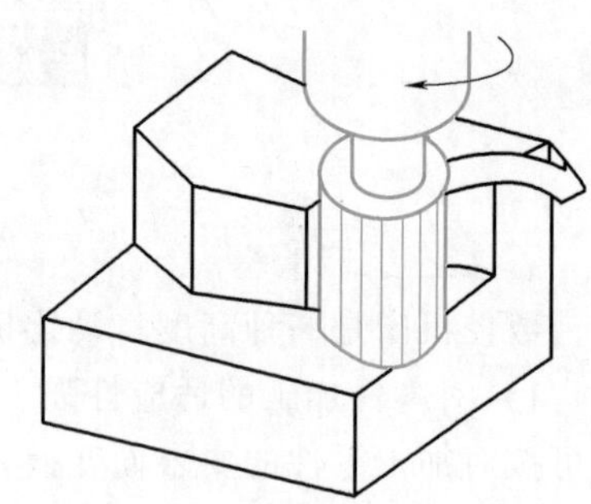

图 7-5　数控铣床轮廓加工示意图

（2）按工艺用途分类

1）点位切削类数控机床。点位切削类数控机床和传统的通用机床产品种类似，有数控车床、数控铣床、数控钻床、数控磨床、数控镗床以及加工中心等。

2）金属成型类数控机床。金属成型类数控机床有数控折弯机、数控弯管机和数控压力机等。

3）数控特种加工机床。数控特种加工机床有数控线切割机床、数控电火花加工机床和数控激光切割机床等。

（3）按伺服系统的类型分类

1）开环控制系统。开环控制系统机床的伺服进给系统中没有位移检测反馈装置，通常使用步进电动机作为执行元件。数控装置发出的控制指令经驱动装置直接控制步进电动机的运转，然后通过机械传动系统转化成工作台的位移。开环控制系统的结构如图 7-6 所示。

2）闭环控制系统。闭环控制系统数控机床上安装有检测装置，直接对工作台的位移量进行检测。当数控装置发出进给指令信号后，经伺服驱动系统使工作台移动，安装在工作台上的位置检测装置把机械位移信号变为电信号反馈到输入端，与输入设定指令信号进行比较，得到的差值经过转换和放大，最后驱动工作台向减少误差的方向移动，直到误差值消

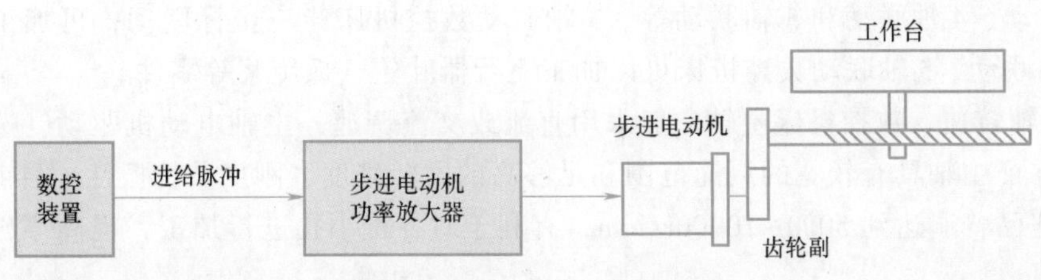

图 7-6　开环控制系统的结构图

除。闭环控制系统具有很高的控制精度。图 7-7 所示为闭环控制系统的结构图。

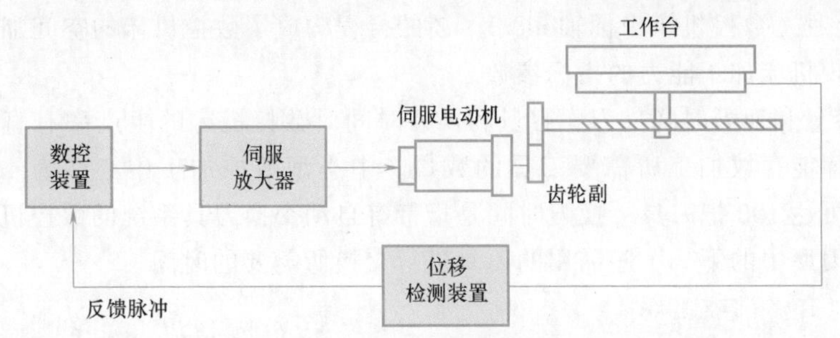

图 7-7　闭环控制系统的结构图

3）半闭环控制系统。半闭环控制系统数控机床是在伺服电动机上同轴安装了位置检测装置，或在滚珠丝杠轴端安装有角位移检测装置，通过测量角位移间接地测出移动部件的直线位移，然后反馈至数控系统中去。常用的角位移检测装置有光电编码器、旋转变压器或感应同步器等。图 7-8 所示为半闭环控制系统的结构图。由于在半闭环控制系统中，进给传动链中的滚珠丝杠副、导轨副等机构的误差都没有全部包括在反馈环路内，因此其位置控制精度低于闭环伺服系统。但是，由于把惯性质量较大的工作台安排在反馈环之外，因此半闭环伺服系统稳定性能好，调试方便，目前应用比较广泛。至于传动链误差，可以通过适当提高丝杠、螺母等机械部件的精度以及采用误差软件补偿（如反向间隙补偿、丝杠螺距误差补偿）的措施来减小。

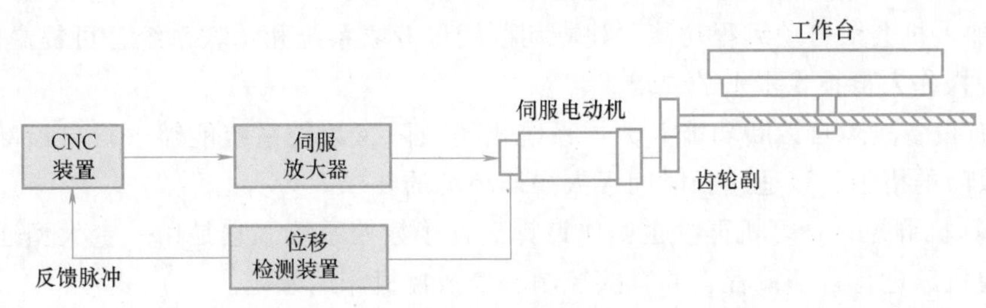

图 7-8　半闭环控制系统的结构图

4. 数控机床的性能指标

1）数控机床的可控轴数和联动轴数。数控机床的可控轴数是指数控机床数控装置能够控制的坐标轴数量。数控机床可控轴数与数控装置的运算处理能力、运算速度及内存容量等有关。

数控机床的联动轴数是指机床数控装置可同时进行运动控制的坐标轴数。目前有两轴联动、3轴联动、4轴联动和5轴联动等。3轴联动数控机床能三坐标联动，可加工空间复杂曲面。4轴联动、5轴联动数控机床可以加工飞行器叶轮、螺旋桨等零件。

2）主轴转速。数控机床主轴一般采用直流或交流调速，主轴电动机驱动，选用高速轴承支承，保证主轴具有较宽的调速范围和足够高的回转精度、刚度及抗振性。目前，数控机床主轴转速已普遍达到5000~10000r/min，有利于对各种小孔进行加工，提高零件加工精度和表面质量。

3）进给速度。数控机床的进给速度是影响加工质量、生产效率以及刀具寿命的主要因素。它受数控装置的运算速度、机床运动特性和刚度等因素的限制。

4）坐标行程。数控机床坐标轴 X、Y、Z 的行程构成了数控机床的空间加工范围。坐标行程是直接体现机床加工能力的指标参数。

5）刀库容量和换刀时间。刀库容量和换刀时间对数控机床的生产率有直接的影响。刀库容量是指刀库能存放加工所需要刀具的数量。中小型数控加工中心多为16~60把刀具，大型加工中心可达100把刀具。换刀时间是指带有自动交换刀具系统的数控机床，将主轴上使用的刀具与刀库中的下一工序需用的刀具进行交换所需要的时间。

5. 数控机床电气控制的发展

（1）数控系统的发展趋势

1）高速度、高精度化。数控系统的高速度、高精度化要求数控系统在读入加工指令数据后，能高速度计算出伺服电动机的位移量，并能控制伺服电动机高速度准确地运动。此外，要实现生产系统的高速度化，还必须要求主轴转速、刀具交换等实现高速度化。提高微处理器的位数和运算速度是提高数控装置速度的最有效的手段。

2）智能化。数控系统应用新技术的重要目标是智能化。智能化技术主要体现在以下几个方面：

① 自适应控制技术。自适应控制（Adaptive Control，AC）系统可对机床主轴转矩、功率、切削力、切削温度和刀具磨损等参数值进行自动测量，并由CPU进行比较运算后，发出修改主轴转速和进给量大小的信号，确保自适应控制系统处于最佳切削状态，从而在保证加工质量的条件下，使加工成本最低、生产率最高。

② 附加人机会话自动编程功能。建立切削用量专家系统和示教系统，可提高编程效率，降低对编程操作人员技术水平的要求。

③ 具有设备故障自诊断功能。数控系统出了故障，数控系统能够进行自诊断，并自动采取排除故障的措施，以适应长时间无人操作环境的要求。

3）计算机群控。计算机群控也叫作计算机直接数控系统，它是用一台大型通用计算机为数台数控机床进行自动编程，并直接控制一群数控机床的系统。

4）小型化。

5）具有更高的通信功能。

（2）伺服系统的发展　早期的数控机床伺服系统多采用晶闸管直流驱动系统，但是由于直流电动机受机械换向的影响和限制，大多数直流驱动系统适用性差，维护比较困难，而且其恒功率调速范围较小。20世纪70年代后期，随着交流调速理论、微电子技术和大功率半导体技术的发展，交流驱动系统进入实用阶段，在数控机床的伺服驱动系统中得到了广泛的应用。目前，交流伺服驱动系统已经基本取代了直流伺服驱动系统。

二、机床数控装置的结构及工作原理

数控装置是机床数控系统的核心和大脑。数控装置包括早期的完全由专用硬件逻辑电路组成的数控装置（NC 装置）和目前广泛应用的由计算机硬件和软件组成的计算机数控装置（CNC 装置）。

1. 机床数控装置硬件的结构及工作原理

按数控装置中各电路板的插接方式，数控装置的硬件结构分为大板式结构和功能模块式结构；按微处理器的个数，分为单 CPU 结构和多 CPU 结构；按硬件的制造方式，分为专用型结构和通用计算机式结构；按数控装置的开放程度，可分为封闭式结构、PC 嵌入 NC 式结构、NC 嵌入 PC 式结构和软件型开放式结构等。

（1）单 CPU 结构　单 CPU 结构是指在数控装置中只有一个 CPU，CPU 通过总线与存储器及各种接口相连接，采取集中控制、分时处理的工作方式，完成数控系统的各项任务，如存储、插补运算、输入输出控制和 CRT 显示等。某些数控装置中虽然用了两个以上的 CPU，但能够控制系统总线的只有一个 CPU，它独占总线资源，其他 CPU 只是附属的专用职能部件，它们不能控制总线，也不能访问主存储器。它们组成主从结构，故被归属于单 CPU 结构中。图 7-9 所示为单 CPU 的数控结构框图。

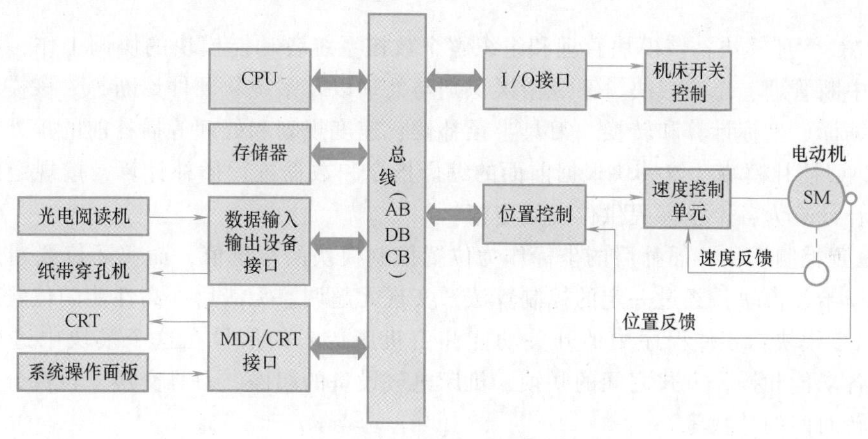

图 7-9　单 CPU 的数控结构框图

单 CPU 结构的数控系统由微处理器、总线、存储器、位置控制部分、数据 I/O 接口及外围设备等组成。

1）微处理器：主要完成信息处理，包括控制和运算两方面的任务。控制任务是根据系统要实现的功能进行协调、组织、管理和指挥工作，即获取信息、处理信息、发出控制命令，主要包括对零件加工程序输入、输出的控制及机床加工现场状态信息的记忆控制。运算任务是完成一系列的数据处理工作，主要包括译码、刀补计算、运动轨迹计算、插补计算、位置控制的给定值与反馈值的比较运算等。

2）存储器：用于存放系统程序、用户程序和运行过程中的临时数据。

存储器包括只读存储器（ROM）和随机存储器（RAM）两种。系统程序存放在只读存储器 EPROM 中，由厂家固化，只能读出不能写入，断电后，程序也不会丢失。加工的零件程序、机床参数和刀具参数等存放在有后备电池的 CMOS RAM 中，可以读出，也可以根据需要进行修改；运行中的临时数据存放在随机存储器（RAM）中，可以随时读出和写入，断电后信息丢失。

3）位置控制部分：包括位置控制单元和速度控制单元。位置控制单元接收经插补运算得到的每个坐标轴在单位时间间隔内的位移量，控制伺服电动机工作，并根据接收到的实际位置反馈信号，修正位置指令，实现机床运动的准确控制。同时产生速度指令送往速度控制单元，速度控制单元将速度指令与速度反馈信号相比较，修正速度指令，用其差值控制伺服电动机以恒定速度运转。

4）数据I/O接口及外围设备：它是数控装置与操作者之间交换信息的桥梁。例如，通过MDI方式或串行通信，可将工件加工程序送入数控装置；通过CRT显示器，可以显示工件的加工程序和其他信息。

在单CPU结构中，由于仅由一个微处理器进行集中控制，故其功能将受CPU字长、数据字节数、寻址能力和运算速度等因素的限制。

（2）多CPU结构　多CPU结构的数控系统中有两个或两个以上的微处理器，各个微处理器之间采用紧密耦合，资源共享，有集中的操作系统；或者各CPU构成独立部件，采用松散耦合，有多层操作系统，有效地实现并行处理。

多CPU结构数控装置一般由多个基本功能模块组成，通过增加功能模块，可实现某些特殊功能。

1）CNC管理模块：该模块管理和组织整个数控系统各功能模块的协调工作，如系统的初始化、中断管理、总线裁决、系统错误识别与处理以及系统软硬件诊断等。该模块还负责数控代码编译、坐标计算和转换、刀具半径补偿、速度规划和处理等插补前的预处理。

2）CNC插补模块：该模块根据前面的编译指令和数据进行插补计算，按规定的插补类型通过插补计算为各个坐标提供位置给定值。

3）位置控制模块：插补后的坐标作为位置控制模块的给定值，而实际位置通过相应的传感器反馈给该模块，经过一定的控制算法，实现无超调、无滞后、高性能的位置闭环。

4）PLC模块：零件程序中的开关功能和由机床传来的信号在这个模块中进行逻辑处理，实现各功能和操作方式之间的联锁、机床电气设备的起停、刀具交换、转台分度、工件数量和运转时间的计数等。

5）操作面板监控和显示模块：该模块包括零件程序、参数、各种操作命令、数据的输入（如硬盘、键盘、各种开关量和模拟量的输入、上级计算机输入等）与输出（如通过硬盘、键盘、各种开关量和模拟量的输出、打印机输出）、显示（如通过LED、CRT、LCD等）所需要的各种接口电路。

6）存储器模块：此模块一般作为程序和数据的主存储器，或功能模块间数据传送用的共享存储器。

图7-10所示为多CPU结构的数控系统的组成框图。数控系统的多CPU典型结构分为共享总线型和共享存储器型。

共享总线型：以系统总线为中心的多CPU数控装置把组成数控装置的各个功能部件划分为带有CPU或DMA器件的主模块和不带CPU或DMA器件的从模块（如各种RAM、ROM模块和I/O模块）两大类。所有主、从模块都插在配有总线插座的机柜内，共享标准系统总线。系统总线的作用是把各个模块有效地连接在一起。按照相关标准协议交换各种数

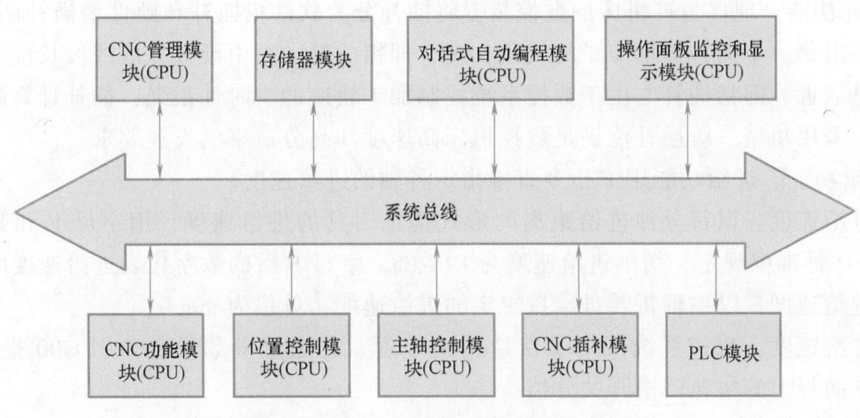

图 7-10 多 CPU 结构的数控系统组成框图

据和控制信息，构成完整的系统，实现各种预定的功能。

共享存储器型：采用多端口存储器来实现各 CPU 之间的互联和通信，每个端口都配有一套数据、地址、控制线，以供端口访问，由专门的多端口控制逻辑电路解决访问的冲突。但这种方式由于同一时刻只能有一个 CPU 对多端口存储器读/写，所以功能复杂。当要求 CPU 数量增多时，会因争用共享存储器而造成信息传输的阻塞，降低系统效率，因此扩展功能很困难。图 7-11 所示为采用多 CPU 共享存储器的数控系统框图。

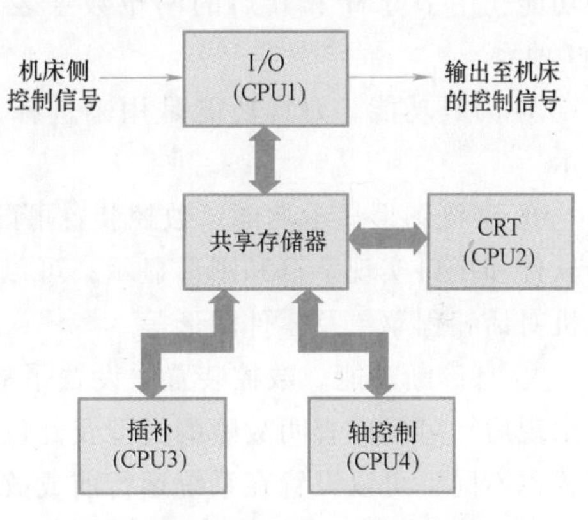

图 7-11 采用多 CPU 共享存储器的数控系统框图

(3) 数控装置的功能 数控装置的功能是指它满足不同控制对象各种要求的能力，通常包括基本功能和选择功能。基本功能是数控系统必备的功能，如控制功能、准备功能、插补功能、进给功能、主轴功能、辅助功能、刀具功能、字符图形显示功能和自诊断功能等。选择功能是供用户根据不同机床的特点和用途进行选择的功能，如补偿功能、固定循环功能、通信功能和人机对话编程功能等。下面简要介绍数控装置的基本功能和选择功能。

1) 基本功能

① 控制功能。控制功能是指数控装置控制各类转轴的功能，其功能的强弱取决于能控制的轴数以及能同时控制的轴数（即联动轴数）。控制轴有移动轴和回转轴、基本轴和附加轴。一般数控车床需要同时控制两个轴；数控铣床、数控镗床以及加工中心等需要有 3 个或 3 个以上的控制轴；加工空间曲面的数控机床需要 3 个以上的联动轴。控制轴数越多，尤其是联动轴数越多，数控装置就越复杂，编制程序也越困难。

② 准备功能。准备功能也称 G 功能，用来指定机床的动作方式，包括基本移动、程序暂停、平面选择、坐标设定、刀具补偿、基准点返回、固定循环和米英制转换等指令。它用字母 G 和其后的两位数字表示。ISO 标准中准备功能有 G00~G99，共 100 种，数控系统可以从中选用。

③ 插补功能。现代数控机床的数控装置将插补分为软件粗插补和硬件精插补两步进行。先由软件算出每一个插补周期应走的线段长度，即粗插补，再由硬件完成线段长度上的一个个脉冲当量逼近，即精插补。由于数控系统控制加工轨迹的实时性很强，插补计算程序要求不能太长，采用粗精二级插补能满足数控机床高速度和高分辨率的发展要求。

④ 进给功能。进给功能用 F 指令直接指定各轴的进给速度。

切削进给速度：以每分钟进给距离的形式指定刀具的进给速度，用字母 F 和其后的数字指定。ISO 标准中规定，切削进给速度为 F1~F5。字母 F 后的数字代表进给速度的位数。

同步进给速度：以主轴每转进给量规定的进给速度，单位为 mm/r。

快速进给速度：数控系统规定了快速进给速度，它通过参数设定，用 G00 指令执行，还可用操作面板上的快速倍率开关分档。

进给倍率：操作面板上设置了进给倍率开关，倍率可在 0%~200%之间变化，每档间隔 10%。使用进给倍率开关不用修改程序中的 F 代码，就可改变机床的进给速度。

⑤ 主轴功能。主轴功能是指定主轴转速的功能，用字母 S 和其后的数值表示。一般用 S2 和 S4 表示，多用 S4，单位为 r/min 或 mm/min。主轴转向用 M03（正向）和 M04（反向）指定。在机床操作面板上设置主轴倍率开关，可以不修改程序就改变主轴转速。

⑥ 辅助功能。辅助功能是用来指定主轴的起停、转向、冷却泵的通断和刀库的起停等的功能，用字母 M 和其后的两位数字表示。ISO 标准中规定，辅助功能有 M00~M99，共 100 种。

⑦ 刀具功能。刀具功能是用来选择刀具的功能，用字母 T 和其后的 2 位或 4 位数字表示。

⑧ 字符图形显示功能。数控装置可配置单色或彩色不同尺寸的 CRT 或液晶显示器，通过软件和接口实现字符和图形显示，可以显示程序、参数、补偿值、坐标位置、故障信息、人机对话编程菜单及零件图形等。

⑨ 自诊断功能。数控装置中设置了故障诊断程序，可以防止故障的发生或扩大。在故障出现后，可迅速查明故障的类型及部位，减少故障停机时间。不同的数控装置诊断程序的设置也不同，可以设置在系统运行前或故障停机后诊断故障的部位，还可以通过远程通信完成故障诊断。

2）选择功能

① 补偿功能。在加工过程中，刀具磨损或更换刀具、机械传动中的丝杠螺距误差和反向间隙等使实际加工出的零件尺寸与程序规定的尺寸不一致，造成加工误差。数控装置的补偿功能是把刀具长度或半径的补偿量、螺距误差和反向间隙误差的补偿量输入它的存储器，存储器按补偿量重新计算刀具运动的轨迹和坐标尺寸，加工出符合要求的零件。

② 固定循环功能。用数控机床加工零件，一些典型的加工工序，如钻孔、镗孔、深孔钻削、攻螺纹等，所需完成的动作循环十分典型，将这些典型动作预先编好程序并存储在内存中，用 G 代码进行指令，形成固定循环功能。固定循环功能可以大大简化程序编制。

③ 通信功能。数控装置通常具有 RS232C 接口，有的还配置有分布式控制系统（DNC）接口，可以连接多种 I/O 设备，实现程序和参数的输入、输出和存储。有的数控装置可以与制造自动化协议（MAP）相连，接入工厂的通信网络，以适应柔性制造系统（FMS）、计算机集成制造系统（CIMS）的要求。

④ 人机对话编程功能。有的数控装置可以根据蓝图直接编程，编程员只需输入表示图样上几何尺寸的简单命令，就能自动计算出全部交点、切点和圆心坐标，生成加工程序。有的数控装置可以根据引导图和说明显示进行对话式编程。有的数控装置还备有用户宏程序，用户宏程序是用户根据数控装置提供的一套编程语言——宏程序编程指令，用户编写一些特殊的加工程序，使用时由零件主程序调入，可以重复使用。未受过编程训练的操作人员都能用宏程序很快学会编程。

2. 机床数控装置的软件结构及特点

(1) 机床数控装置的软件结构　数控装置由软件和硬件两部分组成，硬件为软件的运行提供了支持环境。数控装置软件的结构取决于数控装置中软件和硬件的分工，也取决于软件本身所应完成的工作内容。数控装置软件是为实现数控装置各项功能而编制的专用软件，又称系统软件，分为管理软件和控制软件两大部分，如图 7-12 所示。在系统软件的控制下，数控装置对输入的加工程序自动进行处理并发出相应的控制指令，使机床进行工件的加工。

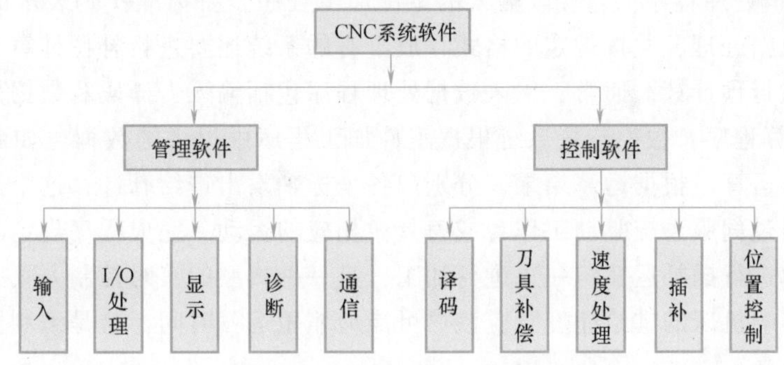

图 7-12　数控装置系统软件结构框图

同一般计算机系统一样，由于软件和硬件在逻辑上是等价的，所以在数控装置中，由硬件完成的工作原则上也可以由软件来完成，但软硬件各有其不同的特点。硬件处理速度较快，但价格贵；软件设计灵活，适应性强，但处理速度较慢。因此在数控装置中，软硬件的分配比例通常由其性价比决定。

(2) 机床数控装置软件结构的特点　数控装置是一个专用的实时多任务计算机系统，在它的控制软件中，融汇了计算机软件技术中的许多先进技术，如多任务并行处理、前后台型软件结构和中断型软件结构。

1) 数控装置的多任务并行处理。数控装置软件一般包括管理软件和控制软件两大部分。管理软件包括输入、I/O 处理、显示和诊断等；而控制软件包括译码、刀具补偿、速度处理、插补、位置补偿等。在许多情况下，数控装置的管理控制工作必须同时进行，即并行处理。

2) 前后台型软件结构。数控装置软件可以设计成不同的结构形式，不同的软件结构对各任务的安排方式、管理方式也不同。常见的数控装置软件结构形式有前后台型软件结构和中断型软件结构。前后台型软件结构适合采用集中控制的单 CPU 数控装置。在这种软件结构中，前台程序为实时中断程序，承担了几乎全部实时功能，这些功能都与机床动作直接相关，如位置控制、插补、辅助功能处理、面板扫描及输出等；后台程序主要用来完成准备工作和管理工作，包括输入、译码、插补准备及管理等，通常称为背景程序。背景程序是一个循环运行程序，在其运行过程中实时中断程序不断插入。前后台程序相互配合完成加工任务。

3）中断型软件结构。中断型软件结构没有前后之分，除了初始化程序外，根据各控制模块实时的要求不同，把控制程序安排成不同级别的中断服务程序，整个软件是一个大的多重中断系统，系统的管理功能主要通过各级中断服务程序之间的通信来实现。位置控制被安排在级别较高的中断程序中，其原因是刀具运动的实时性要求最高，数控装置必须提供及时的服务。CRT 显示级别最低，在不发生其他中断的情况下才进行显示。

(3) 数控装置系统软件的组成　数控装置软件分为应用软件和系统软件。数控装置系统软件是为实现数控装置系统各项功能所编制的专用软件，也叫控制软件，存放在计算机 EPROM 内存中。各种数控装置系统的功能设置和控制方案各不相同，它们的系统软件在结构上和规模上差别很大，但是一般都包括输入数据处理程序、插补运算程序、速度控制程序、管理程序和诊断程序。下面分别介绍它们的作用。

1）输入数据处理程序：它接收输入的零件加工程序，将标准代码表示的加工指令和数据进行译码、数据处理，并按规定的格式存放。有的系统还要进行补偿计算，或为插补运算和速度控制等进行预计算。通常，输入数据处理程序包括输入、译码和数据处理三项内容。

2）插补运算程序：数控装置系统根据工件加工程序中提供的数据，如曲线的种类、起点和终点等进行运算。根据运算结果，分别向各坐标轴发出进给脉冲，这个过程称为插补运算。进给脉冲通过伺服系统驱动工作台或刀具做相应的运动，完成程序规定的加工任务。数控装置系统一边进行插补运算，一边进行加工，是一种典型的实时控制方式，所以，插补运算的快慢直接影响机床的进给速度，应该尽可能地缩短运算时间，这是编制插补运算程序的关键。

3）速度控制程序：速度控制程序根据给定的速度值控制插补运算的频率，以确保预定的进给速度。在速度变化较大时，需要进行自动加减速控制，以避免因速度突变而造成驱动系统失步。

4）管理程序：管理程序负责对数据输入、数据处理及插补运算等为加工过程服务的各种程序进行调度管理。管理程序还要对面板命令、时钟信号、故障信号等引起的中断进行处理。

5）诊断程序：诊断程序的功能是在程序运行中及时发现系统的故障，并指出故障的类型，也可以在运行前或故障发生后，检查系统各主要部件（CPU、存储器、接口、开关和伺服系统等）的功能是否正常，并指出发生故障的部位。

(4) 机床数控装置的工作过程　数控装置的工作过程是在硬件的支持下，执行软件的过程。数控装置的工作原理是：通过输入设备输入加工零件所需的各种数据信息，经过译码、计算机的处理和运算，将每个坐标轴的移动分量送到其相应的驱动电路，经过转换、放大，驱动伺服电动机，带动坐标轴运动，同时进行实时位置反馈控制，使每个坐标轴都能精确移动到指令要求的位置。

三、数控装置的通信接口

数控装置与计算机的通信非常重要。现代数控装置一般具有与上级计算机或 DNC 计算机直接通信或连入工厂局域网进行网络通信的功能。数控装置常用的通信接口有异步串行通信接口 RS232 和网络通信接口。

1. 异步串行通信接口

异步串行通信接口在机床数控系统中应用比较广泛，主要的接口标准有 EIA RS232C、20mA 电流环和 EIA RS422/RS449，此外 RS485 串行接口也得到了广泛应用。

为了保证数据传送的正确性和一致性，接收和发送双方对数据的传送应确定一致的且共同遵守的约定，包括定时、控制、格式化和数据表示方法等，这些约定称为通信规则或通信协议。串行通信协议分为同步协议和异步协议。异步串行通信协议比较简单，但速度不快；同步串行通信协议传送速度比较快，但接口比较复杂。

EIA RS232C 标准中逻辑电平“0”规定为 5~15V，逻辑电平“1”为-5~15V。RS232C 共有 25 条线，大多采用 DB-25 型 25 针连接器或 9 针连接器。RS232C 每秒所传送的数据位用波特率表示，常用的有 9600bit/s、4700bit/s、2400bit/s、1200bit/s、600bit/s、300bit/s、150bit/s、110bit/s、75bit/s、50bit/s 等。

20mA 电流环通常与 RS232C 接口一起配置，其接点是由电流控制，以 20mA 电流作为逻辑“1”，以零作为逻辑“0”。电流环对共模干扰有抑制作用，并可采用隔离技术消除接地回路引起的干扰。RS232C 接口的最大传输距离为 15m，20mA 电流环接口的传输距离可达 100m。

2. 网络通信接口

随着 FMS 和 CIMS 的发展，计算机和数控设备通过工业网络连接在一个信息系统中已经成为必然。联网时，应能保证高速和可靠地传送数据和程序，因此一般采用同步串行传输方式，在数控装置中设有专用的通信微处理器接口来完成通信任务。其通信协议都采用以 ISO 开放式互联系统 7 层结构参考模型为基础的有关协议，或 IEEE702 局域网络有关协议。

计算机网络是通过通信线路并根据一定通信协议互联起来的。数控装置可以看作是一台具有特殊功能的专用计算机。计算机的互联是为了交换信息，共享资源。工厂范围内应用的主要是局域网络，通常局域网络有距离限制（几千米）、较高的传输速率和较低的误码率，可以采用各种传输介质。

一台计算机同时与多台数控机床进行信息交换，通常需要以下硬件：网线（双绞线+RJ45 水晶头）、交换机（或集线器）以及带网卡的计算机。所需的软件为支持网络的专业 DNC 软件包，如 DNC-MAX 或 EXTREME DNC 等。

这类通信方式的优点是：管理计算机的数量少（通常使用一台管理计算机，最多可以同时与 256 台数控机床进行通信），通信内容便于管理，操作简便（加工程序传输的操作只需在数控机床端进行，而管理机端完全是自动的），在硬件方面可以实现热插拔，而且通信距离较远。

知识拓展

一、数控机床的发展趋势

1. 高速化

汽车、国防、航空、航天等工业的高速发展以及铝合金等新材料的应用对数控机床加工的速度要求越来越高。

1）主轴转速：机床采用电主轴（内装式主轴电动机），主轴最高转速达 200000r/min。

2）进给率：在分辨率为 0.01μm 时，最大进给率达到 240m/min，且可获得复杂型面的精确加工。

3）运算速度：微处理器的迅速发展为数控系统向高速、高精度方向发展提供了保障，CPU 已发展到 32 位以及 64 位的数控系统，频率提高到几百兆赫、上千兆赫。由于运算速度极大提高，当分辨率为 0.1μm、0.01μm 时仍能获得高达 24～240m/min 的进给速度。

4）换刀速度：目前国外先进加工中心的刀具交换时间普遍已在 1s 左右，快的已达 0.5s。德国 Chiron 公司将刀库设计成篮子样式，以主轴为轴心，刀具在圆周布置，其换刀时间仅 0.9s。

2. 高精度化

数控机床精度的要求现在已经不局限于静态的几何精度，机床的运动精度、热变形以及对振动的监测、补偿越来越获得重视。

1）提高 CNC 系统的控制精度。采用高速插补技术，以微小程序段实现连续进给，使 CNC 系统控制单位精细化，并采用高分辨率位置检测装置，提高位置检测精度（日本已开发装有 10^6 脉冲/r 的内藏位置检测器的交流伺服电动机，其位置检测精度可达到 0.01μm/脉冲），位置伺服系统采用前馈控制与非线性控制等方法。

2）采用误差补偿技术。采用反向间隙补偿、丝杠螺距误差补偿和刀具误差补偿等技术，对设备的热变形误差和空间误差进行综合补偿。研究结果表明，误差补偿技术的应用可将加工误差减少 60%～80%。

3）采用网格解码器检查和提高加工中心的运动轨迹精度，并通过仿真预测机床的加工精度，以保证机床的定位精度和重复定位精度，使其性能长期稳定，能够在不同运行条件下完成多种加工任务，并保证零件的加工质量。

3. 功能复合化

复合机床的含义是指在一台机床上实现或尽可能完成从毛坯至成品的多种工序加工。根据其结构特点可分为工艺复合型和工序复合型两类。工艺复合型机床包括镗铣钻复合的加工中心、车铣复合的车削中心以及铣镗钻车复合的复合加工中心等。工序复合型机床包括多面多轴联动加工的复合机床和双主轴车削中心等。采用复合机床进行加工，减少了工件装卸、更换和调整刀具的辅助时间以及中间过程中产生的误差，提高了零件加工精度，缩短了产品制造周期，提高了生产效率和制造商的市场反应能力，相对于传统的工序分散的生产方法具有明显的优势。

4. 控制智能化

随着人工智能技术的发展，为了满足制造业生产柔性化、制造自动化的发展需求，数控机床的智能化程度在不断提高。具体体现在以下几个方面：

1）加工过程自适应控制技术。通过监测加工过程中的切削力、主轴和进给电动机的功率、电流、电压等信息，利用传统的或现代的算法进行识别，以辨识出刀具的受力、磨损、破损状态及机床加工的稳定性状态，并根据这些状态实时调整加工参数（主轴转速、进给速度）和加工指令，使设备处于最佳运行状态，以提高加工精度和表面质量，并提高设备运行的安全性。

2）加工参数的智能优化与选择。将工艺专家或技师的经验、零件加工的一般与特殊规律用现代智能方法，构造基于专家系统或基于模型的“加工参数的智能优化与选择器”，利用它获得优化的加工参数，从而达到提高编程效率和加工工艺水平、缩短生产准备时间的目的。

3）智能故障自诊断与自修复技术。根据已有的故障信息，应用现代智能方法实现故障的快速准确定位。

4）智能故障回放和故障仿真技术。能够完整记录系统的各种信息，对数控机床发生的各种错误和事故进行回放和仿真，以确定错误引起的原因，找出解决问题的办法，积累生产经验。

5）智能化交流伺服驱动装置。能自动识别负载、自动调整参数的智能化交流伺服系统包括智能主轴交流驱动装置和智能化进给伺服装置。这种驱动装置能自动识别电动机及负载的转动惯量，并自动对控制系统参数进行优化和调整，使驱动系统获得最佳运行状态。

任务 7-2　数控机床故障诊断与维修的目的及特点

任务导入

数控机床故障诊断与维修技术不仅是保证设备正常运行的前提，对数控技术的发展也起到了巨大的推动作用。但是，由于数控设备具有先进性、复杂性和高智能化的特点，所以故障诊断与维修理论、技术和手段都发生了深刻的变化。

本任务介绍了数控机床故障诊断及维修的目的、数控机床故障诊断及维护的特点。

任务分析

数控机床具有灵活性高、通用性广以及适应能力强等特点，是信息技术与机械制造技术相结合的产物，现在已经被广泛地应用到装备制造业中，可以得到质量比较高的产品。从数控机床的使用现状来看，因为自身结构和系统相对复杂，很容易受外界因素影响而出现故障，为保证产品质量，必须要全面分析问题发生的原因，并遵循专业维修原则，从多个方面进行管理维护，争取不断提高设备运行效率。因此，学习和掌握数控机床故障诊断和维修技术已经成为保证企业正常生产的关键。

任务实施

一、数控机床故障诊断及维修的目的

数控机床是机电一体化技术应用在机械加工领域的典型设备，是将计算机、自动化电动机及驱动、机床、传感器、气动和液压、机床电气及 PLC 等技术集于一体的自动化设备，它具有高精度、高效率和高适应性的特点。要数控机床发挥高效益，就要保证它的开工率，这就对数控机床提出了稳定性和可靠性的要求。数控维修技术不仅是设备正常运行的保障，

对数控技术的发展和完善也起到了巨大的推动作用，目前它已经成为一门专门的学科。

另外，数控机床是一种过程控制设备，这就要求它必须在实时控制的每一时刻都准确无误地工作。任何部分的故障与失效都会使机床停机，从而造成生产中断。因此，对数控机床这种原理复杂、结构精密的设备进行维护维修就显得十分必要了。数控机床是十分昂贵的设备，在许多精密制造（图 7-13）行业中，往往花费几十万元甚至上千万元，并且均处于关键的生产环节，若在出现故障后得不到及时的维修，就会造成较大的经济损失。

图 7-13　数控机床的精密加工

数控机床除了具有高精度、高效率和高适应性的特点外，还应具有高可靠性。衡量其可靠性的指标有以下几个：

1）平均无故障时间（Mean Time Between Failure，MTBF）。MTBF＝总工作时间/总故障次数。平均无故障时间，即两次故障间隔的平均时间。

2）平均修复时间（Mean Time To Repair，MTTR）。当设备发生故障后，需要及时进行排除，从开始排除故障到数控机床能正常使用所需要的时间称为平均修复时间（MTTR）。平均修复时间越短越好。

3）平均有效度 A：$A=\text{MTBF}/(\text{MTBF}+\text{MTTR})$。平均有效度 A 反映了数控机床的可维修性和可靠性，是指可维修的设备在某一段时间内维持其性能的概率，这是一个小于 1 的正数，数控机床故障的平均修复时间越短，则 A 就越接近 1，数控机床的使用性能就越好，可靠性越强。

为了提高 MTBF，降低 MTTR，一方面要加强机床的日常维护，延长其平均无故障时间；另一方面，在出现故障后，要尽快诊断出故障的原因并加以修复。如果用人的健康来比喻，就是平时要注意保养，避免生病；生病后，要及时就医，诊断出病因，对症下药，尽快康复。数控机床的综合性和复杂性决定了数控机床的故障诊断及维护有自身的方法和特点，掌握好这些方法，就可以保证数控机床稳定、可靠的运行。

二、数控机床故障诊断及维护的特点

数控机床的整个使用寿命期可以分为三个阶段：初始使用阶段（跑合阶段）、相对稳定阶段（稳定磨损阶段）和快速磨损阶段，如图 7-14 所示。

与一般设备相同，数控机床的故障率随时间变化的规律可用图 7-15 所示的浴盆曲线表示。数控机床的使用寿命期根据数控机床的故障频率大致分为三个阶段：早期故障期、偶发故障期和耗损故障期。

1. 初始使用阶段

机床安装调试后，开始运行半年至一年期间为初始使用阶段。这个阶段的故障特点是故

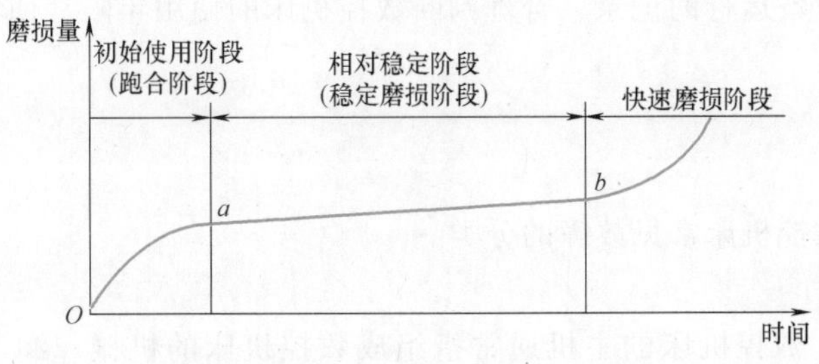

图 7-14 机械磨损故障的规律曲线

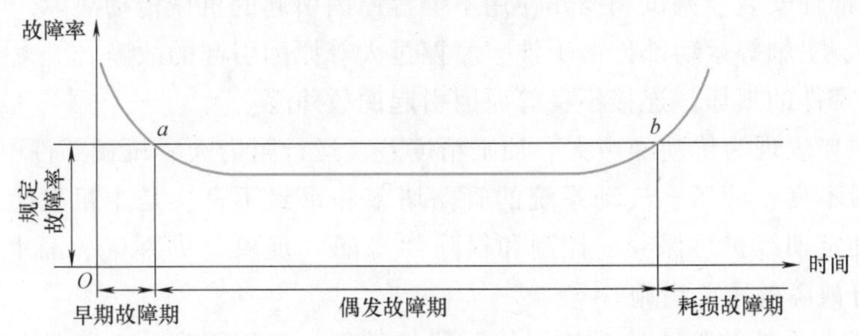

图 7-15 数控机床的故障发生规律曲线

障概率比较高，随时间迅速下降。

从机械角度看，在这一阶段虽然经过了试生产磨合，但是由于零部件还存在着几何形状偏差，在完全磨合前，表面还比较粗糙；零件在装配中存在几何误差，在机床使用初期可能引起较大的磨合磨损，使机床相对运动部件之间产生过大间隙。

从电气角度看，数控系统及电气驱动装置使用大量的大规模集成电路和电子电力器件，在实际运行时，由于受交变负载、电路通断的瞬时浪涌电流及反馈电动势等的冲击，某些元器件经受不起初期考验，因电流或电压击穿而失效，致使整个设备出现故障。

从人为因素看，数控机床开始投入使用以后，使用人员对机床还不是很熟悉，对数控机床的参数不熟，使用的加工刀具和切削用量不合理等，致使数控机床出现故障。

因此，在数控机床的初始使用阶段要加强对机床的监测，定期对机床进行机电调整，保证设备各种运行参数处于技术范围之内。

2. 相对稳定阶段

设备在经历了初始使用阶段后，零部件得到了充分的磨合，各部件之间的精度经过适当的调整，使用机床的人员更加熟悉机床，趋于达到人机合一，数控机床开始进入相对稳定的正常运行阶段。相对稳定阶段的时间比较长，一般达到 7~10 年。在这个阶段，数控机床性能稳定，机床各零部件的故障较少，但是不排除偶发性故障的产生，因此要坚持做好设备运行记录，以备排除故障时参考。另外，要坚持每隔半年对设备做一次机电综合检测和复校。在相对稳定阶段，数控机床的机电故障发生的概率很小，而且发生故障大多数都是可以排除的。

3. 快速磨损阶段

机床进入快速磨损阶段后，各种元器件开始加速磨损和老化，机床故障率开始逐年递增，故障性质趋于渐发性和实质性，如因密封件老化而漏油、轴承磨损失效、零件疲劳断裂、限位开关失效等，以及某些电子元器件品质因素导致性能的下降等。总之，进入这个阶段后，要坚持做好设备运行的记录，合理判断数控机床的使用年限，使设备发挥最大的经济效益。

这里介绍一下数控机床常见故障的分类。

1. 按故障发生的部位分类

(1) 主机故障　数控机床的主机通常指组成数控机床的机械、润滑、冷却、排屑、液压、气动及防护等装置。主机常见的故障如下：

1) 因机械部件安装、调试和操作使用不当等原因引起的机械传动故障。

2) 因导轨、主轴等运动部件的干涉、摩擦过大等原因引起的故障。

3) 因机械零件的损坏、连接不良等原因引起的故障等。

主机故障主要表现为传动噪声大、加工精度差、运行阻力大、机械部件不动作及机械部件损坏等。润滑不良、液压、气动系统的管路堵塞和密封不良，是主机发生故障的常见原因。数控机床的定期维护、保养、控制和根除“三漏”现象（即漏气、漏水和漏油）发生是减少主机部分故障的重要措施。

(2) 电气控制系统故障　针对使用的元器件类型，根据习惯，电气控制系统故障通常分为弱电故障和强电故障两大类。

弱电部分是指控制系统中以电子元器件、集成电路为主的控制部分。数控机床的弱电部分包括 CNC、PLC、MDI/CRT 以及伺服驱动单元、输出单元等。

弱电故障有硬件故障与软件故障之分。硬件故障是指上述各部分的集成电路芯片、分立电子元器件、接插件，以及外部连接组件等发生的故障。软件故障是指在硬件正常的情况下所出现的动作出错、数据丢失等故障，常见的有加工程序出错、系统程序和参数的改变或丢失以及计算机运算出错等。

强电部分是指控制系统中的主回路或高压、大功率回路中的继电器、接触器、开关、熔断器、电源变压器、电动机、电磁铁、行程开关等电气元器件及由其所组成的控制电路。这部分的故障虽然维修、诊断较为方便，但由于它处于高压、大电流工作状态，发生故障的概率要高于弱电部分，必须引起维修人员足够的重视。

2. 按故障的性质分类

(1) 确定性故障　确定性故障是指控制系统主机中的硬件损坏或只要满足一定的条件，数控机床必然会发生的故障。这一类故障现象在数控机床上最为常见，但由于它具有一定的规律，因此也给维修带来了方便。

确定性故障具有不可恢复性，故障一旦发生，如不对其进行维修处理，机床不会自动恢复正常。但只要找出发生故障的根本原因，维修完成后机床立即可以恢复正常。正确使用与精心维护是杜绝或避免故障发生的重要措施。

(2) 随机性故障　随机性故障是指数控机床在工作过程中偶然发生的故障。此类故障的发生原因较隐蔽，很难找出其规律性，故常称之为“软故障”。随机性故障的原因分析与故障诊断比较困难，一般而言，故障的发生往往与部件的安装质量、参数的设定、元器件的品质、软件设计不完善以及工作环境的影响等诸多因素有关。

随机性故障有可恢复性，故障发生后，通过重新开机等措施，机床通常可恢复正常，但在运行过程中，又可能发生同样的故障。加强数控系统的维护检查，确保电气箱的密封，可靠的安装、连接，正确的接地和屏蔽是减少、避免此类故障发生的重要措施。

3. 按故障的指示形式分类

（1）有报警显示的故障　数控机床的故障显示可分为指示灯显示与显示器显示两种情况。

1）指示灯显示报警。指示灯显示报警是指通过控制系统各单元上的状态指示灯（一般由 LED 或小型指示灯组成）显示的报警。根据数控系统的状态指示灯，即使在显示器故障时，仍可大致分析判断出故障发生的部位与性质。因此，在维修、排除故障过程中，应认真检查这些状态指示灯的状态。

2）显示器显示报警。显示器显示报警是指可以通过 CNC 显示器显示出报警号和报警信息的报警。由于数控系统一般都具有较强的自诊断功能，如果系统的诊断软件以及显示电路工作正常，一旦系统出现故障，可以在显示器上以报警号及文本的形式显示故障信息。数控系统能进行显示的报警少则几十种，多则上千种，它是故障诊断的重要信息。显示器显示报警又可分为 NC 报警和 PLC 报警两类。前者为数控生产厂家设置的故障显示，它可对照系统的“维修手册”来确定可能产生该故障的原因；后者是由数控机床生产厂家设置的 PLC 报警信息文本，它可对照机床生产厂家提供的“机床维修手册”中的有关内容来确定故障产生的原因。

（2）无报警显示的故障　这类故障发生时，机床与系统均无报警显示，其分析诊断难度通常较大，需要通过仔细、认真的分析判断才能予以确认。特别是对于一些早期的数控系统，由于系统本身的诊断功能不强，或无 PLC 报警信息文本，出现无报警显示的故障情况更多。

对于无报警显示故障，通常要具体情况具体分析，根据故障发生前后的变化，进行分析判断，原理分析法与 PLC 程序分析法是解决无报警显示故障的主要方法。

4. 按故障产生的原因分类

（1）数控机床自身故障　这类故障的发生是由于数控机床自身的原因引起的，与外部使用环境条件无关。数控机床发生的绝大多数故障均属此类故障。

（2）数控机床外部故障　这类故障是由于外部原因所造成的。供电电压过低、过高或波动过大，电源相序不正确或三相输入电压的不平衡，环境温度过高，有害气体、潮气、粉尘侵入，外来振动和干扰等都是引起故障的原因。此外，人为因素也是造成数控机床故障的外部原因之一，据有关资料统计，首次使用数控机床或由不熟练工人来操作数控机床，在使用的第一年，操作不当所造成的外部故障要占机床总故障的 1/3 以上。

任务 7-3　数控机床维护维修安全操作规范

数控机床的维护保养是操作人员和维修人员为了保持设备正常运行状态和使用寿命必须

进行的日常工作，也是操作人员和维修人员责任之一。设备维护工作做好了，可以减少维修费用，降低产品成本，保证产品质量，提高生产效率。

本任务介绍了警告、注意和注释等相关注意事项。

任务分析

操作人员要严格遵守操作规程和机床日常维护与保养制度，严格按机床和控制系统说明书的要求正确、合理地操作机床，尽量避免因操作不当而影响机床使用。在维护维修数控机床时，若不遵守有关的安全操作规范，容易造成设备损坏，甚至发生人身伤害事故。在维护维修数控机床前，除了要熟悉数控机床制造商提供的机床操作手册外，还须经过专业的安全和技术培训。

任务实施

一、警告、注意和注释

为保证操作者人身安全，预防机床损坏，根据有关安全的注意事项的重要程度，在各数控机床控制系统或机床制造商提供的说明书中，一般都以“警告”和“注意”来描述，有关的补充说明以“注释”来描述。

1）警告：指如果错误操作，则有可能导致操作者死亡或受重伤的注意事项。

2）注意：指如果错误操作，则有可能导致操作者受轻伤或损坏设备的注意事项。

3）注释：适用于除警告和注意以外的补充说明。

二、维修作业中有关的警告

（1）拆下机床盖板的状态下确认机床的运转情况

1）在拆开外罩的情况下开动数控机床时，衣物可能会卷到主轴或其他部件中，导致操作者受伤。因此，应站在离机床远一些的地方进行检查操作，以确保衣物不会被卷到主轴或其他部件中。

2）应在不进行实际加工的空运行状态下运转机床，否则会由于错误操作而引起工件夹具脱落、刀具的刀尖破损并飞散的情况，从而引起操作者受伤。因此，应在安全的位置进行确认作业。

（2）打开强电盘的门进行确认作业

1）强电盘上有高压部分（标有△标记的部分），触摸到高电压部分有可能会导致触电。应在确认高电压部分已经盖上盖板之后再进行作业。此外，在进行高电压部分的确认时，直接触摸端子会导致触电。

2）强电盘内有凸起物，凸起物可能会导致操作者受伤，操作时要引起注意。

（3）在维修作业中需要进行加工　运转机床前，要充分确认机床的动作状态，需要确认的项目包括使用单程序段、进给速度倍率、机床锁住等功能或没有安装刀具和工件时的空载运转。如果未确认机床运转正常，有可能会损坏工件或者机床，甚至导致操作者受伤。

（4）数控机床运行之前　要认真检查输入的数据，防止数据输入错误。自动运行操作中，由于程序或数据错误，可能引起机床动作失控而损坏工件和机床，或导致操作者受伤。

(5) 确保给定的进给速度和打算进行的操作相适应　一般来说，每一台数控机床有一个允许的最大进给速度，作业内容不同，适用的进给速度也不同，应参照机床制造商提供的说明书确定最合适的进给速度，否则会加速机床磨损，甚至造成事故。

(6) 采用刀具补偿功能　要检查补偿方向和补偿量，使用不正确的数据运转机床，会因为机床预想不到的运转而损坏工件或机床，或导致操作者受伤。

三、更换作业中有关的警告

1）更换电子元器件必须在关闭CNC装置的电源和强电主电源后进行。在仅仅关闭CNC装置电源的情况下，伺服部分的电源可能尚处在激活状态，在这种情况下更换单元时可能会使其损坏，同时，操作者也有触电的危险。

2）更换大、重的单元时，必须由2名以上的操作者配合进行。如果仅由1名作业人员进行，有时会由于更换单元的落下而导致操作者受伤。

3）至少要在关闭电源20min后才可以更换放大器。在关闭电源后，伺服放大器（图7-16）和主轴放大器的电压会保留一段时间，因此，即使在放大器关闭后也有被电击的危险。至少要在关闭电源20min后，残余的电压才会消失。

图7-16　FANUC伺服放大器

4）在更换电气单元时，应使更换后的单元与更换前的单元的设定和参数保持一致。如果前后单元的设定和参数不一致，有可能会因为机床预想不到的动作而损坏工件或机床，或导致操作者受伤。

四、参数设定中有关的警告和注意事项

1）警告：为避免由于输入错误的参数造成机床失控，在修改完参数后第一次加工工件时，要在盖上机床盖板的状态下运行机床，而且必须充分确认机床的动作状态是否满足要求。必须确认的项目包括使用单程序段功能、进给速度倍率功能、机床锁定功能或采用不装刀具和工件时的空载运转。验证机床的运行，确认机床运行正常后才可正式使用自动加工循环等功能。如果不能确保机床处于正常运转状态，可能会因为机床预想不到的运转而损坏工件或机床，甚至导致操作者受伤。

2）注意：CNC和PLC的参数在出厂时被设定在最佳值，所以，通常不需要修改CNC和PLC的参数。由于某些原因必须修改参数时，在修改之前要确认已完全了解这些参数的

功能。如果错误地设定了参数值，机床可能会出现意外的运动，造成事故。

五、日常维护中相关的警告和注释

1. 存储器备用电池的更换

警告：更换存储器备用电池应在机床电源接通的情况下进行，并使机床紧急停止。这项工作是在接通电源和电控柜打开状态下进行的，要防止触及高压电路导致触电。

注释：由于 CNC 利用电池来保存其存储器中的内容，在断电时换电池将使存储器中的程序和参数等数据丢失。当电池电压不足时，在机床操作面板和 CRT 屏幕上会显示电池电压不足报警。当显示电池电压不足报警时，应在一周内更换电池；否则，CNC 存储器的内容会丢失。更换电池时要按规定的方法进行，电池的更换方法参见本项目拓展知识。

2. 绝对脉冲编码器备份电池的更换

警告：打开电控柜更换绝对脉冲编码器备份电池时，要小心不要接触高压电路部分。触摸不加盖板的高压电路会导致触电。

注释：绝对脉冲编码器利用电池来保存绝对位置。如果电池电压下降，会在机床操作面板或 CRT 屏幕上显示低电池电压报警，当显示出低电池电压报警时，要在一周内更换电池；否则，保留在脉冲编码器中的绝对位置数据会丢失。

3. 熔体的更换

警告：熔体烧断后需要进行更换前，要查出熔体烧断的原因后再进行更换。在打开电控柜更换熔体时，小心不要接触到高压电路部分，以免触电。

知识拓展

一、电池的更换方法

偏置数据和系统参数都存储在控制单元的 SRAM 中。SRAM 的电源由安装在控制单元上的锂电池供电。因此，即使主电源断开，上述数据也不会丢失。电池是机床制造商在发货之前安装的。该电池可将存储器内保存的数据保持一年。

当电池的电压下降时，在 CRT 屏幕上会闪烁显示警告信息“BAT”。同时向生产及物料控制（Production Matenial Control，PMC）输出电池报警信号。出现报警信号显示后，应尽快更换电池。1~2 周只是一个大致标准，电池实际能够使用多久则因不同的系统配置而有所差异。

如果电池的电压进一步下降，则不能对存储器提供电源。在这种情况下，接通控制单元的外部电源，就会导致存储器中保存的数据丢失，系统警报器将发出报警。在更换完电池后，需要清除存储器的全部内容，然后重新输入数据。因此，建议用户不管是否产生电池报警，每年定期更换一次电池。

1. 锂电池的更换方法

锂电池的更换方法示意图如图 7-17 所示，具体操作步骤如下：

1）准备好相同型号的锂电池。

2）接通数控机床的电源并保持通电大约 30s，然后断开电源。

3）拆下连接器，从电池盒中取出电池（连接器上没有闩锁，只要拉电缆即可拔下连接器）。

4）更换电池，连接上连接器。

5）夹紧电池电缆，如图 7-18 所示。

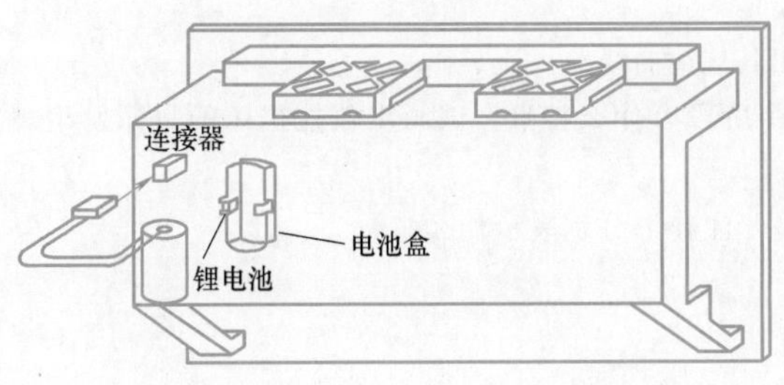

图 7-17　锂电池的更换方法

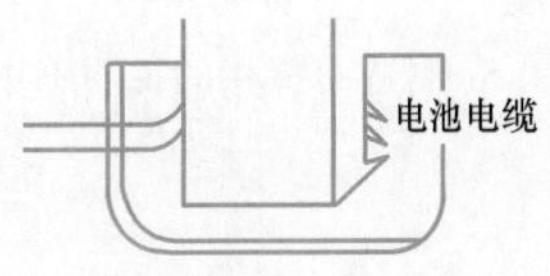

图 7-18　夹紧电池电缆示意图

警告：如果没有正确更换电池，可能会导致电池爆炸。电池型号必须相同。

注意：步骤 1）~4）应在 30min 内完成。如果电池脱开的时间太长，存储器中保存的数据将会丢失。如果不能在 30min 内完成更换作业，则应事先将 SRAM 中的数据全部保存在存储卡中，即使存储器中保存的数据丢失也容易进行恢复。

2. 外设电池的更换方法

外设电池的更换方法示意图如图 7-19 所示。具体操作步骤如下：

1）准备好相同型号的外设电池和外设电池盒。

2）接通数控机床的电源并保持通电大约 30s，然后断开电源。

3）拆下连接器，从电池盒中取出电池。

4）将外设电池装入外设电池盒中，然后将外设电池盒连接上连接器，如图 7-20 所示。

5）将外设电池盒及电缆固定夹紧。

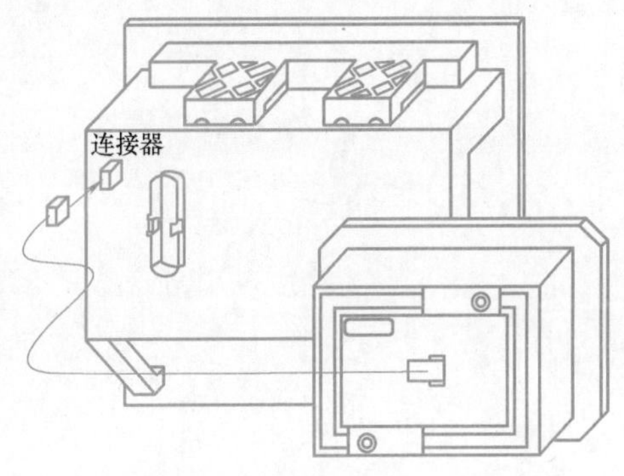

图 7-19　外设电池的更换方法示意图

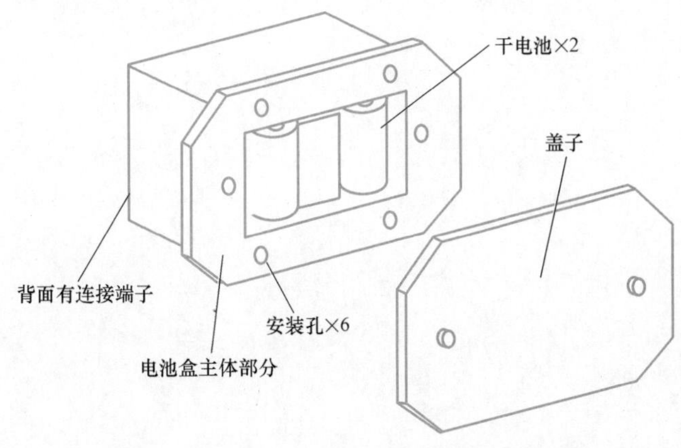

图 7-20　外设电池的安装示意图

思考与练习题

1. 简述数控装置的硬件结构分类。

2. CNC 装置的通信接口有哪几类？

3. 数控机床的机械磨损故障有什么特点？试画出其规律曲线。

4. 数控机床的故障大致可分为哪几个阶段？每个阶段有什么特点？试画出数控机床的故障发生规律曲线。

5. 制造商提供的说明书中的“警告”“注意”和“注释”分别表示什么？

参 考 文 献

[1] 范国伟. 工厂电气控制设备 [M]. 北京：中国铁道出版社，2011.

[2] 王娟. 工厂电气控制技术 [M]. 北京：电子工业出版社，2014.

[3] 周开俊. 电气控制与 PLC 应用技术（西门子 S7-200）[M]. 2 版. 北京：电子工业出版社，2016.

[4] 陈志红. 变频器技术及应用 [M]. 北京：电子工业出版社，2015.

[5] 王新宇. PLC 应用技术项目教程 [M]. 北京：机械工业出版社，2009.

[6] 韦伟松，岑华. 数控机床故障诊断与维修 [M]. 北京：电子工业出版社，2018.

[7] 王玉梅. 数控机床电气控制 [M]. 北京：中国电力出版社，2012.

[8] 孙贤明，韩晓冬. 工厂电气控制设备 [M]. 北京：机械工业出版社，2017.

[9] 田淑珍. 电机与电气控制技术 [M]. 2 版. 北京：机械工业出版社，2017.

[10] 林小宁. 可编程控制器应用技术 [M]. 2 版. 北京：电子工业出版社，2018.

[11] 张桂金. 电气控制线路故障分析与处理 [M]. 2 版. 西安：西安电子科技大学出版社，2013.

[12] 张晓娟. 工厂电气控制设备 [M]. 2 版. 北京：电子工业出版社，2012.

[13] 孙克军. 低压电器使用与维护 [M]. 北京：化学工业出版社，2013.